典型元素

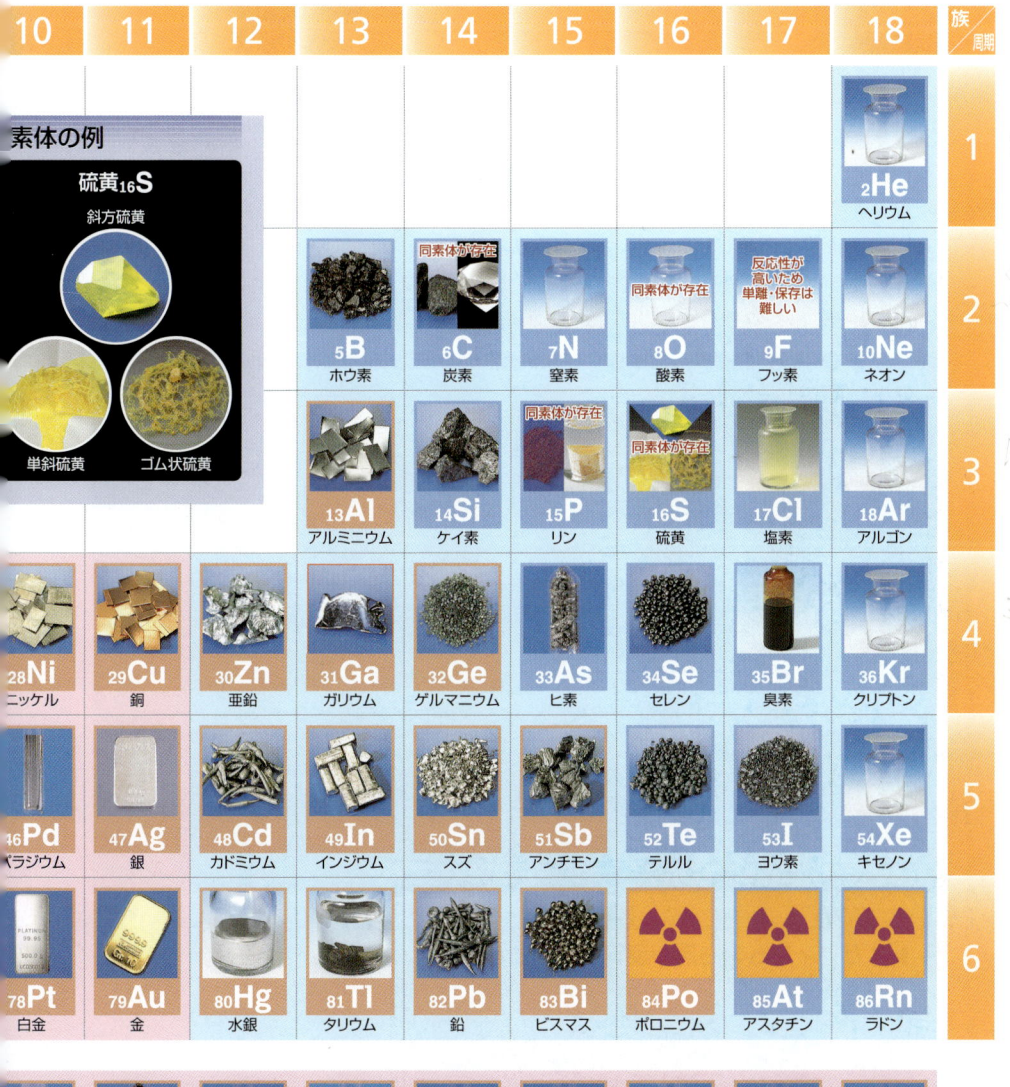

10	11	12	13	14	15	16	17	18	族/周期
								₂He ヘリウム	1
			₅B ホウ素	₆C 炭素 同素体が存在	₇N 窒素	₈O 酸素 同素体が存在	₉F フッ素 反応性が高いため単離・保存は難しい	₁₀Ne ネオン	2
			₁₃Al アルミニウム	₁₄Si ケイ素	₁₅P リン 同素体が存在	₁₆S 硫黄 同素体が存在	₁₇Cl 塩素	₁₈Ar アルゴン	3
₂₈Ni ニッケル	₂₉Cu 銅	₃₀Zn 亜鉛	₃₁Ga ガリウム	₃₂Ge ゲルマニウム	₃₃As ヒ素	₃₄Se セレン	₃₅Br 臭素	₃₆Kr クリプトン	4
₄₆Pd パラジウム	₄₇Ag 銀	₄₈Cd カドミウム	₄₉In インジウム	₅₀Sn スズ	₅₁Sb アンチモン	₅₂Te テルル	₅₃I ヨウ素	₅₄Xe キセノン	5
₇₈Pt 白金	₇₉Au 金	₈₀Hg 水銀	₈₁Tl タリウム	₈₂Pb 鉛	₈₃Bi ビスマス	₈₄Po ポロニウム	₈₅At アスタチン	₈₆Rn ラドン	6
₆₃Eu ユウロピウム	₆₄Gd ガドリニウム	₆₅Tb テルビウム	₆₆Dy ジスプロシウム	₆₇Ho ホルミウム	₆₈Er エルビウム	₆₉Tm ツリウム	₇₀Yb イッテルビウム	₇₁Lu ルテチウム	

単体の例

硫黄 ₁₆S
斜方硫黄
単斜硫黄
ゴム状硫黄

1 塩素 Cl の性質 (→ p.174)

　塩素は刺激臭のある黄緑色の気体である。塩素が水に溶けて生じる次亜塩素酸 HClO は酸化力が非常に強くさまざまなものを酸化する。この性質は，身近には水道水の殺菌や塩素系漂白剤（主成分：次亜塩素酸ナトリウム NaClO）に利用されている。

　次亜塩素酸は塩基性の水溶液中では安定だが，中性や酸性の水溶液中では分解しやすい。そのため，塩素系漂白剤に酸性の洗剤やお酢などが混ざると，液性が塩基性から酸性に変わり，大量の塩素が発生する。塩素は人体に有毒な気体であるので，塩素系漂白剤と酸性の物質を混ぜるのは非常に危険である。

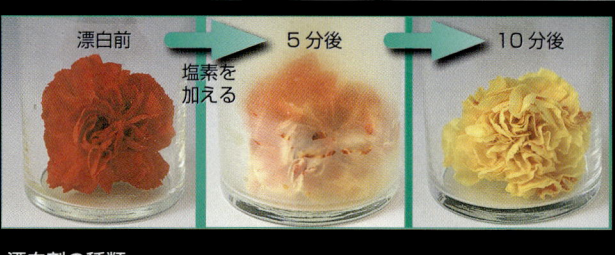

塩素系漂白剤にある注意書き

漂白前 → 塩素を加える → 5分後 → 10分後

塩素が水と反応して生じた次亜塩素酸 HClO は，強い酸化力で花の色素を漂白する。漂白後，容器の中に還元剤を加えると，元の花の色にもどすこともできる（可逆反応）。

漂白剤の種類

漂白剤の種類	酸化型漂白剤			還元型漂白剤
	塩素系漂白剤	酸素系漂白剤		硫黄系漂白剤
主成分	次亜塩素酸ナトリウム NaClO	過炭酸ナトリウム $2Na_2CO_3・3H_2O_2$	過酸化水素 H_2O_2	二酸化チオ尿素 NH_2NHCSO_2H
漂白剤の特徴	液性は塩基性。漂白力が最も強く，除菌，脱臭効果が高い。酸性洗剤と混合すると危険。	塩基性で粉末。塩素よりも漂白力が弱く，色・柄物にも使える。	液性は酸性～弱酸性。色・柄物・毛・絹物にも使える。	弱塩基性で粉末。水中の鉄分で変色した衣料や，鉄さびのシミ，塩素系漂白剤を使用して黄変した樹脂加工品の漂白に効果的。

Short Break

▶ネガフィルムの白黒が反転しているわけ

　写真撮影に使うネガフィルムには，ハロゲン化銀（塩化銀・臭化銀・ヨウ化銀…それぞれ塩素・臭素・ヨウ素と銀の化合物）が含まれている（→ p.181）。写真のことをブロマイドというのは，この臭化銀（silver bromide）に由来する。

　これらの物質は光が当たる（感光する）と分解されて銀に変化する。シャッターから一瞬光が入ると，光が当たった部分のフィルムに眼に見えないほど小さい銀の粒子が黒い点状に現れる。そのフィルムを還元剤である現像液につけると，黒い点（銀）付近のハロゲン化銀から徐々に還元されるので，光が当たった部分がはっきりと黒く変化する。そのため，光が多く入る部分（白い部分）が黒くなるので，ネガでは白黒が反転する。

2 動きまわる粒子と拡散 (→ p.40)

　気体の分子は，常温において高速で飛びまわっている。その速さは温度が高いほど大きく，空気の大部分を占める窒素や酸素の 25℃での平均の速さは，およそ秒速 500 m である。猛烈な台風の中心付近の風速でも秒速数十 m 程度というのだから，気体分子の飛びまわる速さがいかに速いかがわかるだろう。しかし，気体分子は高速で動いてはいるが，絶えず他の気体分子との衝突によって進路を変えながら不規則な動きをしている。多くの分子がバラバラに動きまわっているので，空気全体としてはげしく動くことはなく，私たちは吹き飛ばされずに済んでいる。

　分子のほか，イオンなどの粒子のこのような運動を熱運動といい，液体も，固体も，その温度や状態に応じた熱運動をしている。また，熱運動によって，物質が混じりあう現象を拡散という。香水の香りが周囲に漂うのも，砂糖を水に加えて放置すると溶けて均一な溶液になるのも，すべて熱運動による拡散現象である。

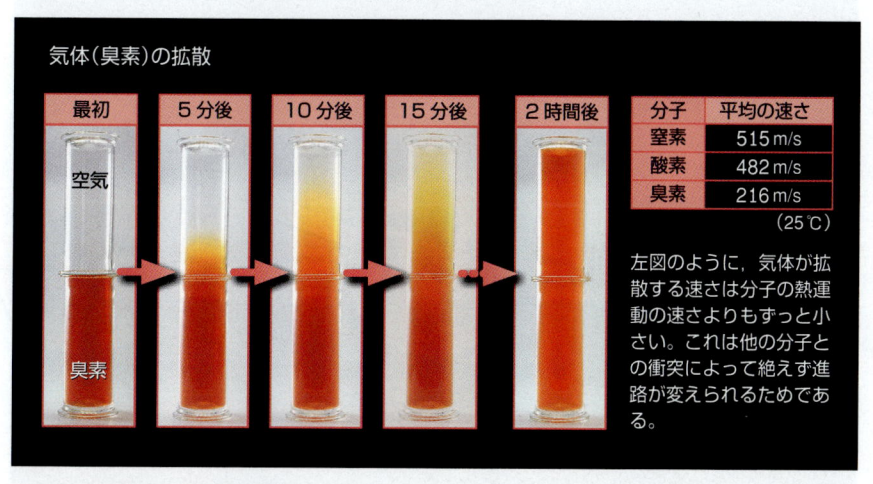

気体（臭素）の拡散

分子	平均の速さ
窒素	515 m/s
酸素	482 m/s
臭素	216 m/s

（25℃）

最初 / 5分後 / 10分後 / 15分後 / 2時間後

左図のように，気体が拡散する速さは分子の熱運動の速さよりもずっと小さい。これは他の分子との衝突によって絶えず進路が変えられるためである。

Short Break

▶ **気体の体積とは？**

　空気を温めると体積は大きくなる。熱気球が浮かぶのは，内部の空気の温度を上げて気球をふくらませることで，気球の内部の空気の密度が小さくなるためである。

　では，気体の体積はどのように決まるのだろうか？　気体の体積が大きくなるとはどういうことなのだろうか？　実は，気体の体積は気体の粒子が飛びまわれる空間の大きさ（＝気体が入っている入れ物の大きさ）で決まる。気体は拡散するので，容器の隅っこに固まっているようなことはない。1L（リットル）の容器に入った気体は，その容器全体を飛びまわるので，体積は 1L ということになる。

　気球の例でいえば，熱された空気の分子は，熱運動がはげしくなってより速く飛びまわるようになる。すると，気体分子が気球の内側から，より頻繁に，よりはげしくぶつかる結果，気球がふくらむ。すなわち，空気の体積が大きくなり，密度は小さくなる。

3 いったりきたりする反応 (→ p.94)

覆水盆に返らず。生卵からゆで卵を作ることはできるが（生卵→ゆで卵），ゆで卵から生卵を作ることはできない（ゆで卵⇸生卵）。このように，一度変化してしまうと二度ともとにはもどらない例は日常生活に多い。しかし化学反応では，A⟶B の変化と，B⟶A の変化の両方が同時に起こる反応が多く，これを可逆反応という。

たとえば，大きな食塩（NaCl）の結晶を水の中に入れると，初めは順調に溶け出すが，ある時点でそれ以上溶けなくなって，溶解は止まったように見える。しかし実際には，食塩が水に溶け出す（NaCl ⟶ $Na^+ + Cl^-$）のと同じ速さで，水中の食塩が結晶の表面に析出している（$Na^+ + Cl^-$ ⟶ NaCl）のである。このように，ある反応と，その逆向きの反応の速さがつり合って，見かけ上は止まって見える状態を，（化学）平衡の状態という。化学平衡は温度や圧力などの条件を変えることで変化させることができる。

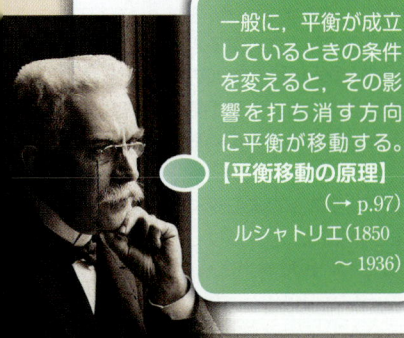

温度による平衡の移動 (→ p.98)

低温
温度を下げると，発熱する方向，すなわち N_2O_4（無色）が生じる方向に平衡が移動し，赤褐色が薄くなる。

各温度において，四酸化二窒素の平衡
N_2O_4（● 無色）⇌ $2NO_2$（● 赤褐色）（−57 kJ）
が成り立っている。

高温
温度を上げると，吸熱する方向，すなわち NO_2（赤褐色）が生じる方向に平衡が移動し，赤褐色が濃くなる。

一般に，平衡が成立しているときの条件を変えると，その影響を打ち消す方向に平衡が移動する。
【平衡移動の原理】
(→ p.97)
ルシャトリエ(1850〜1936)

Short Break

▶ **平衡とコインの移動**
1. 紙に2つの円，A，B を描く。
2. それぞれの円の中に，コインを適当枚数ずつ置く。
3. 円 A の中にあるコインの約 1/2 と，円 B の中にあるコインの約 1/3 を交換する。
4. 3を繰り返すうち，円 A の中と円 B の中にあるコインの枚数は約 2：3 で一定になる（平衡になる）。
（一定になる枚数の比は，初めのコインの枚数に関係なく，交換するコインの割合の比に依存する）

4 炎色反応と花火 (→ p.149)

　夏の風物詩である花火の鮮やかな色の光は，どのようにして作り出されているのだろうか。

　物質を熱すると，その物質を構成する元素は，特有のいくつかの波長の光を発する。金属の中には，その化合物を熱すると目に見える波長（およそ 380〜770 nm）の光を発するものがある。たとえばナトリウムの化合物は黄色，銅の化合物は青緑色の炎色を示す。花火は，このような炎色反応を利用して，さまざまな色の光を出している。一方，化学では，この性質を逆に利用して，未知の物質を熱して発する光を手がかりに，含まれる元素を調べる。

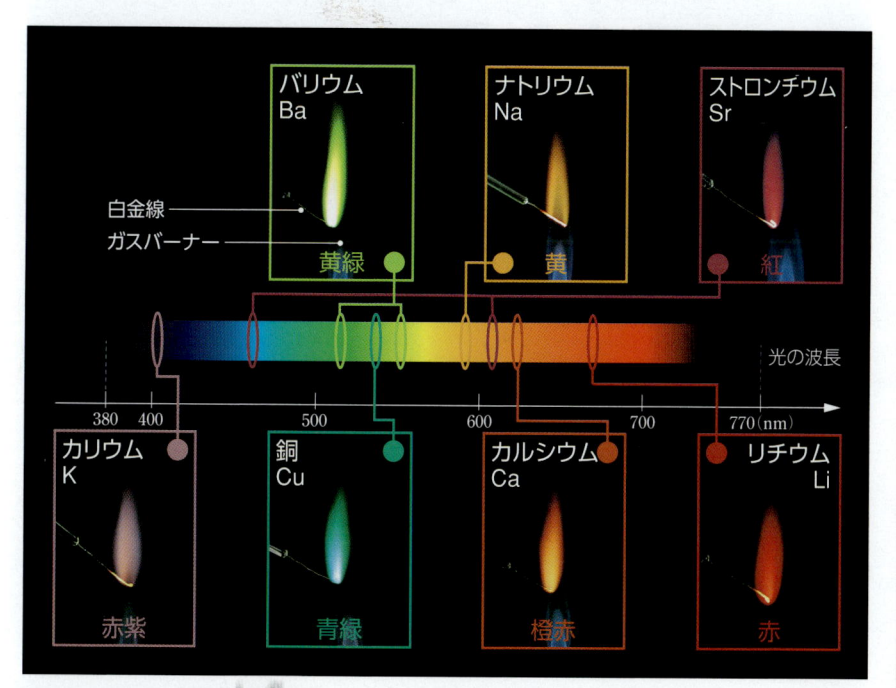

バリウム Ba 黄緑
ナトリウム Na 黄
ストロンチウム Sr 紅
白金線
ガスバーナー
光の波長
380　400　500　600　700　770 (nm)
カリウム K 赤紫
銅 Cu 青緑
カルシウム Ca 橙赤
リチウム Li 赤

Short Break

▶ 水色の花火はどうやって作る？？

花火は炎色反応を利用しているが，炎色反応の色をそのまま使うだけでは限られた色しか出すことができない。しかし，最近では光の混色を利用することで，これまでにないパステルカラーの花火などが作られ始めた。例えば水色の花火は，青の光（銅の化合物の炎色）と緑の光（バリウムの炎色）の混色によって作ることができる。

光の混色

5 身近な物質の酸性・塩基性 (→ p.102)

　すっぱい味を「酸味」というように、すっぱい食べ物には酸が含まれることが多い。レモンの酸味は、果汁に含まれるクエン酸によるものである。一方、酸と反応してその性質を打ち消す性質を塩基性(アルカリ性)という。酸性・塩基性の強さは pH という数値で表される(→ p.115)。酸性が強いほど pH は小さく、塩基性が強いほど pH は大きい。

　紅茶にレモンを入れると色が薄くなる。このように pH によって色が変わる物質(pH 指示薬)を利用すると、液体の酸性・塩基性の強さを調べることができる。身近には紫キャベツやブドウの皮などに含まれるアントシアニンが指示薬として利用できる。

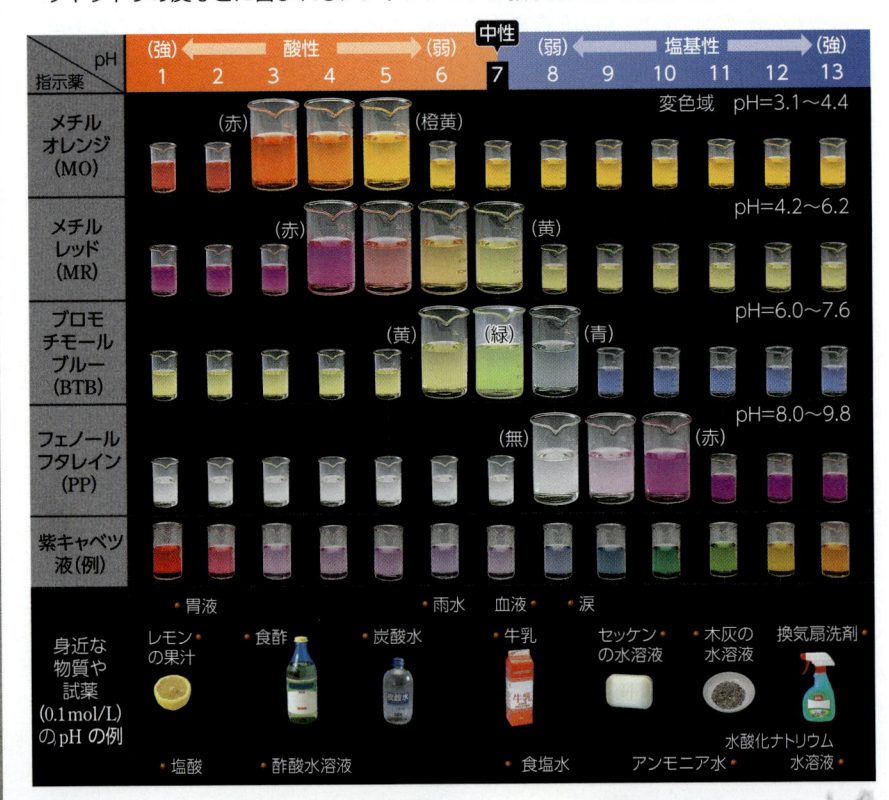

指示薬 \ pH	(強)←酸性→(弱)						中性	(弱)←塩基性→(強)					
	1	2	3	4	5	6	7	8	9	10	11	12	13
メチルオレンジ (MO)		(赤)			(橙黄)						変色域 pH=3.1〜4.4		
メチルレッド (MR)			(赤)				(黄)				pH=4.2〜6.2		
ブロモチモールブルー (BTB)					(黄)	(緑)	(青)				pH=6.0〜7.6		
フェノールフタレイン (PP)						(無)			(赤)		pH=8.0〜9.8		
紫キャベツ液(例)													

身近な物質や試薬 (0.1mol/L) の pH の例:
- 胃液・レモンの果汁・塩酸
- 食酢・酢酸水溶液
- 炭酸水
- 雨水・牛乳
- 血液
- 涙
- セッケンの水溶液・アンモニア水
- 木灰の水溶液
- 換気扇洗剤・水酸化ナトリウム水溶液
- 食塩水

水に溶かしたときに、水素イオン H^+ を生じる物質が酸であり、水酸化物イオン OH^- を生じる物質が塩基である。
【アレーニウスの定義】(→ p.103)
アレーニウス(1859〜1927)

Short Break

▶ 紫キャベツ液の作り方
1. 紫キャベツの葉っぱ1枚(約30g)を千切りにして耐熱容器に入れる。
2. ①に熱湯 100mL を加え、冷めた後、茶こしでこせば完成。

6 金属のさびやすさ，溶けやすさ (→ p.130)

　金属にはさびやすいものとさびにくいものがある。金属がさびたときや，酸などに溶けたとき，金属は「酸化された」といえる。酸化のされやすさは金属によって異なり，さびにくい金属の代表格である金やプラチナ（白金）は非常に酸化されにくい。
　このような「金属の酸化のされやすさ」を化学では「イオン化傾向」をもとに考える。中学校や高校で，酸化されやすい（＝イオン化傾向が大きい）方から順に，下のような語呂合わせで覚えた人も多いのではないだろうか。これを利用すると，銅樹（→ p.131）などが得られることがわかる（銅（Ⅱ）イオンが溶けた水溶液に亜鉛の塊を加えると，より酸化されやすい亜鉛が溶けて，逆に銅は木の枝のような結晶として析出する）。

カリウム	カルシウム	ナトリウム	マグネシウム	アルミニウム	亜鉛	鉄	ニッケル	スズ	鉛	水素	銅	水銀	銀	白金	金
K >	Ca >	Na >	Mg >	Al >	Zn >	Fe >	Ni >	Sn >	Pb >	(H₂) >	Cu >	Hg >	Ag >	Pt >	Au
借り	よう	か	な ，	ま	あ ，	あ	て	に	すん	な ，	ひ	ど	す	ぎる	借金

※ Na（ソーダ）と Ca の順が逆と考えられ，冒頭が「貸（K）そう（Na）か（Ca），」だった時代もある。

銅樹
Cu^{2+} が Cu になって析出し，Zn が Zn^{2+} となって溶け出すので，水溶液の青色が薄くなる。
$$Cu^{2+} + Zn \rightarrow Cu + Zn^{2+}$$

銀樹
Ag^+ が Ag になって析出し，Cu が Cu^{2+} となって溶け出すので，溶液が Cu^{2+} の青色になる。
$$2Ag^+ + Cu \rightarrow 2Ag + Cu^{2+}$$

スズ樹
Sn^{2+} が Sn になって析出し，Zn が Zn^{2+} となって溶け出す。
$$Sn^{2+} + Zn \rightarrow Sn + Zn^{2+}$$

鉛樹
Pb^{2+} が Pb になって析出し，Zn が Zn^{2+} となって溶け出す。
$$Pb^{2+} + Zn \rightarrow Pb + Zn^{2+}$$

Short Break

▶トタン屋根がぬれたとたんにさびない理由

　鋼板の表面に亜鉛をめっきしたものをトタンといい，鋼板（鉄）だけよりもさびにくいことから，屋根やバケツなど，水にぬれる所に使われることが多い。なぜ，鉄よりも酸化しやすい亜鉛を使うことで，鉄がさびるのを防ぐことができるのだろうか。
　トタンの表面の亜鉛は水にぬれると酸化されるが，酸化された表面が膜となって内部を守り，それ以上酸化が内部に進行しない性質がある。そのため，水と鉄が接触するのを防いでくれる。また，傷がついて，鉄の一部が表面に露出したとしても，イオン化傾向が大きい亜鉛が先に溶けるので，鉄だけのときよりも溶けにくくなっている。

7 イオンと沈殿の色

金属のイオンは，それ自体や化合物それぞれが特徴的な色を示すものが多い。あらかじめこれらの色を知っておくことで，適当な試薬によって，溶けている物質を調べることができる。検出のために加える試薬を矢印の横に記した。

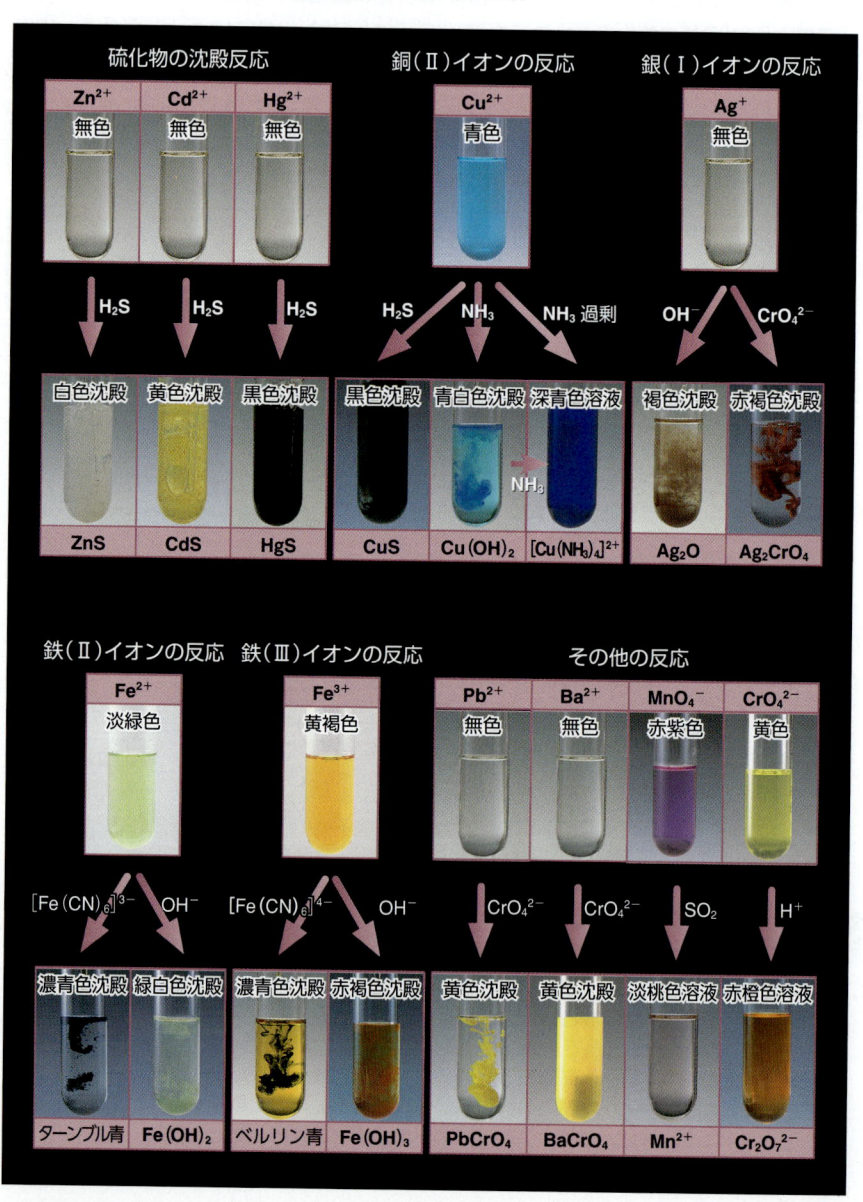

硫化物の沈殿反応

Zn^{2+}	Cd^{2+}	Hg^{2+}
無色	無色	無色

↓ H_2S ↓ H_2S ↓ H_2S

白色沈殿	黄色沈殿	黒色沈殿
ZnS	CdS	HgS

銅(Ⅱ)イオンの反応

Cu^{2+} 青色

↙ H_2S ↓ NH_3 ↘ NH_3 過剰

黒色沈殿	青白色沈殿	深青色溶液
CuS	$Cu(OH)_2$	$[Cu(NH_3)_4]^{2+}$

(→NH_3)

銀(Ⅰ)イオンの反応

Ag^+ 無色

↙ OH^- ↘ CrO_4^{2-}

褐色沈殿	赤褐色沈殿
Ag_2O	Ag_2CrO_4

鉄(Ⅱ)イオンの反応

Fe^{2+} 淡緑色

↙ $[Fe(CN)_6]^{3-}$ ↘ OH^-

濃青色沈殿	緑白色沈殿
ターンブル青	$Fe(OH)_2$

鉄(Ⅲ)イオンの反応

Fe^{3+} 黄褐色

↙ $[Fe(CN)_6]^{4-}$ ↘ OH^-

濃青色沈殿	赤褐色沈殿
ベルリン青	$Fe(OH)_3$

その他の反応

Pb^{2+}	Ba^{2+}	MnO_4^-	CrO_4^{2-}
無色	無色	赤紫色	黄色

↓ CrO_4^{2-} ↓ CrO_4^{2-} ↓ SO_2 ↓ H^+

黄色沈殿	黄色沈殿	淡桃色溶液	赤橙色溶液
$PbCrO_4$	$BaCrO_4$	Mn^{2+}	$Cr_2O_7^{2-}$

8 有機化合物の検出反応

タンパク質，油脂，糖類など，私たちの身のまわりには有機化合物が多い。しかし，これらの有機化合物は無色のものが多いので見た目には区別がつきにくい。そこで，以下のような試薬で呈色反応を行うことによって，その構造を推測することができる。

アルデヒド基の検出

銀鏡反応
Ag^+ → Ag

アルデヒド基（—CHO）をもつ，還元性のある物質（アルデヒド類や糖類など）を検出

フェーリング液の還元
Cu^{2+} → Cu_2O

ケトン，アルコールの検出

ヨードホルム反応
I_2 → ヨードホルム CHI_3

CH_3CO- または，$CH_3CH(OH)-$ の構造をもつ化合物を検出

アニリンの検出

さらし粉との反応
赤紫色

さらし粉によってアニリンが酸化されて呈色

フェノール類の検出

塩化鉄(Ⅲ)水溶液との反応
青紫〜赤紫色

ベンゼン環に結合したヒドロキシ基を検出

デンプンの検出

ヨウ素デンプン反応
青紫色

デンプンのらせん構造にヨウ素が取り込まれて呈色

アミノ酸の検出

ニンヒドリン反応
青紫〜赤紫色

アミノ酸のアミノ基と反応し，プロリンは例外的に黄色に呈色

タンパク質の検出

ビウレット反応
赤紫色

トリペプチド以上のポリペプチド，タンパク質を検出

キサントプロテイン反応
黄色（酸性）　橙黄色（塩基性）

構成するアミノ酸がベンゼン環をもつタンパク質を検出

第1～第4周期の典型元素の原子の電子配置・原子の大きさ・イオンの大きさ

周期	族	1	2	13	14	15	16	17	18
1	電子配置	$_1$H* [K(1)] (1+)	※ ●は原子,●は陽イオン,●は陰イオンの大きさを相対的に表したもの。K殻・L殻・M殻・N殻、原子核の電荷、電子						$_2$He [K(2)] (2+)
1	原子	0.030	※ 数値は,その原子やイオンの半径のおよその値をナノメートル nm(10^{-9} m)単位で示したもの。						0.140
			※ 薄い色の電子殻は,閉殻または電子が8つの安定な電子殻を表す。						
2	電子配置	$_3$Li [K(2)L(1)] (3+)	$_4$Be [K(2)L(2)] (4+)	$_5$B [K(2)L(3)] (5+)	$_6$C [K(2)L(4)] (6+)	$_7$N [K(2)L(5)] (7+)	$_8$O [K(2)L(6)] (8+)	$_9$F [K(2)L(7)] (9+)	$_{10}$Ne [K(2)L(8)] (10+)
2	原子	0.152	0.111	0.081	0.077	0.074	0.074	0.072	0.154
2	イオン	Li$^+$ 0.090	Be^{2+} 0.059				O^{2-} 0.126	F$^-$ 0.119	
3	電子配置	$_{11}$Na [K(2)L(8)M(1)] (11+)	$_{12}$Mg [K(2)L(8)M(2)] (12+)	$_{13}$Al [K(2)L(8)M(3)] (13+)	$_{14}$Si [K(2)L(8)M(4)] (14+)	$_{15}$P [K(2)L(8)M(5)] (15+)	$_{16}$S [K(2)L(8)M(6)] (16+)	$_{17}$Cl [K(2)L(8)M(7)] (17+)	$_{18}$Ar [K(2)L(8)M(8)] (18+)
3	原子	0.186	0.160	0.143	0.117	0.110	0.104	0.099	0.188
3	イオン	Na$^+$ 0.116	Mg^{2+} 0.086	Al^{3+} 0.068			S^{2-} 0.170	Cl$^-$ 0.167	
4	電子配置	$_{19}$K [K(2)L(8)M(8)N(1)] (19+)	$_{20}$Ca [K(2)L(8)M(8)N(2)] (20+)	$_{31}$Ga [K(2)L(8)M(18)N(3)] (31+)	$_{32}$Ge [K(2)L(8)M(18)N(4)] (32+)	$_{33}$As [K(2)L(8)M(18)N(5)] (33+)	$_{34}$Se [K(2)L(8)M(18)N(6)] (34+)	$_{35}$Br [K(2)L(8)M(18)N(7)] (35+)	$_{36}$Kr [K(2)L(8)M(18)N(8)] (36+)
4	原子	0.231	0.197	0.122	0.123	0.121	0.117	0.114	0.202
4	イオン	K$^+$ 0.152	Ca^{2+} 0.114	Ga^{3+} 0.076	Ge^{4+} 0.067		Se^{2-} 0.184	Br$^-$ 0.182	

＊水素イオン H$^+$ の半径は非常に小さい

もういちど読む
数研の高校化学

数研出版

読者のみなさんへ

　本書は山川出版社と数研出版が発行している「もういちど読む」シリーズの化学版であり，高校化学に興味のある方や，もういちど高校化学を学びたいと思っている大学生や社会人のために企画された書籍です。

　また，本書は平成3年に数研出版から発行された教科書「四訂版 高等学校化学」をもとに再編集しています。同教科書は高校で学ぶ化学の内容が一冊に凝縮されていて，化学の基本を最初から順を追って学ぶことができ，初めて学ぶ方にも，もういちど学びなおしたい方にも，わかりやすい構成となっています。

　発行からおよそ20年の間に，化学の教科書は少しずつ変化してきました。たとえば，周期表の族は1A～7A，8，1B～7B，0族といった亜族の記号A，Bを用いる方式から，1～18族とする18族方式に改められました。単位ひとつをとってみても，熱量の単位cal（カロリー）はJ（ジュール）に，圧力の単位atm（気圧）はPa（パスカル）を主体とした記述になってきています。このような変化については現在の高校化学の記述に合うように再編集しています。また，口絵のカラーページは化学に関連する話題を楽しむコーナーとして，編集部にて新たに設けたものです。

　かつて学んだ教科書を懐かしむ気持ちで，初めて学ぶ方は読書するような気持ちで本書を手に取っていただき，本書が，読者のみなさんが化学と親しむひとつのきっかけになれたら嬉しく思います。

編集部

目次

第1編　物質の構成粒子とその結合

Ⅰ　物質の構成 ……………………………………………………………… 8〜19
- 1. 物質の成分 …………………… 8
- 2. 原　子 ……………………… 11
- 3. 電子配置 …………………… 13
- 4. イオン ……………………… 15
- 5. 元素の周期表 ……………… 17
- ◢Ⅰ章のまとめと問題 ………… 19

Ⅱ　粒子の結合 ……………………………………………………………… 20〜32
- 1. イオン結合とイオンからなる物質 …… 20
- 2. 共有結合と分子 …………… 22
- 3. 極性分子と電気陰性度 …… 27
- 4. 共有結合の結晶 …………… 29
- 5. 金属結合と金属の結晶 …… 30
- ◢Ⅱ章のまとめと問題 ………… 32

Ⅲ　粒子の相対質量と物質量 ……………………………………………… 33〜38
- 1. 原子量・分子量・式量 …… 33
- 2. 物質量 ……………………… 35
- ◢Ⅲ章のまとめと問題 ………… 38

第2編　物質の状態

Ⅰ　物質の三態 ……………………………………………………………… 40〜50
- 1. 拡散と粒子の熱運動 ……… 40
- 2. 分子間力と三態の変化 …… 42
- 3. 物質の種類と物理的性質 … 47
- ◢Ⅰ章のまとめと問題 ………… 50

Ⅱ　気　体 …………………………………………………………………… 51〜60
- 1. 気体の体積 ………………… 51
- 2. ボイル・シャルルの法則 … 54
- 3. 混合気体の圧力 …………… 56
- 4. 実在気体 …………………… 58
- ◢Ⅱ章のまとめと問題 ………… 59

Ⅲ　溶　液 …………………………………………………………………… 61〜78
- 1. 溶解のしくみと溶解度 …… 61
- 2. 希薄溶液の性質 …………… 69
- 3. コロイド溶液 ……………… 74
- ◢Ⅲ章のまとめと問題 ………… 78

第3編　物質の変化

Ⅰ　化学反応式と熱化学方程式 …………………………………………… 80〜88
- 1. 化学反応式 ………………… 80
- 2. 反応熱と熱化学方程式 …… 83
- ◢Ⅰ章のまとめと問題 ………… 88

II 反応の速さと化学平衡 ································ 89〜101
1. 化学反応の速さ ···················· 89
2. 化学反応の速さを
　　変える条件 ···················· 91
3. 可逆反応と化学平衡 ············ 94
4. 平衡状態の変化 ···················· 97
◢ II 章のまとめと問題 ············ 101

III 酸と塩基の反応 ································ 102〜121
1. 酸と塩基 ···························· 102
2. 中和反応 ···························· 111
3. 水の電離平衡と溶液の pH ···· 114
4. 塩 ······································ 117
◢ III 章のまとめと問題 ············ 121

IV 酸化還元反応 ···································· 122〜129
1. 酸化・還元と電子の授受 ···· 122
2. 酸化・還元と酸化数 ············ 123
3. 酸化剤・還元剤 ···················· 125
◢ IV 章のまとめと問題 ············ 129

V 電池と電気分解 ································ 130〜144
1. 金属のイオン化傾向 ············ 130
2. 電池 ···································· 173
3. 電気分解 ···························· 137
◢ V 章のまとめと問題 ············ 144

第4編　物質の性質(1)

I 典型元素とその化合物 ······················ 146〜177
1. 元素の分類と周期表 ············ 146
2. 1 族典型元素とその化合物 ··· 148
3. 2, 12 族典型元素と
　　その化合物 ···················· 152
4. アルミニウム ······················ 159
5. 14 族典型元素とその化合物 ··· 161
6. 窒素とリン ·························· 167
7. 酸素と硫黄 ·························· 169
8. ハロゲン元素 ······················ 173
◢ I 章のまとめと問題 ············ 177

II 遷移元素とその化合物 ······················ 178〜190
1. 遷移元素の特色 ···················· 178
2. 遷移元素を含む
　　化合物やイオン ············ 182
◢ II 章のまとめと問題 ············ 190

第5編　物質の性質(2)

I 有機化合物の分類と分析 ·················· 192〜197
1. 有機化合物の特徴と分類 ···· 192
2. 有機化合物の分析 ················ 194
◢ I 章のまとめと問題 ············ 197

II 脂肪族炭化水素 …………………………………198〜209
1. 飽和炭化水素 …………………198
2. 不飽和炭化水素 ………………204
◼ II 章のまとめと問題 …………209

III アルコールと関連化合物 …………………………210〜224
1. アルコールとエーテル ………210
2. アルデヒドとケトン …………213
3. カルボン酸と酸無水物 ………215
4. エステルと油脂 ………………219
◼ III 章のまとめと問題 …………224

IV 芳香族化合物 …………………………225〜235
1. 芳香族炭化水素 ………………225
2. フェノール類と
　芳香族アミン ………………229
3. 芳香族カルボン酸 ……………233
◼ IV 章のまとめと問題 …………235

V 糖　　類 …………………………236〜244
1. 単糖類と二糖類 ………………236
2. 多糖類 …………………………240
◼ V 章のまとめと問題 …………244

VI アミノ酸とタンパク質 …………………………245〜250
1. アミノ酸 ………………………245
2. タンパク質と酵素 ……………247
◼ VI 章のまとめと問題 …………250

VII 合成高分子化合物 …………………………251〜261
1. 合成繊維 ………………………251
2. 合成樹脂 ………………………254
3. 天然ゴムと合成ゴム …………257
4. 石油化学と
　合成高分子化合物 …………259
◼ VII 章のまとめと問題 …………261

本文の資料 …………………………………………………262〜275
1. 原子・分子の存在はどのようにして考えられたか …………262
2. 脂肪族化合物の相互関係および生成物の例 …………………264
3. 芳香族化合物の相互関係および生成物の例 …………………265
4. 物理量の計算例 …………………………………………………266
5. 化合物命名法 ……………………………………………………266
6. 化学小史 …………………………………………………………270

解　答　編 …………………………………………………276〜282
索　　　引 …………………………………………………283〜287

化学定数表

量	数　　値
アボガドロ定数	6.02214×10^{23} /mol
0℃ 101325 Pa（＝1 atm）における理想気体の体積	22.4140 L/mol
気体定数	8.3145×10^3 Pa·L/(mol·K)
水のイオン積(25℃, 1 atm)	$[H^+] \times [OH^-] = 1.01 \times 10^{-14}$ mol^2/L^2
1 atm における水の凝固点	273.15 K
1 atm における水の沸点	373.12 K
水のモル沸点上昇	0.515 K·kg/mol
水のモル凝固点降下	1.85 K·kg/mol
ファラデー定数	9.64853×10^4 C/mol

元素の原子量の概数値の例

元　素	元素記号	原子量	元　素	元素記号	原子量
水　素	$_1$H	1.0	カルシウム	$_{20}$Ca	40
ヘリウム	$_2$He	4.0	クロム	$_{24}$Cr	52
リチウム	$_3$Li	6.9	マンガン	$_{25}$Mn	55
炭　素	$_6$C	12	鉄	$_{26}$Fe	56
窒　素	$_7$N	14	ニッケル	$_{28}$Ni	59
酸　素	$_8$O	16	銅	$_{29}$Cu	63.5
フッ素	$_9$F	19	亜　鉛	$_{30}$Zn	65
ネオン	$_{10}$Ne	20	ヒ　素	$_{33}$As	75
ナトリウム	$_{11}$Na	23	臭　素	$_{35}$Br	80
マグネシウム	$_{12}$Mg	24	銀	$_{47}$Ag	108
アルミニウム	$_{13}$Al	27	スズ	$_{50}$Sn	119
ケイ素	$_{14}$Si	28	ヨウ素	$_{53}$I	127
リ　ン	$_{15}$P	31	バリウム	$_{56}$Ba	137
硫　黄	$_{16}$S	32	白　金	$_{78}$Pt	195
塩　素	$_{17}$Cl	35.5	金	$_{79}$Au	197
アルゴン	$_{18}$Ar	40	水　銀	$_{80}$Hg	201
カリウム	$_{19}$K	39	鉛	$_{82}$Pb	207

第1編
物質の構成粒子とその結合

　自然界にはきわめて多種多様な物質が存在している。ある物質は，原子が次々に結合してできており，またある物質は，いくつかの原子が結合して分子をつくり，その分子が多数集まってできている。また，原子が電気を帯びて陽イオンや陰イオンになり，多数の陽イオンと陰イオンがたがいに引き合ってできている物質もある。

　この編では，原子・イオン・分子などの粒子の構造と，これら粒子からできている物質の性質との関係，これら粒子の相対質量と物質の質量との関係などについて学ぶ。このことは，物質についてのいろいろな問題を理解する基礎になるであろう。

第 I 章
物質の構成

物質の構造・性質や物質の変化を理解するためには，物質をつくっている基礎的な粒子である原子の種類(元素)と，それぞれの原子の構造について知らなければならない。この章では，いろいろな元素について，原子やイオンの構造，原子番号の増加に伴う原子の構造や性質の周期的変化などについて学んでいく。

濾過の操作

1 | 物質の成分

A | 元素

空気中で銅を熱すると，空気中の酸素が銅と化合し，酸化銅(Ⅱ)とよばれる黒色の物質ができる。

$$\boxed{銅} + \boxed{酸素} \Longrightarrow \boxed{酸化銅(Ⅱ)} \tag{1}$$

また，熱した酸化銅(Ⅱ)に水素を作用させると，酸化銅(Ⅱ)は銅にもどり，このとき水が生じる。

$$\boxed{酸化銅(Ⅱ)} + \boxed{水素} \Longrightarrow \boxed{銅} + \boxed{水} \tag{2}$$

一方，水を電気分解すると水素と酸素になり，逆に，水素と酸素の混合気体に点火すると，爆発的に化合が起こり，水が生じる。

$$\boxed{水} \Longrightarrow \boxed{水素} + \boxed{酸素} \tag{3}$$

$$\boxed{水素} + \boxed{酸素} \Longrightarrow \boxed{水} \tag{4}$$

水素・酸素・銅などは，いずれもそれ以上簡単な別の物質に分解できない。これらのことから，酸化銅(Ⅱ)は酸素と銅とからなり，水は水素と酸素とからなっているといえる。水素・酸素・銅のように，物質の基礎的な成分を**元素**という。自然界で発見された元素は現在までに約90種類で，人工的にも20種類以上の元素がつくられている。

元素は，たとえば水素はH，酸素はO，銅はCuのように，**元素記号**で表される。すべての元素の名まえと元素記号は，後見返しの元素の周期表の中に記されている。

B │ 単体と化合物

水素・酸素・銅などのように，1種類の元素だけでできている物質を**単体**といい，酸素と銅が化合してできた酸化銅(Ⅱ)や，水素と酸素が化合してできた水のように，2種類以上の元素からできている物質を**化合物**という。

同じ1つの化合物では，成分元素の各質量の割合(質量組成)はつねに一定している。これは**定比例の法則**(→ p.262)とよばれ，混合物と違う化合物の重要な特徴の1つである(→ p.10)。たとえば，酸化銅(Ⅱ)では $\dfrac{銅}{酸素} = \dfrac{4.0}{1.0}$，水では $\dfrac{酸素}{水素} = \dfrac{8.0}{1.0}$ で，これらの比は，それぞれの化合物で一定している。したがって，水素と酸素が化合して水ができる場合，たとえば水素1.0gと酸素10gを反応させると，8.0gの酸素が化合して9.0gの水ができ[*1)]，余分の酸素2.0gは化合しないで残る。

> **問1.** 次の(1)および(2)で生じる水は，それぞれ何gか。
> (1) 水素2.0gと酸素20gの混合気体に点火した場合
> (2) 水素2.0gと酸素4.0gの混合気体に点火した場合

---

*1) 水素1.0gと酸素8.0gが化合して水9.0gができることは，化合する前の質量(1.0g+8.0g=9.0g)と，化合したあとの質量9.0gとが同じであるという質量保存の法則(ラボアジエ，1774年)(→ p.262)を意味する。

C 同素体

同じ元素の単体で，性質が異なる物質が2種類以上存在するとき，これらをたがいに**同素体**という。たとえば，斜方硫黄・単斜硫黄・ゴム状硫黄は硫黄 S の同素体であり，ダイヤモンドと黒鉛は炭素 C の同素体である。また，赤リンと黄リンはリン P の同素体である(前見返し参照)。

D 純物質と混合物

1種類の単体，または1種類の化合物だけからなる物質を**純物質**という。自然界に存在する物質は，一般に2種類以上の純物質が混じり合った**混合物**である。

濾過(→ p.8)・蒸留(図 1-1)・再結晶(→ p.66)などの操作(物理的方法という)を利用したり，化学反応を利用(化学的方法という)したりして，混合物から純物質を分離することができる。また，このようにして純物質を得ることを，物質の**精製**という。

純物質では，その物質を構成する元素の質量組成は，つねに一定している(→ p.9)。また，融点・沸点(→ p.46)などの性質は，その物質に固有の値を示す。しかし混合物では，混じり合っている物質の割合が変われば，混合物を構成する元素の質量組成は変化する場合が多いし，また，融点・沸点などの性質も変わってくる。

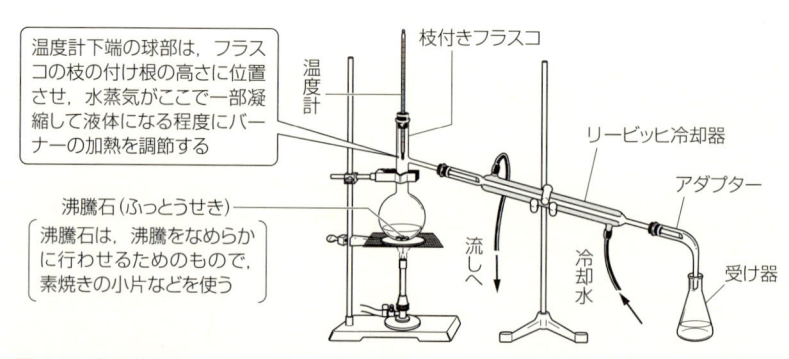

図 1-1 水の蒸留

2 | 原子

A | 原子の構造

　物質を構成する最小の基本粒子が**原子**である。原子は、その中心にある1個の**原子核**と、原子核をとりまく何個かの**電子**とからできている。そして、原子核は、何個かの**陽子**と何個かの**中性子**とからできている[*1)]。

　電子は負の電気量をもった粒子で、その電気量を単位として、電子の電荷を1− で表す。陽子は、正の電気量をもった粒子で、その電気量は電子のもつ負の電気量と絶対値[*2)]が等しいので、陽子の電荷は1+ で表す。中性子は、電荷をもたない粒子である。

　原子核に含まれている陽子の数は、たとえば水素原子Hでは1個、ヘリウム原子Heでは2個、炭素原子Cでは6個というように、それぞれの元素に固有のもので、この数を元素の**原子番号**という。

　1つの原子において、原子核のまわりの電子の数は、原子番号（すなわち原子核の中の陽子の数）に等しいので、原子全体としては、電気的に中性になっている。たとえば、水素の原子番号は1で、水素原子の原子核は1+ の電荷をもっていて、原子核のまわりに1個の電子がある。また、ヘリウムの原子番号は2で、ヘリウム原子の原子核は2+ の電荷をもっていて、原子核のまわりに2個の電子がある（図1-2）。

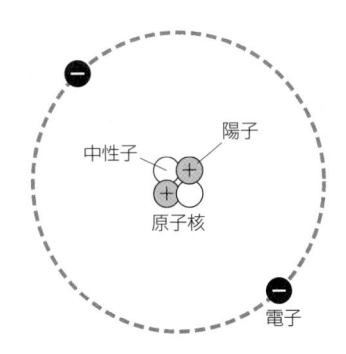

図1-2　ヘリウム原子の構造模型

---

*1) ふつうの水素原子の原子核は例外であり、1個の陽子だけでできていて、中性子がない。
*2) 電子や陽子のもつ電気量の絶対値は約 1.602×10^{-19} C（クーロン）である。

B 同位体と質量数

　同じ元素の原子(すなわち,陽子の数が同じ)でも,原子核の中の中性子の数は,必ずしも同じでない。たとえば,地球上に存在する塩素Clの原子には,その原子核が17個の陽子と18個の中性子とからできているものと,17個の陽子と20個の中性子とからできているものとがある。このように,同一元素の原子で中性子の数が異なる原子どうしを,たがいに**同位体**という。

　原子核の中の陽子の数と中性子の数の和を**質量数**という。すなわち,地球上には質量数35の塩素と,質量数37の塩素が存在している。

　原子核の構成を表すために,元素記号の左上に質量数を,左下に原子番号を記して,たとえば $^{35}_{17}\mathrm{Cl}$, $^{37}_{17}\mathrm{Cl}$ のように書く(右図)。陽子1個の質量と中性子1個の質量はほとんど等しく,電子1個の質量の約1840倍もある[*1]。したがって,1個の原子の質量は,その原子核だけの質量とみなしてよいので,その原子の質量数にほぼ比例している(→ p.34)。

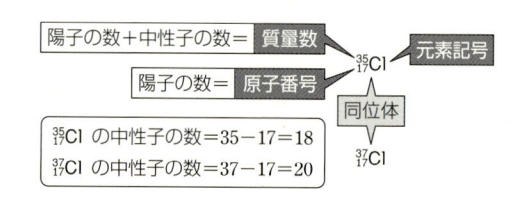

陽子の数+中性子の数 = 質量数
陽子の数 = 原子番号
$^{35}_{17}\mathrm{Cl}$ の中性子の数 = 35−17 = 18
$^{37}_{17}\mathrm{Cl}$ の中性子の数 = 37−17 = 20
元素記号
同位体
$^{35}_{17}\mathrm{Cl}$
$^{37}_{17}\mathrm{Cl}$

　同位体どうしの化学的性質は非常によく似ていて,物質が変化する場合にも,同位体の原子はほとんど同じようにふるまう[*2]。したがって,単体や化合物中のそれぞれの元素は多くの場合,何種類かの同位体がほぼ一定の割合に混じって存在している[*3] (p.34 表1-5 参照)。

問2. 次の原子の中の陽子・中性子および電子の数を,それぞれ記せ。
(ア) $^{20}_{10}\mathrm{Ne}$　(イ) $^{23}_{11}\mathrm{Na}$　(ウ) $^{40}_{18}\mathrm{Ar}$　(エ) $^{39}_{19}\mathrm{K}$

[*1) 陽子1個の質量は約 1.673×10^{-24} g, 中性子1個の質量は約 1.675×10^{-24} g, 電子1個の質量は約 9.109×10^{-28} g である。
[*2) 同位体では,原子核のまわりの電子の配置(→ p.13)が同じためである。
[*3) $^{19}_{9}\mathrm{F}$, $^{23}_{11}\mathrm{Na}$, $^{27}_{13}\mathrm{Al}$ などのように,地球上に同位体が存在しない元素もある。

3 | 電子配置

A | 電子殻

　原子核のまわりの電子は，いくつかの層に分かれて存在している。この層を**電子殻**という。電子殻は，原子核に近いものから順に，K 殻，L 殻，M 殻，…などとよばれ，それらの電子殻に入る電子の最大数は，それぞれ 2，8，18，…のように定まっている。

　原子核のまわりの電子は，原子核に近い電子ほど原子核に強く引きつけられて安定した状態にあるので，1 つの原子の中の電子は，原則として原子核に近い K 殻から入っていく(図 1-3)。すなわち，水素原子 $_1$H の 1 個の電子，ヘリウム原子 $_2$He の 2 個の電子は，いずれも K 殻に入り，これで K 殻はいっぱいになる。リチウム原子 $_3$Li からは，原子番号が大きくなるとともに L 殻の電子の数が次第に増していき，ネオン原子 $_{10}$Ne では，K 殻に 2 個，L 殻に 8 個の電子が入り，K 殻・L 殻ともにいっぱいになる。このように，電子殻が最大数の電子で満たされている電子殻を**閉殻**という。閉殻になった電子殻は安定である。

　ナトリウム原子 $_{11}$Na からアルゴン原子 $_{18}$Ar までは，原子番号が大きくなるとともに，M 殻の電子の数が次第に増えていく。そして，8 個の電子が入ったアルゴン原子 $_{18}$Ar の M 殻は，閉殻と同じように安定した

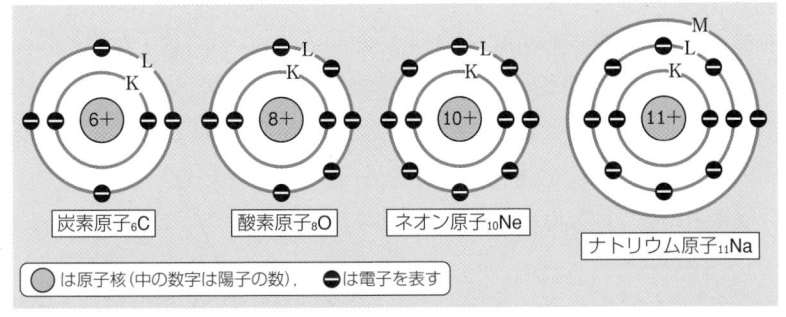

炭素原子 $_6$C　　酸素原子 $_8$O　　ネオン原子 $_{10}$Ne　　ナトリウム原子 $_{11}$Na

　●は原子核（中の数字は陽子の数），●は電子を表す

K 殻，L 殻，M 殻の各電子殻は三次元的に広がっているが，それらを便宜上，同心円で表している。

図 1-3　電子配置の模式図

状態になる（→ p.15）。

カリウム原子 $_{19}$K やカルシウム原子 $_{20}$Ca では，M 殻（最大電子数 18）にさらに電子が入るよりも，M 殻に 8 個の電子が入ったまま，その外側の N 殻に電子が入ったほうが安定した状態になる。

$_1$H から $_{20}$Ca までの原子について，各電子殻の電子の数（**電子配置**）を，表 1-1 に示した。

問3. 図 1-3 にならって，次の原子の電子配置図をかけ。
（ア）$_{12}$Mg　　（イ）$_{16}$S
（ウ）$_{18}$Ar　　（エ）$_{20}$Ca

表 1-1　原子の電子配置
太字の斜体数字は，価電子の数を表す。

元素名	原子	K	L	M	N
水素	$_1$H	*1*			
ヘリウム	$_2$He	2			
リチウム	$_3$Li	2	*1*		
ベリリウム	$_4$Be	2	*2*		
ホウ素	$_5$B	2	*3*		
炭素	$_6$C	2	*4*		
窒素	$_7$N	2	*5*		
酸素	$_8$O	2	*6*		
フッ素	$_9$F	2	*7*		
ネオン	$_{10}$Ne	2	8		
ナトリウム	$_{11}$Na	2	8	*1*	
マグネシウム	$_{12}$Mg	2	8	*2*	
アルミニウム	$_{13}$Al	2	8	*3*	
ケイ素	$_{14}$Si	2	8	*4*	
リン	$_{15}$P	2	8	*5*	
硫黄	$_{16}$S	2	8	*6*	
塩素	$_{17}$Cl	2	8	*7*	
アルゴン	$_{18}$Ar	2	8	8	
カリウム	$_{19}$K	2	8	8	*1*
カルシウム	$_{20}$Ca	2	8	8	*2*

B ｜ 価電子

原子の最も外側の電子殻（最外電子殻）に入っていて，原子がイオンになったり，原子どうしが結合[*1)]するときに重要なはたらきをする 1〜7 個[*2)]の電子を**価電子**という。たとえば，炭素原子 $_6$C は L 殻に 4 個，塩素原子 $_{17}$Cl は M 殻に 7 個の価電子をもっている（表 1-1）。

価電子の数が同じ原子どうしは，化学的性質がよく似ている。

---

*1) 化学結合については，p.20 以降の「粒子の結合」で詳しく学ぶ。
*2) ヘリウム原子 $_2$He は，K 殻が閉殻になっていて，価電子の数は 0 とする（→ p.15）。

C 希ガス原子の電子配置

最外電子殻が閉殻であるヘリウム $_2$He, ネオン $_{10}$Ne の原子や,最外電子殻に8個の電子が入っているアルゴン $_{18}$Ar, クリプトン $_{36}$Kr, キセノン $_{54}$Xe などの原子(表1-2)は,その電子配置が安定していて,イオンになったり他の原子と結合することがまれであり,価電子の数は 0 (ゼロ)

表1-2 希ガス原子の電子配置

電子殻 原子	K	L	M	N	O
$_2$He	2				
$_{10}$Ne	2	8			
$_{18}$Ar	2	8	8		
$_{36}$Kr	2	8	18	8	
$_{54}$Xe	2	8	18	18	8

とする。すなわち,これらの原子はきわめて安定していて,原子のままで空気中にわずかに含まれていて[*1],**希ガス**とよばれている。

4 イオン

A 単原子イオンの電子配置

原子から電子がとれると**陽イオン**になり,原子に電子がくっつくと**陰イオン**になる。このようにしてできた陽イオンや陰イオンを,**単原子イオン**という。単原子イオンは,たとえばナトリウムイオン Na$^+$ や塩化物イオン Cl$^-$ のように,元素記号の右上に電荷の種類とその数(価数)を書きそえた**イオン式**で表される。

ナトリウム原子 Na やカルシウム原子 Ca などは,これらの原子から価電子がとれて,それぞれ1価の陽イオン Na$^+$ や2価の陽イオン Ca^{2+} になりやすい。原子が陽イオンになる性質を**陽性**といい,陽性をもつ元素を**陽性元素**という。また,塩素原子 Cl や酸素原子 O などは,これらの原子の最外電子殻にさらに電子が入って,それぞれ1価の陰イオン Cl$^-$ や2価の陰イオン O^{2-} になりやすい。原子が陰イオンになる性質を**陰性**といい,陰性をもつ元素を**陰性元素**という。

[*1] これらは単原子分子とよばれ,空気中に体積で約0.9%含まれているが,その大部分はアルゴンである。

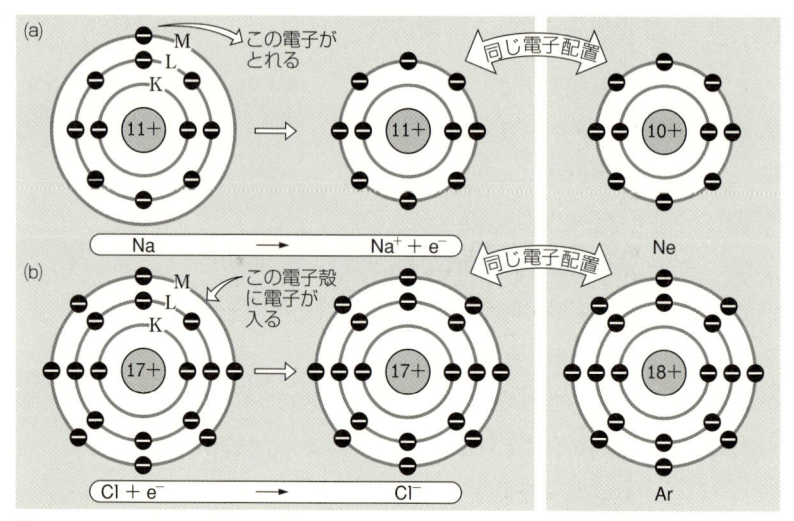

(a) Na⁺ と Ne は原子核だけが違うが,電子配置は同じで,いずれも安定している。
(b) Cl⁻ と Ar は原子核だけが違うが,電子配置は同じで,いずれも安定している。

図 1-4　Na⁺, Cl⁻ のでき方と Ne, Ar の電子配置

　単原子イオンの電子配置は,原子番号が最も近い希ガス原子の電子配置と同じで,安定している(図 1-4)。

問4.　F^- および Mg^{2+} の電子配置を,図 1-4 にならって書け。

B　イオン化エネルギー

　元素の陽性の強さを比較するのに,原子から 1 個の電子を取り去って,1 価の陽イオンにするのに必要なエネルギーを考えることがある[*1]。このエネルギーを,原子の**第 1 イオン化エネルギー**という[*2](→ p.18 図 1-5)。

[*1] 元素の陰性の強さを比較するのに,原子の最外電子殻に 1 個の電子が入って,1 価の陰イオンになるときに放出されるエネルギーを考えることがある。これを**電子親和力**(でんししんわりょく)という。電子親和力が大きい元素は,陰性が強い。

[*2] 1 価の陽イオンからさらに 1 個の電子を取り去って,2 価の陽イオンにするのに必要なエネルギーを,第 2 イオン化エネルギーという。

一般に，陽性元素の原子は第1イオン化エネルギーが小さく，陰性元素の原子は第1イオン化エネルギーが大きい。

C 多原子イオン

OH^-（水酸化物イオン），NH_4^+（アンモニウムイオン）などのように，2個以上の原子が結合した原子団に，何個かの電子がくっついてできた陰イオンや，何個かの電子がとれてできた陽イオンを**多原子イオン**という。

多原子イオンの例を，表1-3に示した。

表1-3 多原子イオン

OH^-	水酸化物イオン
NO_3^-	硝酸イオン
SO_4^{2-}	硫酸イオン
PO_4^{3-}	リン酸イオン
CO_3^{2-}	炭酸イオン
HCO_3^-	炭酸水素イオン
CH_3COO^-	酢酸イオン
NH_4^+	アンモニウムイオン

問5. 次のイオン1個に含まれている電子の数は，それぞれ何個か。
(ア) K^+　　(イ) NH_4^+　　(ウ) Cl^-　　(エ) NO_3^-　　(オ) SO_4^{2-}

5 元素の周期表

A 元素の周期律

元素を原子番号の小さいものから順に並べると，性質[*1]のよく似た元素が一定の間隔で周期的に現れる。たとえば，次ページ図1-5(a)は価電子の数（→ p.14 表1-1）と原子番号との関係を示したものであり，同図(b)は原子の第1イオン化エネルギーの値と原子番号との関係を示したものである。また，原子やイオンの大きさ（→口絵9ページ），単体や化合物の融点・沸点，化合物の溶解度など，元素のいろいろな性質[*2]も，

[*1] 元素の性質とは，その元素の単体の性質だけでなく，その元素を含む化合物の性質もいう場合が多い。
[*2] これらの性質は，p.146～177 の典型元素とその化合物の章で学ぶ。

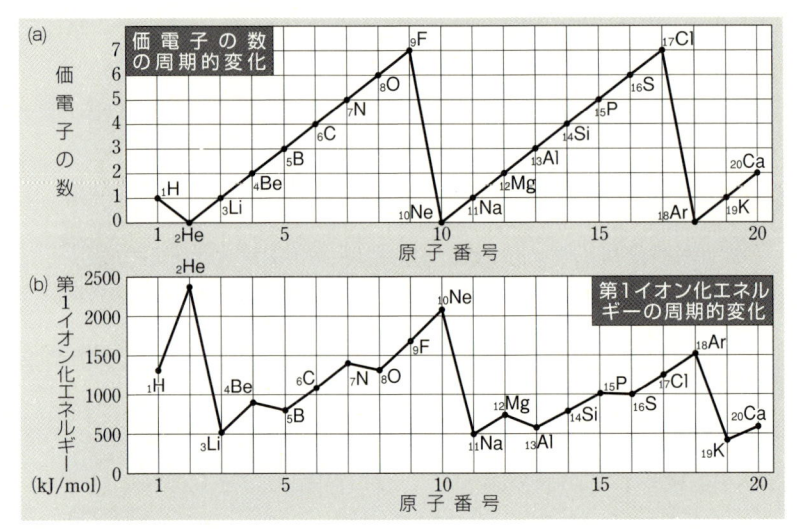

図1-5 元素の周期律

原子番号とともに周期的に変化している。このような規則性を，元素の**周期律**という。

B 元素の周期表

元素を原子番号の順に並べ，性質のよく似た元素が縦の同じ欄に並ぶようにして組んだ表を，**元素の周期表**という[*1]（→ p.147 および後見返し参照）。

周期表の縦の列を**族**，横の行を**周期**という。第1周期には2種類の元素，第2周期と第3周期には，それぞれ1，2族と13～18族の8種類の元素が含まれている。これに対して，第4周期以降の周期には，それぞれ18種類あるいはそれ以上の元素が含まれている。1，2族と12～18族の元素は**典型元素**といい，周期表の縦の列に並んだ元素どうしの性質が似ている。一方，3～11族の元素を**遷移元素**といい，周期表の横の行に並んだ元素どうしの性質が似ていることが多い。

[*1] メンデレーエフ（ロシア，1834～1907）は元素を原子量の順に並べ，現在広く使われている周期表にある程度近い形の表を，1869年に発表した（→ p.148）。

▰ Ⅰ章のまとめ ▰

❶ 物質の成分
①元素　物質を構成する基礎的な成分。
②単体　1種類の元素だけでできている物質。(例) 酸素 O_2，銅 Cu
③同素体　同じ元素の単体で，性質が異なる物質どうし。
　(例) ダイヤモンドと黒鉛，黄リンと赤リン，酸素 O_2 とオゾン O_3
④化合物　2種類以上の元素からできている物質。
　化合物の中の成分元素の質量組成は，つねに一定している (定比例の法則)。

❷ 原子とイオン
①原子の構造　右図。
②同位体　同一元素の原子で，中性子の数が異なる原子どうし。
　(例) $^{35}_{17}Cl$ と $^{37}_{17}Cl$
③電子殻　原子核のまわりの電子が存在する層 (K殻・L殻・M殻・…)。
④価電子　最外電子殻にある電子。希ガス原子の価電子の数は0とする。
⑤イオンの電子配置　最外電子殻の電子がとれたり (陽イオン)，最外電子殻に電子が入ったりして (陰イオン)，安定した希ガス原子の電子配置と同じになる。次の例では，K，L，Mの各電子殻に入っている電子の数を，それぞれ ( ) の中に数字で示してある。

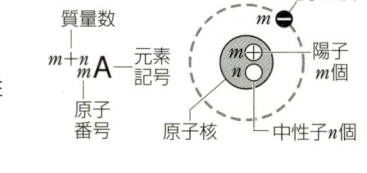

(例) $_{13}Al$ [K(2)，L(8)，M(3)] $- 3e^- \longrightarrow Al^{3+}$ [K(2)，L(8)]
　　　　　　　　　　　　　　　　　　　　　　　　= Ne の電子配置
　$_{17}Cl$ [K(2)，L(8)，M(7)] $+ e^- \longrightarrow Cl^-$ [K(2)，L(8)，M(8)]
　　　　　　　　　　　　　　　　　　　　　　　　= Ar の電子配置

❸ 元素の周期表
①周期律　元素を原子番号の小さいものから順に並べると，性質の似た元素が一定の間隔で周期的に現れること。
②周期表　元素を周期律に従い並べた表。縦の列が**族**，横の行が**周期**。

▰ Ⅰ章の問題 ▰

1. Na^+ の電子の数は10個である。^{23}Na 原子の中性子の数はいくらか。また，Na^+ と同じ電子配置をもつ希ガス原子の元素記号を書け。

2. 価電子の数が次の原子と同じ原子の元素記号を1つずつ書け。
　(ア) $_7N$　　(イ) $_{16}S$　　(ウ) $_9F$　　(エ) $_3Li$　　(オ) $_{18}Ar$

第 II 章
粒子の結合

物質には，陽イオンと陰イオンが次々に結合してできた物質，原子が何個か結合してできた分子からなる物質，金属元素の原子どうしが結合してできた物質などがある。この章では，イオンや原子間のこのような結合（化学結合という）のしくみと，化学結合の違いによる物質の種類や性質について学ぶ。

二酸化ケイ素の結晶構造の例と水晶

1 | イオン結合とイオンからなる物質

A | イオン結合

　単体のナトリウムと塩素とを反応させると，塩化ナトリウムができる。この場合，ナトリウム原子の1個の価電子が塩素原子に移動して（→ p.16 図1-4），それぞれナトリウムイオン Na^+ および塩化物イオン Cl^- となる。生成した塩化ナトリウム NaCl では，同数の Na^+ と Cl^- とがたがいに静電気力で引き合って，図1-6に示すように，交互に並んだ立方体の構造が繰り返された結晶になっている。そして，結晶全体としては，電気的に中性になっている。

　このように，陽イオンと陰イオンとが，静電気力によって引き合ってできる結合をイオン結合という。

　結晶の中で，規則正しく繰り返されている粒子（イオン・原子・分子）の配列構造を，結晶格子という（→ p.31）。

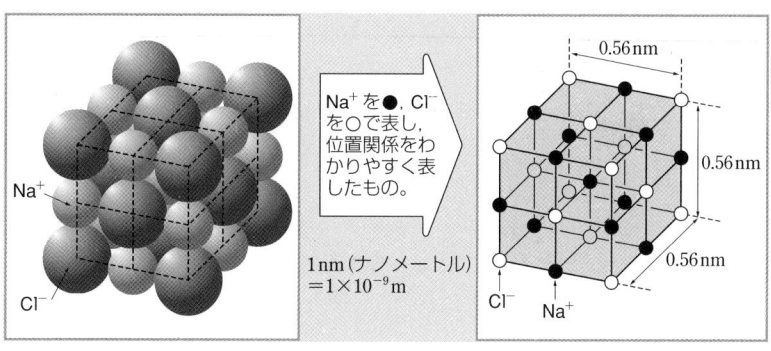

図 1-6　塩化ナトリウムの結晶構造

B　イオンからなる物質

　塩化ナトリウム,硫酸カリウム K_2SO_4 のような塩(→ p.117)とよばれる化合物は,一般に多数の陽イオンと陰イオンとからなり,それらの結晶はイオン結合でできている。また,水酸化ナトリウム NaOH,水酸化カルシウム $Ca(OH)_2$ のような塩基(→ p.103)や,酸化ナトリウム Na_2O,酸化カルシウム CaO のような金属元素の酸化物も,イオン結合の物質である。イオン結合でできている結晶を,**イオン結晶**という。

　イオン結合の物質は,一般に融点が高い。また,結晶のときは電気を導かないが,水に溶かしたり融解して液体にしたりすると,イオンが動けるようになるので,電気を導くようになる(→ p.141)。

　イオン結合の物質は,その成分元素の原子の数を最も簡単な整数比で表した化学式,すなわち**組成式**を使って表される(表 1-4)。

　イオン結合の物質の名まえは,陰イオンになっている原子または原子

表 1-4　イオン結合の物質の例とその組成式

塩		塩　基	
塩化アンモニウム	NH_4Cl	水酸化ナトリウム	NaOH
塩化カルシウム	$CaCl_2$	水酸化カルシウム	$Ca(OH)_2$
硝酸ナトリウム	$NaNO_3$	金属元素の酸化物	
炭酸カリウム	K_2CO_3	酸化ナトリウム	Na_2O
硫酸亜鉛	$ZnSO_4$	酸化カルシウム	CaO

団の名まえを先に書き,陽イオンになっている原子または原子団の名まえをあとにつけて書く。このとき,Cl$^-$,OH$^-$,O^{2-}などの陰イオンは,それぞれ塩化,水酸化,酸化などと書き,NO$_3^-$,CO$_3^{2-}$,SO$_4^{2-}$などの陰イオンは,それぞれ硝酸,炭酸,硫酸などと書く(表1-4)。

問6. 次の陽イオンと陰イオンそれぞれ一種類ずつの組合せでできるイオン結合の物質の,組成式と名称を書け(表1-4参照)。
NH$_4^+$, Ca^{2+}, Al^{3+}, NO$_3^-$, SO$_4^{2-}$

2 | 共有結合と分子

A | 共有結合

単体の水素は,水素原子Hが2個結合してできた水素分子H$_2$からできており,単体の窒素は,窒素原子Nが2個結合してできた窒素分子N$_2$からできている。また,アンモニアは,窒素原子1個と水素原子3個とが結合したアンモニア分子NH$_3$からできている。これらの分子の中における原子と原子の結合のしくみは,次のように説明される。

2個の水素原子がたがいに近づいていくと,一方の水素原子の価電子は他方の水素原子の原子核とも引き合って,ついに両方の水素原子のK殻どうしが一部重なり合うようになる。そして,重なり合って1つになった電子殻の中では,それぞれの水素原子の価電子が対になって存在する。対になった2個の電子は,両方の水素原子に共有されて,それぞれの水素原子は,K殻に2個の電子が入っているヘリウム原子Heに似た,安定した電子配置をとる(図1-7)。これが水素分子H$_2$である。このように,2個の原子の間で,それぞれの原子に所属する価電子を,両方の原子で共有してできる結合を共有結合といい,共有されている電子対を共有電子対という。

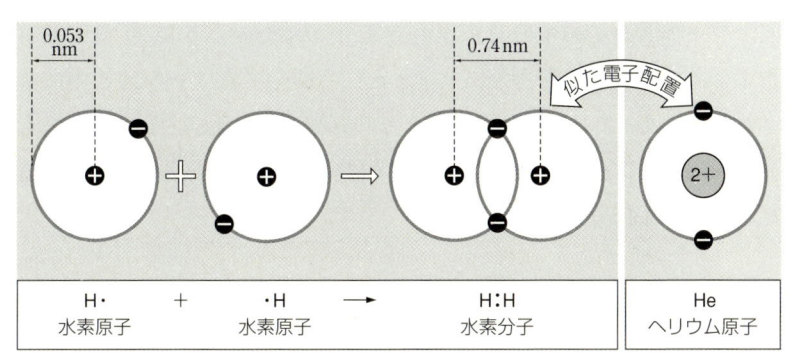

0.053 nm		0.74 nm	似た電子配置

| H・ | + | ・H | → | H:H | | He |
| 水素原子 | | 水素原子 | | 水素分子 | | ヘリウム原子 |

水素分子をつくっている2個の水素原子は，それぞれヘリウム原子に似た電子配置をとる。
図1-7 水素分子のできるしくみ

　同じようにして，アンモニア分子NH_3ができる様子を，図1-8に示した。価電子を記号・で示し，元素記号のまわりに書いた図1-7や図1-8のような式を，<u>電子式</u>という。
　アンモニア分子NH_3では，N原子の価電子5個のうち3個は，H原子の価電子とそれぞれ対になって共有結合をつくり，残る2個の価電子は対になっていて，共有結合に使われていない。このような電子対を<u>非共有電子対</u>または<u>孤立電子対</u>という。そして，電子対をつくっていない電子は，<u>不対電子</u>とよばれる。N原子には，不対電子が3個ある（図1-8）。
　アンモニア分子の中のH原子は，K殻が閉殻になったHe原子に似た安定した電子配置をとり，N原子は，K殻・L殻ともに閉殻になったNe原子に似た安定した電子配置をとっている。

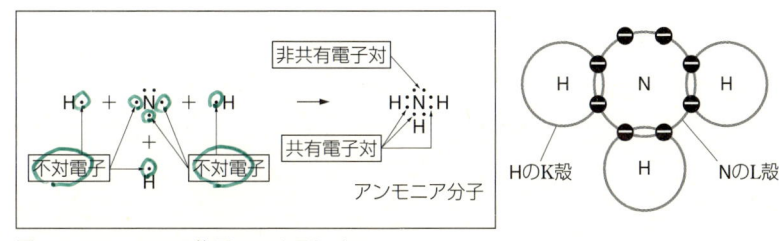

図1-8 アンモニア分子のできるしくみ

アンモニア分子の中のH原子とN原子の結合のように, 1対の共有電子による結合を**単結合**という。また, 二酸化炭素分子CO_2の中に含まれるような, 2対の共有電子による共有結合を**二重結合**といい, 窒素分子N_2の中に含まれるような, 3対の共有電子による共有結合を**三重結合**という(図1-9)。

問7. H原子2個とO原子1個から, 水分子ができるしくみを, 図1-8にならってかき, 不対電子・共有電子対を示せ。

B 構造式

原子間の1対の共有電子を1本の線で表すと, 水素・水・アンモニア・メタン・二酸化炭素・窒素などの分子は, 図1-9の左から3列目の式のように書くことができる。このように, 単結合を1本の線で, 二重結合・

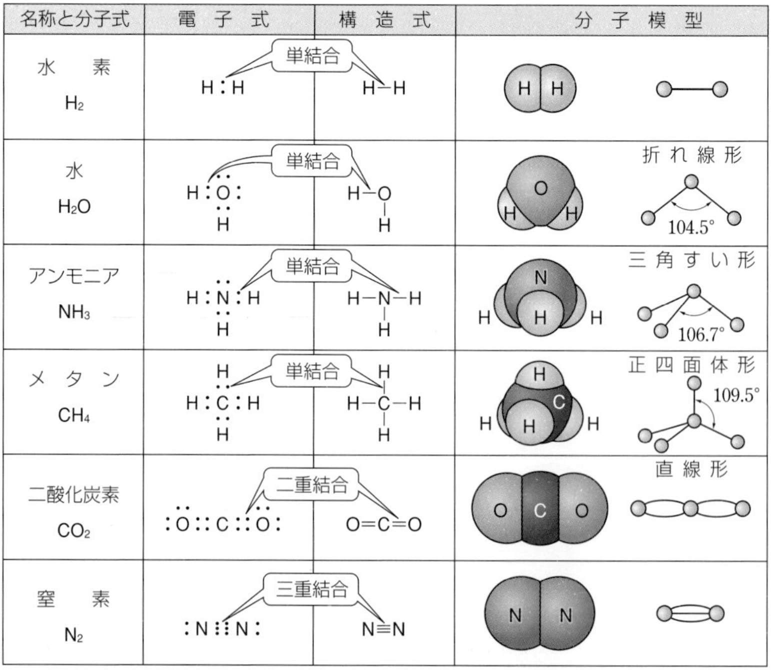

名称と分子式	電子式	構造式	分子模型	
水素 H_2	H:H (単結合)	H—H	H H	○—○
水 H_2O	H:Ö:H (単結合)	H—O—H	O H H	折れ線形 104.5°
アンモニア NH_3	H:N:H H (単結合)	H—N—H H	N H H H	三角すい形 106.7°
メタン CH_4	H H:C:H H (単結合)	H H—C—H H	H C H H H	正四面体形 109.5°
二酸化炭素 CO_2	:Ö::C::Ö: (二重結合)	O=C=O	O C O	直線形
窒素 N_2	:N⋮⋮N: (三重結合)	N≡N	N N	○=○

図1-9 電子式・構造式・分子模型および分子の形の例

三重結合をそれぞれ2本・3本の線で表して，原子と原子の結合の様子を示した式を，**構造式**という。構造式の中の共有結合を表す線を**価標**(かひょう)*1)という。

構造式は，分子の中の原子の結合順序と種類を示したものであって，分子の実際の形を示したものではない。たとえば，メタンの構造式は平面的に書かれるが，メタン分子は正四面体の形をしている（図1-9）。

問8. 次の化合物（かっこ内は分子式）の構造式を書き，共有結合で結合している各原子と似た電子配置をもつ希ガス原子の名まえをいえ。
塩化水素(HCl)，硫化水素(りゅうかすいそ)(H_2S)

C | 分子からなる物質

分子からなる物質には，常温・常圧の下で気体のものもあるし，液体や固体のものもあるが，イオンからなる物質に比べると，融点や沸点が低い(→p.47, 48)。これは，分子からなる物質の固体や液体では，分子間にはたらいて分子どうしを集合させている**分子間力**(ぶんしかんりょく)(→p.42)とよばれる力が，イオン結合の場合の陽イオンと陰イオンの間にはたらいている静電気力に比べると，はるかに弱いからである。

分子からなる物質を表すには，分子を構成する元素の記号と，そのそれぞれの原子の数を示した**分子式**が使われる。

分子からなる物質の結晶を**分子結晶***2)という。ヨウ素 I_2・グルコース（ブドウ糖）$C_6H_{12}O_6$・ナフタレン $C_{10}H_8$ などの結晶は分子結晶である（図1-10）。

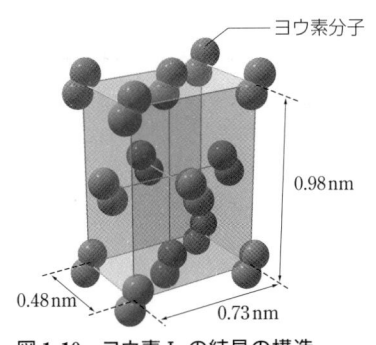

図1-10　ヨウ素 I_2 の結晶の構造

---

*1) 1つの原子から出ている価標の数を，その原子の原子価（げんしか）ということがある。
*2) 分子結晶は，固体のままでも，融解して液体にしても電気を導かない。

D 配位結合

多原子イオンであるオキソニウムイオン H_3O^+ は，H_2O 分子に水素イオン H^+ が結合してできたものであり，アンモニウムイオン NH_4^+ は NH_3 分子に水素イオン H^+ が結合してできたものである。このとき，H^+ は O 原子や N 原子と共有結合によって結合して，O-H 結合や N-H 結合ができるのであるが，これらの結合に使われる電子対は，水分子の中の O 原子やアンモニア分子の中の N 原子の非共有電子対(→ p.23 図1-8)である(図1-11)。このように，分子[*1]の中の原子の非共有電子対が，他の陽イオンとの結合に使われて，新しい共有結合をつくる場合，この結合を配位結合という。

H_3O^+ や NH_4^+ の中の1つの配位結合は，これらの中の他の共有結合に比べて，それができるしくみが異なるだけであって，できた共有結合はまったく同じで区別することはできない。

たとえば，NH_4^+ の中の4つの N-H 結合はまったく同じ性質をもっていて，そのうちのどれが配位結合によってできたものかは，区別することができない。

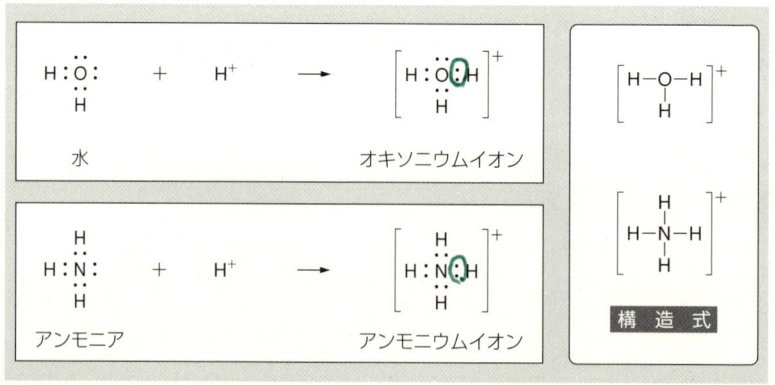

図1-11 H_3O^+, NH_4^+ のできるしくみ

*1) 分子ばかりでなく，陰イオンの場合もある(→ p.184)。

3 | 極性分子と電気陰性度

A | 極性分子

　水素分子 H-H や塩素分子 Cl-Cl のように，同種の原子が結合している場合，共有電子対は両方の原子核から等距離にあって，どちらの原子のほうにもかたよっていない。このような分子を**無極性分子**という。これに対して，塩化水素分子 H-Cl の中の共有電子対は，陰性元素である Cl 原子のほうにいくらか引き寄せられていて，H 原子はいくらか正の電荷 $\delta+$ [*1)]を帯び，Cl 原子はいくらか負の電荷 $\delta-$ を帯びている。このような電荷のかたよりを**共有結合の極性**といい，極性のある分子を**極性分子**という。

　二酸化炭素分子 O=C=O は図 1-9（→ p.24）に示すように，3個の原子が直線状に結合しているので，C と O の間の共有電子対のかたよりによる極性が正反対の方向を向いていて，たがいに打ち消し合い，分子全体としては無極性分子になっている（図 1-12）。このように，それぞれの共有結合に極性があっても，分子全体として正電荷の重心と負電荷の重心が一致するような場合は，無極性分子になる。

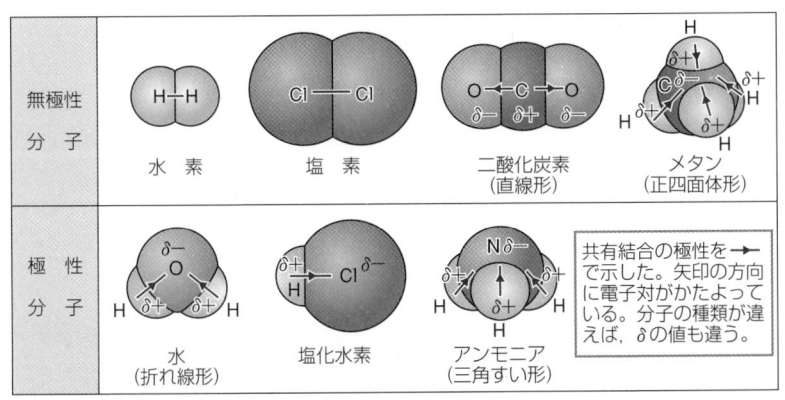

無極性分子	水素	塩素	二酸化炭素（直線形）	メタン（正四面体形）
極性分子	水（折れ線形）	塩化水素	アンモニア（三角すい形）	共有結合の極性を → で示した。矢印の方向に電子対がかたよっている。分子の種類が違えば，δ の値も違う。

図 1-12　無極性分子と極性分子のモデル

*1) δ（デルタ）は単位電荷（→ p.11）より小さな値で，電荷のかたよりを示す。

B　電気陰性度

分子中にある2原子間の共有電子対がどちらの原子のほうにかたよっているか，そのかたよりの度合いが大きいか小さいかを推定するのに，**電気陰性度**(図1-13)という値を使うと便利である。電気陰性度は，共有結合によって結合している原子が，共有電子対をどの程度その原子のほうへ引き寄せているかを，数値で表したものである[*1]。

電気陰性度が大きな元素は陰性が強く，電気陰性度の小さな元素は陽性が強い。

一般に，共有結合によって結合している2原子の電気陰性度の値が同じときは，共有電子対はどちらの原子にもかたよらず，極性のない共有結合になる。また，共有結合によって結合している2原子間の電気陰性度の差が大きいほど，共有電子対は電気陰性度の大きな原子のほうに強く引き寄せられて，極性の大きな共有結合になる（δの値が大きくなる）。したがって共有結合には，極性のない共有結合からイオン結合に近い共有結合まで，いろいろある。

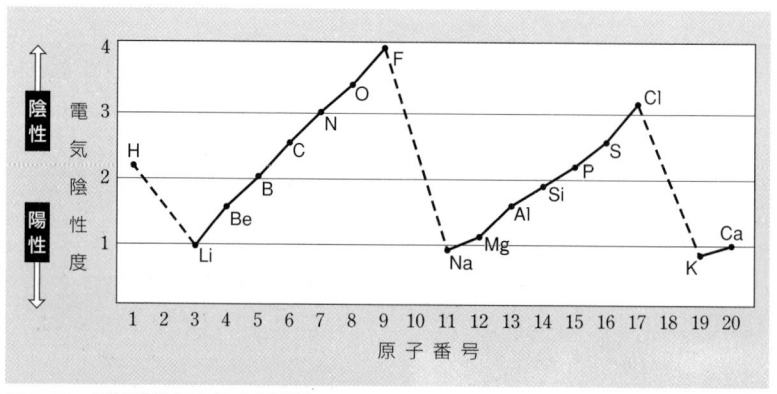

図1-13　電気陰性度とその周期性

*1) 電気陰性度は，酸化数(→ p.124)の符号(＋，－)を判断する場合にも使われる。

4 | 共有結合の結晶

A | ダイヤモンドと黒鉛

ダイヤモンドと黒鉛は炭素の同素体であり、いずれも多数の炭素原子が次々に共有結合によって結合した構造をしているので、分子結晶(→ p.25)と区別して、**共有結合の結晶**とよばれている。

ダイヤモンドは、炭素原子が4個の価電子全部を使って正四面体状に次々に結合した構造をもち、結晶全体を1つの巨大な分子(巨大分子という)とみなすことができる(図1-14(a))。ダイヤモンドは無色透明で、きわめて硬い。また、融点が高く(→ p.48)、電気伝導性がない。

一方、黒鉛は、炭素原子が3個の価電子を使って正六角形の網目状に結合して平面構造をつくり、この平面がいくつも重なり合って結晶をつくっている(同図(b))。炭素原子に残った1個ずつの価電子は、平面構造の中を動くことができるので、黒鉛には電気を導く性質がある。また、平面構造どうしは弱い力で結びついているので、黒鉛はうすくはがれやすく、なめらかですべりやすい。

(a) ダイヤモンド　　(b) 黒鉛

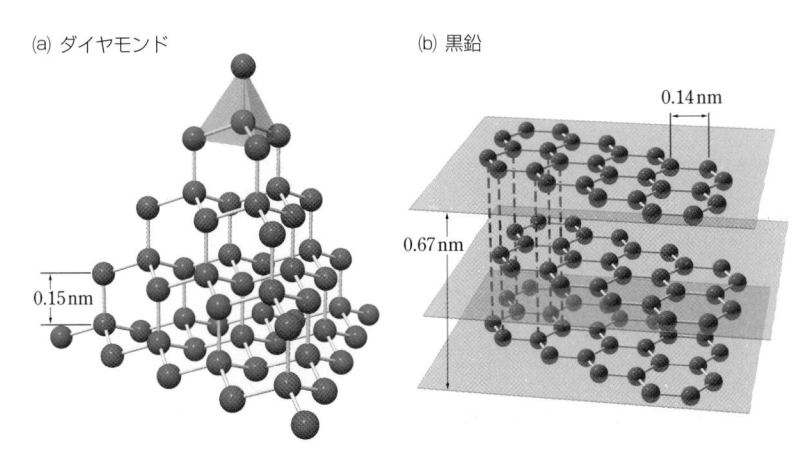

0.14 nm

0.67 nm

0.15 nm

図1-14　ダイヤモンドと黒鉛の中の炭素原子の結合の違い

B 二酸化ケイ素

ケイ素 Si と酸素 O の結合 Si-O は，共有結合であるが，二酸化ケイ素 SiO_2[*1]では，この結合が三次元的に繰り返されて，共有結合の結晶をつくっている（→ p.20, 163）。

5 金属結合と金属の結晶

A 金属と金属結合

ナトリウム・銅などのような**金属**とよばれる物質は，多数の金属元素の原子が次々に結合してできたものである[*1]。金属元素の原子が結集すると，それぞれの原子の最外電子殻はたがいに一部重なり合ってつながり，原子の価電子は，この重なり合った電子殻を伝わって自由に移動できるようになる(図 1-15)。すなわち，各原子の価電子は，共有結合のように特定の原子の間で共有されているのではなく，各原子が価電子を出し，これらの価電子がすべての原子によって共有されていると考えることができる。このようにしてできる原子どうしの結合を，**金属結合**という。

金属にはこのように，原子どうしを結びつけている動きやすい電子(**自由電子**)があるため，電気や熱をよく導く性質が現れる。金属はまた，**展性**(うすく広げられる性質)や**延性**(引き延ばされる性質)をもつ。

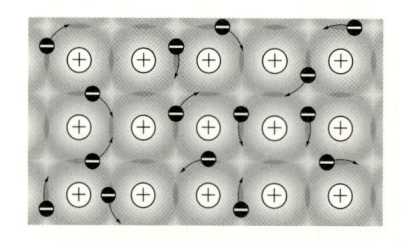

図 1-15 金属結合のモデル
⊕は金属イオン，●は金属原子の価電子を示す。黒い部分は，原子の最外電子殻が重なり合った部分で，この電子殻を伝わって価電子は自由に移動できる。

---

*1) 共有結合の結晶や金属には，特定の分子が存在しないので，化学式で表すときには，ダイヤモンドや黒鉛は C，二酸化ケイ素は SiO_2，ナトリウムは Na，銅は Cu などのように，組成式が使われる。

B 金属の結晶

金属の結晶格子(→ p.20)における原子の配列には，図1-16に示すように，(a)体心立方格子，(b)面心立方格子，(c)六方最密充塡などがあり，たいていの金属の結晶は，これらのいずれかに属している。これらの結晶格子において，規則的な積み重ねの最小単位になっている配列構造を，**単位格子**という。

例題1. 単体のナトリウムは体心立方格子の結晶で，単位格子の1辺の長さは4.29×10^{-8} cmである。ナトリウムの密度を0.971 g/cm³とすると，ナトリウム原子1個の質量は何gか。

解 単位格子の体積は$(4.29 \times 10^{-8})^3$ cm³であり，その質量は$(4.29 \times 10^{-8})^3 \times 0.971$ gである。この単位格子の中には，ナトリウム原子が2個含まれているから(図1-16)，1個あたりの質量は

$$\frac{(4.29 \times 10^{-8})^3 \text{cm}^3 \times 0.971 \text{g/cm}^3}{2} = 3.83 \times 10^{-23} \text{g}$$

答 3.83×10^{-23} g

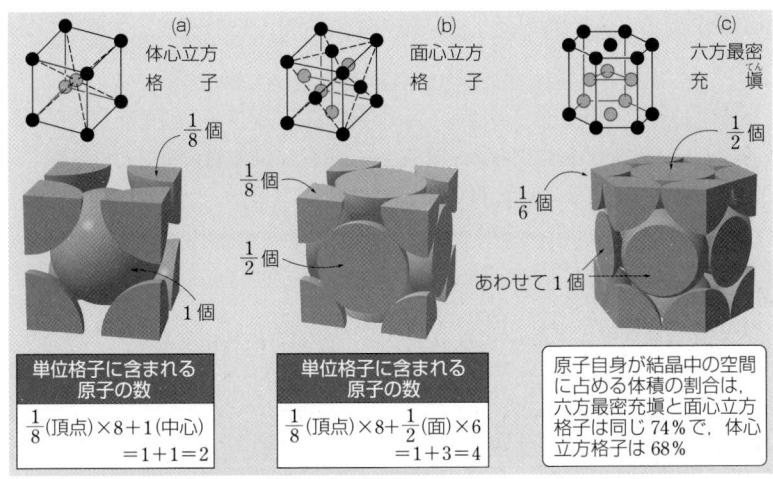

(a) 体心立方格子 — 単位格子に含まれる原子の数 $\frac{1}{8}$(頂点)$\times 8 + 1$(中心) $= 1 + 1 = 2$

(b) 面心立方格子 — 単位格子に含まれる原子の数 $\frac{1}{8}$(頂点)$\times 8 + \frac{1}{2}$(面)$\times 6 = 1 + 3 = 4$

(c) 六方最密充塡 — 原子自身が結晶中の空間に占める体積の割合は，六方最密充塡と面心立方格子は同じ74%で，体心立方格子は68%

(a) 立方体の中心および各頂点に原子が配列している。 例 Na, Feなど。
(b) 立方体の各頂点および各面の中心に原子が配列している。 例 Al, Cuなど。
(c) 図のように7個-3個-7個の積み重ねの配列。 例 Mg, Znなど。

図1-16 金属の結晶の中の原子の配列

■ II章のまとめ ■

1 化学結合

①**イオン結合** 陽イオンと陰イオンとが静電気的に引き合った結合。イオン結晶は組成式で表す。(例)塩化ナトリウム NaCl

②**共有結合** 原子間で、それぞれの原子の不対電子を、両方の原子が共有することによってできる結合。一方の原子の非共有電子対を、他方の原子と共有することによってできる結合を**配位結合**という。

$$H\cdot + \cdot\ddot{O}\cdot + \cdot H \longrightarrow H:\ddot{O}:H \xrightarrow{H^+} \left[H:\ddot{O}:H \atop H \right]^+$$

③**共有結合の結晶** 多数の原子が共有結合で次々に結合した結晶。融点が高い。組成式で表す。(例)ダイヤモンド C、二酸化ケイ素 SiO_2

④**金属結合** 金属元素の多数の原子の価電子が、金属全体にわたって比較的自由に動きまわることによって、原子どうしを結びつけている結合。

⑤**金属の結晶の単位格子に属する原子の数** 体心立方格子は2個、面心立方格子は4個。

2 極性

①**電気陰性度** 共有電子対のかたよりの程度を表す値。周期表の同一周期では、右方の元素ほど電気陰性度が大きい(18族を除く)。

②**結合の極性と分子の極性** 電気陰性度に差がある2原子間の共有結合には、極性がある。分子全体として、正電荷の重心と負電荷の重心が一致しない場合は、極性分子になる。

■ II章の問題 ■

1. 次の化学式で表される物質に含まれる化学結合の種類を書け。
   (ア) CO_2 (イ) Cl_2 (ウ) NaCl (エ) Cu (オ) SiO_2

2. 次の分子式で表される分子は、極性分子か、無極性分子か。
   (ア) O_2 (イ) H_2O (ウ) CO_2 (エ) NH_3 (オ) CH_4

3. 面心立方格子の単位格子について、その1辺の長さをa、原子(球)の半径をrとするとき、$a=2\sqrt{2}\,r$であることを導け(図1-16参照)。

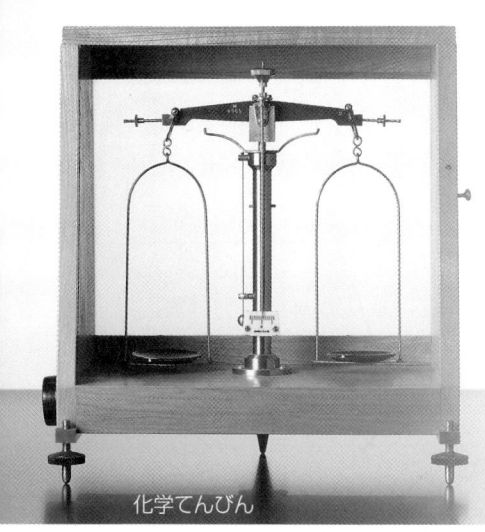

第Ⅲ章
粒子の相対質量と物質量

前章までは、物質を構成する粒子として原子・イオン・分子などの構造や、物質ができるしくみについて学んできた。
この章では、これら粒子の質量と、物質の質量との関係、および物質量の表し方について学ぶ。このことは、物質を扱い、物質を理解する基礎になる。

化学てんびん

1 原子量・分子量・式量

A 原子量

原子1個の質量は、きわめて小さい。たとえば、ナトリウム原子 $^{23}_{11}Na$ の質量は $3.818×10^{-23}g$、アルミニウム原子 $^{27}_{13}Al$ の質量は $4.480×10^{-23}g$ であり、そのほかの元素の原子1個の質量もだいたい $10^{-23} \sim 10^{-22}g$ 程度である。このように小さな質量をグラム単位で扱うことは不便が多いので、現在では質量数12の炭素原子 $^{12}_{6}C$ の質量を基準にして、$^{12}_{6}C$ ＝12としたときの相対質量の値が、国際的に使われている。たとえば、$^{23}_{11}Na$ 原子の相対質量の値は22.99、$^{27}_{13}Al$ 原子の相対質量の値は26.98である。

地球上に2種類以上の同位体が存在している元素では、同位体の相対質量と存在比から（次ページ表1-5）、その元素を構成する原子の平均相対質量が求められる。この値を、その元素の**原子量**という。

たとえば、地球上の炭素には、$^{12}_{6}C$ が98.93％、$^{13}_{6}C$ が1.07％含まれているので、炭素のくわしい原子量は次のようにして求められる。

表 1-5 地球上に存在する同位体の例

元素名	同位体の記号	同位体の相対質量	地球上における存在比（原子数百分率）	元素名	同位体の記号	同位体の相対質量	地球上における存在比（原子数百分率）
水素	$^{1}_{1}H$	1.0078	99.9885	アルゴン	$^{36}_{18}Ar$	35.968	0.337
	$^{2}_{1}H$	2.0141	0.0115		$^{38}_{18}Ar$	37.963	0.063
炭素	$^{12}_{6}C$	12（基準）	98.93		$^{40}_{18}Ar$	39.962	99.600
	$^{13}_{6}C$	13.003	1.07	カリウム	$^{39}_{19}K$	38.964	93.258
塩素	$^{35}_{17}Cl$	34.969	75.78		$^{40}_{19}K$	39.964	0.012
	$^{37}_{17}Cl$	36.966	24.22		$^{41}_{19}K$	40.962	6.730

$12 \times 0.9893 + 13.003 \times 0.0107 = 12.011$　ゆえに　12.011

すなわち、地球上の炭素は、すべて 12.011 という同一の相対質量をもった原子から構成されているとみなして取り扱うことができる[*1)]。

問 9. 表 1-5 から、塩素の原子量（有効数字 4 桁）を計算せよ。

B 分子量・式量

分子を構成している元素の原子量の総和を、その分子の**分子量**という。たとえば、アンモニア分子 NH_3 の分子量は $14 + 1.0 \times 3 = 17$ であり、硫酸分子 H_2SO_4 の分子量は $1.0 \times 2 + 32 + 16 \times 4 = 98$ である。

分子量は $^{12}_{6}C = 12$ を基準にしたその分子の相対質量である。

イオン式や組成式の中に含まれる元素の原子量の総和を、**式量**という。たとえば、ナトリウムイオン Na^+ の式量は、ナトリウム Na の原子量と同じ 23 であり[*2)]、硫酸ナトリウム Na_2SO_4 の式量は、$23 \times 2 + 32 + 16 \times 4 = 142$ である。

式量は、$^{12}_{6}C = 12$ を基準にしたイオン式や組成式で表される原子団の相対質量である。

---

*1) 有効数字 4 桁の原子量が、後見返しの元素の周期表の中に記入してある。本書では、計算などのときの原子量は、元素の原子量の概数値（→ p.6）を使うことにする。
*2) 電子の質量は、原子の質量に比べると無視できるほど小さい（→ p.12）からである。

問10. 塩化水素 HCl の分子量, 硝酸カリウム KNO₃ の式量を求めよ。

2 | 物質量

A | 物質量とアボガドロ定数

質量数12の炭素原子 $^{12}_{6}C$ だけからなる単体の炭素12gの中には, $^{12}_{6}C$ 原子が $6.02×10^{23}$[*1)] 個含まれていることが知られている。したがって, 他の原子や分子・イオンなどについても, それぞれの粒子の相対質量(原子量・分子量・式量など)の数値に単位 g をつけた質量の中には, それぞれの粒子が $6.02×10^{23}$ 個含まれていることになる。

物質の量は, その物質を構成する単位粒子の数に比例する。しかし, 物質の量を粒子の数で表すことは不便が多いので, 物質を構成する単位粒子 $6.02×10^{23}$ 個の集団を単位にして表し, これを**物質量**という。物質量の単位には**モル**(単位記号 mol)を使う。

$$物質量 = \frac{物質を構成する単位粒子の数}{6.02×10^{23}} \text{ mol}$$

1 mol あたりの粒子数 $6.02×10^{23}$/mol を**アボガドロ定数**といい, N_A で表される。

物質を構成する粒子1 mol あたりの質量を, **モル質量**といい, 原子量・分子量・式量などの数値に単位 g/mol をつけた量になる。たとえば, Na 原子(原子量23)のモル質量は23 g/mol であり, NH₃ 分子(分子量17)のモル質量は17 g/mol である。

例題2. ダイヤモンドの結晶は, その体積 $4.52×10^{-23}$ cm³ の中に C 原子が8個含まれている。ダイヤモンドの密度を 3.53 g/cm³ として, アボガドロ定数を計算せよ。ただし, C の原子量を 12.01 とする。

解 (炭素原子1個の質量)×(アボガドロ定数 N_A) = 12.01 g/mol であるから, $\frac{3.53 \text{ g/cm}^3 × 4.52×10^{-23} \text{ cm}^3}{8} × N_A = 12.01 \text{ g/mol}$

$N_A = 6.02×10^{23}$/mol   **答** $6.02×10^{23}$/mol

---

*1) くわしい値は, $6.0221415×10^{23}$ である。この値をアボガドロ数という。

練習 1. ある単体金属の結晶を調べたところ，単位格子の1辺の長さ 3.3×10^{-8} cm の体心立方格子(→ p.31)の構造であった。この結晶の密度を 8.6g/cm^3 として，この元素の原子量を求めよ。

2020.06.04

B｜イオン結合の物質の 1 mol

　塩化ナトリウム NaCl のように組成式で表される物質は，組成式に相当する粒子を仮定して，この粒子 6.02×10^{23} 個から構成されている物質の物質量を 1 mol という。たとえば，NaCl (式量 23＋35.5＝58.5) 1 mol の質量は 58.5g で，その中には Na^+ が 6.02×10^{23} 個すなわち 1 mol と Cl^- が 6.02×10^{23} 個すなわち 1 mol 含まれている。

問 11. 塩化カルシウム $CaCl_2$ 0.20 mol の質量は何 g か。また，その中には何個の Cl^- が含まれるか。

C｜気体分子の 1 mol の体積

　温度と圧力が同じであれば，気体の種類に関係なく，同じ数の分子は同じ体積を占める(アボガドロの法則→ p.263)。たとえば，0℃，1.01×10^5 Pa (＝1atm)[*1)] で酸素分子 1 mol (O_2 6.02×10^{23} 個) の体積も，窒素分子 1 mol (N_2 6.02×10^{23} 個) の体積も同じで，22.4L である(→ p.59)。このことは，混合気体にもあてはまる。すなわち，6.02×10^{23} 個の分子からなる気体は，標準状態[*2)]で 22.4L を占める。

問 12. 0℃，1.01×10^5 Pa (＝1atm) における次の気体の体積は，それぞれ何 L か。
　　(ア) 二酸化炭素 2.20g　(イ) 窒素 0.700g と酸素 1.60g の混合気体

---

*1) Pa, atm (エーティーエムまたは 気圧) は圧力の単位記号であり，正確には 1atm ＝101325Pa である。
*2) 0℃，1.01×10^5 Pa (1atm) の状態を標準状態という。

コラム　アボガドロ数の大きさ

六千垓二百京。これは，万，億，兆，…などの数詞を用いる命数法で表したアボガドロ数($6.02×10^{23}$)である。「垓」，「京」という見慣れない数詞は，表のように大きな数値を示している。

原子や分子の大きさや質量はきわめて小さい。このため，アボガドロ数ほどのばく大な個数の粒子が集まって，ようやく私たちがふだん目にするような大きさの物質になる。写真は，いろいろな物質の1 mol（$6.02×10^{23}$個の粒子の集まり）の例である。

ここで，アボガドロ数がいかに大きいかの例を一つ。

コップ一杯の水180 g（10 mol）を海に流す。世界中の海の水が十分にかきまぜられたものとして，ふたたび海からコップに同量の水をすくったとき，その中には，最初のコップに入っていた水分子が何個くらい含まれるだろうか。簡単のために，水，海水（海洋の体積 $1.35×10^9$ km³）とも真水で，1 m³の質量が1000 kgとする。

数詞とその大きさの例

数詞	大きさ
万（まん）	10^4
億（おく）	10^8
兆（ちょう）	10^{12}
京（けい）	10^{16}
垓（がい）	10^{20}
秭（じょ）	10^{24}
穣（じょう）	10^{28}
溝（こう）	10^{32}
澗（かん）	10^{36}
正（せい）	10^{40}
載（さい）	10^{44}
極（ごく）	10^{48}
恒河沙（ごうがしゃ）	10^{52}
阿僧祇（あそうぎ）	10^{56}
那由他（なゆた）	10^{60}
不可思議（ふかしぎ）	10^{64}
無量大数（むりょうたいすう）	10^{68}

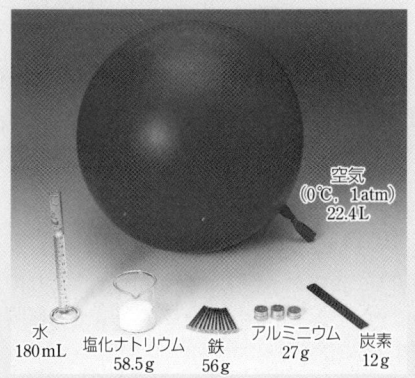

いろいろな物質の1 mol
水 180 mL ／ 塩化ナトリウム 58.5 g ／ 鉄 56 g ／ アルミニウム 27 g ／ 炭素 12 g ／ 空気（0℃, 1 atm）22.4 L

答えは800個程度。海に流した水がもとのコップにもどる割合は，
$$\frac{180/1000 \text{ kg}}{1.35×10^9 ×(10^3)^3 ×1000 \text{ kg}}$$
ときわめて小さい。しかし，流した水には$10×(6.02×10^{23})$個もの水分子が含まれているので，両者をかけることによって，約800個という結果が得られる。

■ Ⅲ章のまとめ ■

1 原子量・分子量・式量
① **原子量** $^{12}_{6}C=12$ を基準にしたときの元素の相対質量の値。同位体の相対質量と，地球上における同位体の存在比から計算される。
② **分子量** 分子を構成する元素の原子量の総和。
③ **式量** イオン式や組成式の中の元素の原子量の総和。

2 物質量・モル質量
① **物質量** 物質を構成する粒子 $6.02×10^{23}$ 個の集団を単位にした物質の量で，単位記号は mol。
② **モル質量** 物質を構成する粒子 1 mol あたりの質量。原子量・分子量・式量などの値に g/mol をつけて表す。たとえば，Na のモル質量は，23 g/mol，H_2O のモル質量は，18 g/mol，NaCl のモル質量は 58.5 g/mol。

$$1\,\text{mol} \begin{cases} \text{質量：原子量・分子量・式量などの値に g 単位をつけた質量} \\ \text{数 ：粒子 } 6.02×10^{23} \text{ 個} \\ \text{体積(気体)：0℃，} 1.01×10^5\,\text{Pa}(=1\,\text{atm}) \text{ で 22.4 L} \end{cases}$$

■ Ⅲ章の問題 ■

1. 0℃，$1.01×10^5$ Pa($=1$ atm)で 5.60 L のプロパン C_3H_8 は何 mol か。また，その中に含まれている水素原子は何個か。

2. 硫酸ナトリウム 14.2 g の中に Na^+ は何 mol あるか。また，SO_4^{2-} は何個あるか。

3. ある単体金属の結晶について，密度を ρ 〔g/cm^3〕，単位格子の体積を v 〔cm^3〕，単位格子に所属する原子の数を n，アボガドロ定数を N_A〔/mol〕とするとき，この原子のモル質量を表す式を導け。ただし，〔 〕にはそれぞれの量の単位記号が示されている。くわしいことは p.266 を参照。

4. 0℃，$1.01×10^5$ Pa($=1$ atm)で体積 V〔L〕の気体の質量を m〔g〕とするとき，この気体分子のモル質量を表す式を導け。

第2編
物質の状態

　物質の状態は，温度や圧力によって変化する。すなわち，温度や圧力を変えることによって，物質は気体・液体あるいは固体の状態にすることができる場合が多い。
　このような状態の変化は，物質を構成する粒子の熱運動と，粒子間にはたらく力によって説明することができる。とくに気体の状態では，気体の体積と圧力・温度および分子の数との間に，簡単な関係式が成り立つ。
　なお，液体に他の物質が溶ける場合や，溶液の性質についても，その中の粒子の運動や粒子間にはたらく力を考えて，説明することができる。

第 I 章
物質の三態

1atmの下で，酸素は常温では気体であるが，これを冷却していくと−183℃（90K）で液体になり，さらに温度を下げて−218℃（55K）以下にすると固体になる。このような変化（三態の変化）が起こる温度は，物質の種類によって大きく異なる。これは，物質の構成粒子のどのような性質から説明されるのであろうか。

蒸気機関車

1 拡散と粒子の熱運動

A 拡散

図2-1のように，2つの容器をそれぞれ臭素と空気で満たし，容器の口どうしを合わせてしばらく放置すると，褐色の気体（臭素）は，ゆっくり上のほうに広がっていく。このように，ある物質が自然にゆっくり全体に広がっていく現象を**拡散**という。拡散は，気体分子だけでなく，液体中の分子やイオンでも見られる。

図2-1 気体臭素分子の拡散
臭素 Br_2（分子量160）は，空気中の窒素 N_2（分子量28）や酸素 O_2（分子量32）よりはるかに重いのに，容器の上部にまでゆっくり広がっていき，やがて容器全体がほぼ均一になる。

B 粒子の熱運動と気体の圧力

拡散が起こるのは，物質を構成している粒子が，その温度に応じた運動エネルギーをもって，絶えず運動をしているためである(図2-2)。このような運動を**熱運動**という。熱運動は，温度が高くなるほど活発になる。

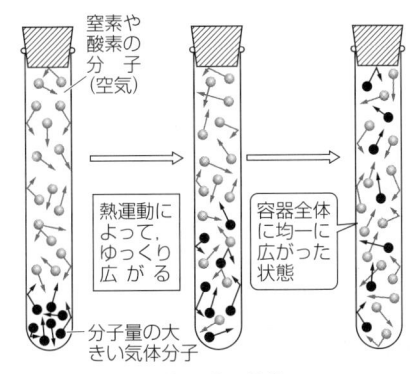

気体分子の熱運動[*1)]によって，気体分子は空間をいろいろな方向に飛びまわっているが，このとき気体分子どうしはひんぱんに衝突し合い，衝突によって分子の運動の方向は変えられる。気体が容器全体に均一に広がる性質をもっているのは，気体分子の熱運動のためである。

図 2-2　粒子の熱運動と拡散

また，容器に入れた気体では，分子が容器の器壁に衝突してはね返されるとき，器壁を外側へ押すことによって，気体の圧力が現れる(図2-3)。

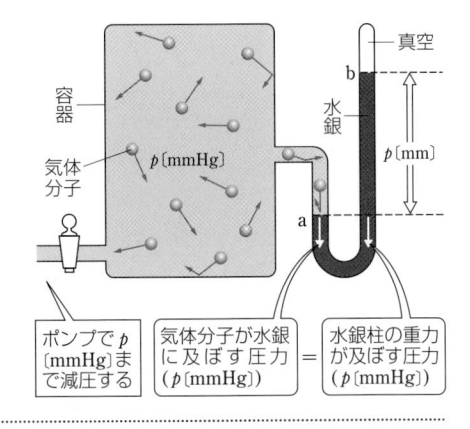

図 2-3　気体の圧力

水銀の表面 b には気体分子は衝突しないが，表面 a には気体分子が衝突して圧力を及ぼす。したがって，水銀柱の高さに p [mm] の差を生じ，気体の圧力を p [mmHg(水銀柱ミリメートル)] と表す。たとえば，容器の中に 0.10 atm の空気が入っているときは，水銀柱の高さの差は 76 mm で，圧力は 76 mmHg であるという。

気体分子が水銀に及ぼす圧力 (p [mmHg]) ＝ 水銀柱の重力が及ぼす圧力 (p [mmHg])

---

*1) 気体分子の運動の速さは一般にきわめて大きく，たとえば常温で，臭素分子では平均約 2.0×10^2 m/s，窒素分子では約 4.7×10^2 m/s，酸素分子では約 4.4×10^2 m/s である。それにもかかわらず，図 2-1 の実験のように，ゆっくり拡散するのは，絶えず他の気体分子と衝突して，その進路が変えられるからである。

2 | 分子間力と三態の変化

A | 分子間力

　同じ１つの物質でも，温度や圧力などの条件を変化させることによって，一般に固体・液体・気体の３つの状態(三態という)の変化を行わせることができる。たとえば，分子からなる物質の温度を下げていくと，物質は気体から液体へ(凝縮)，液体から固体へ(凝固)変化する。また逆に，温度を上げていくと，固体から液体へ(融解)，液体から気体へ(蒸発)変化する。

　このような三態の変化は，固体や液体の場合でも，気体の場合と同じように，分子がそれぞれの温度に応じた熱運動を行っていることと，分子と分子の間に**分子間力**[*1)]とよばれる力がはたらいていることによって理解することができる。

　気体のように，分子どうしの間の距離が大きいときには(図2-4)，分子間力はほとんど無視できるほど小さいが，分子どうしが近づくに従って分子間力は急に大きくなる。すなわち，分子どうしが接近して集まっている固体や液体では，気体に比べて分子間力は大きくはたらく(図2-5)。

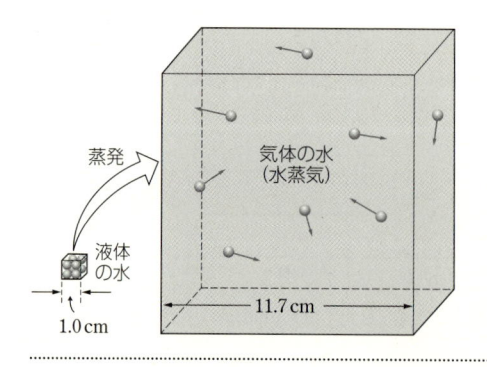

図2-4 液体と気体の分子間の平均距離

$1.01×10^5$ Pa($=1$ atm)で100℃の液体の水約 1.0 cm^3(約0.96 g)が，同圧で100℃の水蒸気になると，体積は約 $1.6×10^3$ cm^3 となり，分子間の平均距離は液体の場合のおおよそ12倍になる。図では，多数の水分子を，8個の球で表してある。

---

*1) ファンデルワールス(オランダ，1837～1923)によって提出された考えで(1873年)，ファンデルワールス力ともよばれる。分子間力はふつう引力であるが，分子どうしがあまり接近すると，逆に反発力になるので，分子どうしはある一定の距離以内に近づくことができない。この距離から，球と仮定して求められた分子の半径を，ファンデルワールス半径という(p.268の表参照)。

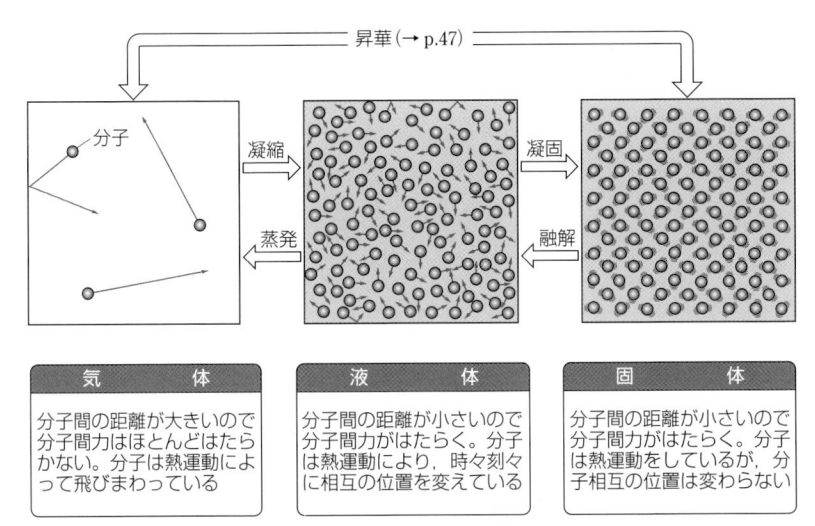

気体	液体	固体
分子間の距離が大きいので分子間力はほとんどはたらかない。分子は熱運動によって飛びまわっている	分子間の距離が小さいので分子間力がはたらく。分子は熱運動により，時々刻々に相互の位置を変えている	分子間の距離が小さいので分子間力がはたらく。分子は熱運動をしているが，分子相互の位置は変わらない

図 2-5 気体・液体・固体の分子の熱運動と分子間力

B 蒸発と凝縮

　ある一定の温度で，物質を構成する粒子の運動のエネルギーはすべて同じわけではなく，その温度に応じた一定の分布をしている。熱運動をしている液体分子の中で，比較的大きな運動エネルギーをもった分子は，分子間力を振り切って液面から飛び出していく。これが**蒸発**である。このように大きなエネルギーをもった分子は，温度が高くなるほど増えるので，高い温度のときほど蒸発が盛んに起こる(図 2-6)。

図 2-6 蒸発する分子の数の割合と温度の関係

濃い部分 A は，温度 T_1 のとき分子間力を振り切って飛び出すほど大きな運動エネルギーをもった分子の数の割合を示す。温度が T_1 から T_2 に上がると，このような分子の数の割合が薄い部分 B のように増加して，蒸発が盛んになる。

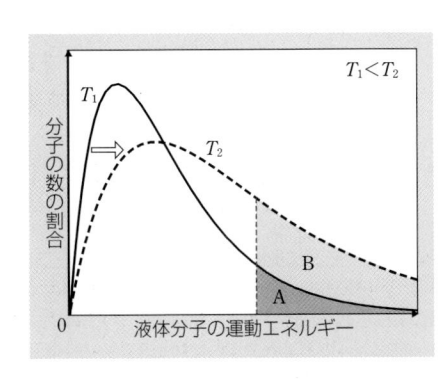

液体が蒸発するときは，分子間力でたがいに引き合っている液体の分子どうしを引き離して気体にするのに，熱エネルギーが必要である。ある一定の温度で，液体が蒸発して同温度の気体になるとき吸収する熱量を**蒸発熱**[*1)]という。

気体を冷やしていくと，気体分子の熱運動のエネルギーは次第に小さくなり，ついに分子間力によって分子どうしが集結して液体になる。この現象を**凝縮**という。気体が凝縮するとき，蒸発熱と同じ量の熱エネルギー（凝縮熱）が放出される。

C | 蒸気圧

図 2-7 (a)のように，一端を封じた長さ約 90 cm の肉厚ガラス管に水銀を満たし，水銀を入れた容器の中で倒立させると[*2)]，ガラス管内の水

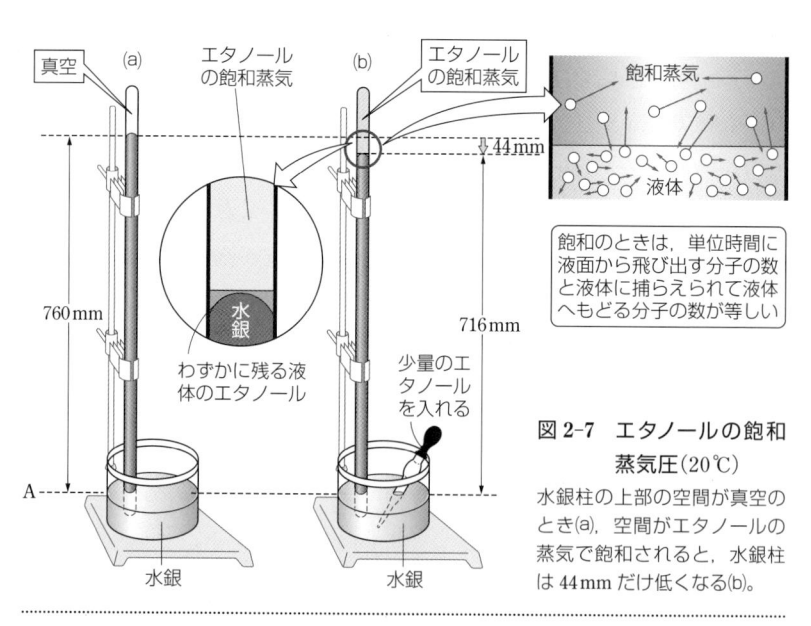

図 2-7 エタノールの飽和蒸気圧（20℃）
水銀柱の上部の空間が真空のとき(a)，空間がエタノールの蒸気で飽和されると，水銀柱は 44 mm だけ低くなる(b)。

[*1) 水の蒸発熱は，25℃で 44.0 kJ/mol，100℃で 40.7 kJ/mol である。
[*2) イタリアの物理学者・数学者であるトリチェリ(1608〜1647)によって試みられた実験（1643年）で，これによって大気圧の存在が確認された。101325 Pa=1 atm=760 mmHg である。

銀柱は 760 mm の高さで止まる。このとき，容器中の水銀面 A に対する大気の圧力と，管内の水銀柱の圧力とがつり合っている。

いま，スポイトを使って少量のエタノールをガラス管の下端に注入すると，エタノールは水銀柱を上昇して，管内上部の空間でただちに蒸発し，水銀柱の高さはいくらか低くなる。さらにエタノールを注入すると，水銀柱はさらに低くなるが，20℃では，716 mm 以下には下がらず，それ以上エタノールを注入しても，エタノールは蒸発せず，水銀柱の上に液体として存在する量が増すだけになる(同図(b))。

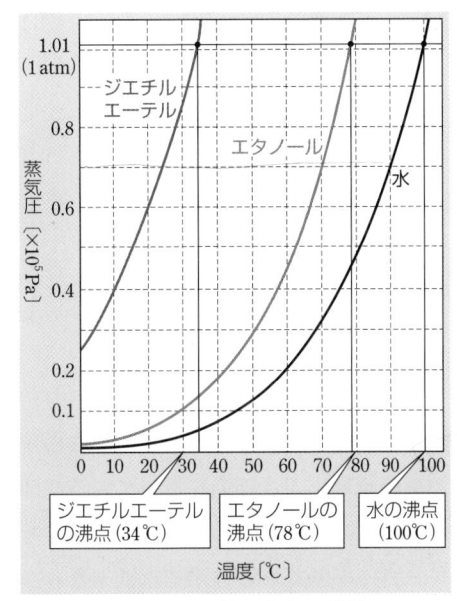

図 2-8　いろいろな液体の蒸気圧曲線

蒸発して管内の空気に入ったエタノールの分子は，熱運動によって管の内壁や水銀柱の表面に衝突して圧力を及ぼす。すなわち，エタノールは 20℃で，水銀柱の高さにして 44 mm に相当する圧力(44 mmHg)を示すまで蒸発するが，それ以上は蒸発しない。このとき，上部の空間はエタノールの蒸気によって飽和されたといい，その圧力を 20℃におけるエタノールの**飽和蒸気圧**または単に**蒸気圧**という。

飽和蒸気圧は，空間に他の気体が存在しても，存在しなくても，同じ値を示す。また，温度が高くなるほど，飽和蒸気圧は大きくなる。

いろいろな温度における飽和蒸気圧の大きさを，グラフに表したものを，**蒸気圧曲線**という(図 2-8)。

D 沸騰

　ビーカーに水を入れて加熱していくと，液体の表面から蒸発した水の分子は大気中に飛び去るが，温度の上昇とともに水蒸気圧が大きくなるので，蒸発が盛んに起こる。そして，100℃[*1)]になったときの水蒸気圧は 1.01×10^5 Pa（＝1 atm）で，水面を押している圧力（大気圧）にちょうど等しくなり，液体の内部からも蒸発が起こる。この現象を水の**沸騰**という。すなわち，液体の蒸気圧が，液面を押している空間の圧力（外圧）に等しくなるとき，その液体は沸騰し，そのときの温度を，その液体の**沸点**という。したがって，外圧が低くなると沸点は低くなり，外圧が高くなると沸点は高くなる[*2)]。沸騰のときにも蒸発熱が必要なので（→ p.44），沸騰を続けるためには，熱エネルギーを与え続けなければならない。純粋な物質では，沸騰し始めてから液体が完全に気体になるまで，温度は一定に保たれる。

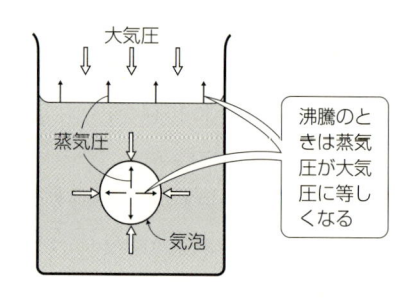

問 1. 乗鞍岳の頂上付近（海抜約3000m）の大気の圧力は 0.70×10^5 Pa である。この地点での水の沸点はおよそ何℃か。図2-8を参照して考えよ。

E 融解と凝固

　結晶を加熱して温度を上げていくと，ある温度で結晶の一部はくずれて液体になる。これが**融解**で，そのときの温度が**融点**である。純粋な物質では，融解が始まってから完全に液体になるまで，温度は一定に保たれる。融点において固体が液体になるときに吸収する熱量を**融解熱**という[*3)]。融解熱は，結晶格子をくずして液体にするのに使われる。

[*1)] くわしい温度は，99.974℃である。
[*2)] とくに圧力を明記しない場合は，外圧が 1.01×10^5 Pa のときに沸騰する温度である。
[*3)] 水の融解熱は 6.01 kJ/mol，酸素の融解熱は 0.44 kJ/mol である。

液体を冷やしていくと、ある温度で液体の一部は固体になる。この現象が**凝固**で、そのときの温度が**凝固点**である。純粋な物質では凝固し始めてから完全に固体になるまで、温度は一定に保たれる。融点と凝固点は同じ温度である。液体が凝固するとき、融解熱と同じ量の熱エネルギー（凝固熱）が放出される。

F 昇華

固体が、液体を経ないで直接気体になる現象を、**昇華**[*1)]という。分子間力が比較的小さい分子結晶では、常温でも昇華が起こるものがある。たとえば、ヨウ素 I_2、ドライアイス（固体の二酸化炭素）CO_2、ナフタレン $C_{10}H_8$ などの結晶は、常温でも昇華する性質をもっている。

3 物質の種類と物理的性質

A 分子間力と物理的性質

分子からできている物質の融点・沸点や融解熱・蒸発熱などの物理的性質を比較することによって、分子間力のおよその大小関係を推察することができる。すなわち、融点・沸点が高いほど、また、融解熱・蒸発

表 2-1 単体（二原子分子）の融点・沸点と融解熱・蒸発熱の例

物 質	分子量	融点(℃)	沸点(℃)	融 解 熱 (kJ/mol)	蒸 発 熱 (kJ/mol)
水 素 H_2	2.0	-259	-253	0.117	0.904
窒 素 N_2	28	-210	-196	0.72	5.58
フッ素 F_2	38	-220	-188	1.56	6.32
塩 素 Cl_2	71	-101	-34	6.41	20.4
臭 素 Br_2	160	-7	59	10.5	30.7

*1) 気体→固体の変化も含め昇華ということがある。

熱が大きいほど，分子間力が大きいと考えられる。一方，構造が似た分子では，分子量が大きいものほど，一般に分子間力が大きいと考えられる（表 2-1，2-2）。

表 2-2　アルカンの沸点と蒸発熱

アルカン(→ p.198)は，一般式 C_nH_{2n+2} で表される構造や性質のよく似た化合物群である。

物質	分子量	沸点(℃)	蒸発熱(kJ/mol)
メタン CH_4	16	−161	8.18
エタン C_2H_6	30	−89	14.7
プロパン C_3H_8	44	−42	18.8
ブタン C_4H_{10}	58	−0.5	22.4

問 2. 表 2-1 および表 2-2 の分子どうしでは，それぞれ分子量と沸点との間にどんな関係があるか。このことから，分子間力と分子量との関係を考えよ。

B　化学結合の種類と融点・沸点

分子からできている物質だけではなく，共有結合の結晶・イオン結晶・金属などの三態の変化のしくみも同じように考えることができる。

これらの物質の融点や沸点が，一般に分子からできている物質の融点や沸点よりもはるかに高い

表 2-3　化学結合と物質の融点・沸点

物質		融点(℃)	沸点(℃)
共有結合の結晶	水晶 SiO_2	1550	2950
	黒鉛 C		3370(昇華)
	ダイヤモンド C	3550	4800
イオン結晶	水酸化ナトリウム NaOH	318	1390
	塩化ナトリウム NaCl	801	1413
	酸化カルシウム CaO	2572	2850
金属の結晶	アルミニウム Al	660	2467
	銅 Cu	1083	2567
	鉄 Fe	1535	2750

のは（表 2-3），共有結合・イオン結合・金属結合などの結合力が，分子間力に比べてきわめて大きいためである。

C　水素結合

フッ化水素 HF，塩化水素 HCl，臭化水素 HBr，ヨウ化水素 HI などは，周期表の同じ族（17族）の元素の水素化合物であるが，それらの沸

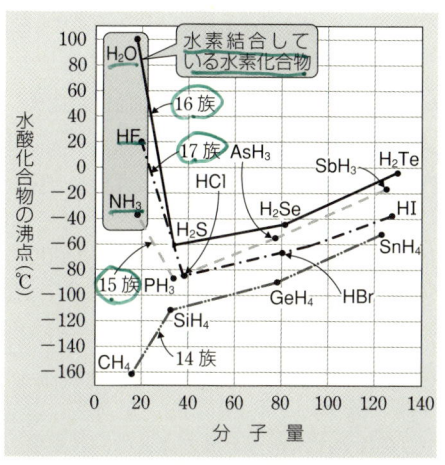

図 2-9 14〜17族元素の水素化合物の沸点の比較

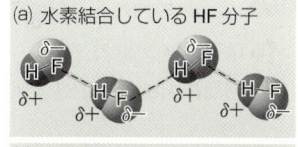

図 2-10 フッ化水素および水分子間の水素結合

点を比較してみると，フッ化水素が他の水素化合物に比べて異常に高い(図2-9)。このことから，フッ化水素では，他の水素化合物よりも分子間力が大きいことが考えられる。すなわち，Fの電気陰性度が大きく，Hの電気陰性度との差が大きいため，フッ化水素は極性の大きな分子になっている。そして，HF分子の正の電荷δ+を帯びたH原子と，他のHF分子の負の電荷δ-を帯びたF原子とが，静電気力により分子間で引き合っている(図2-10)。このように，分子の中の正の電荷δ+を帯びたH原子が，そのH原子と直接結合していない負の電荷δ-を帯びた陰性原子と静電気力で引き合ってできる結合を水素結合という。

水素結合の強さは，化学結合(共有結合・イオン結合・金属結合)の強さに比べるとはるかに弱いが，無極性分子の間の分子間力よりも強いので，分子どうしを引き離して気体にするには，無極性分子の場合より大きなエネルギーが必要となり，沸点は高くなる。

16族元素の水素化合物(H_2O, H_2S, H_2Se, H_2Te)の中でH_2Oの沸点が異常に高く，15族元素の水素化合物(NH_3, PH_3, AsH_3, SbH_3)の中でNH_3の沸点が異常に高いのも(図2-9)，O原子とH原子との間，およびN原子とH原子との間に水素結合があるからである。

▰ I 章のまとめ ▰

▰ 粒子の熱運動と三態
①**気体** 分子は空間を飛びまわっている。分子間の平均距離は比較的大きい。
②**液体** 粒子は密集しているが、熱運動により、時間とともに相互の位置が変わる。
③**固体** 粒子は一定の位置を中心にして熱運動していて、相互の位置関係は時間とともに変わらない。

▰ 三態の変化
①**固体⇄液体** →の変化は融解で、熱エネルギーを吸収する(融解熱)。←の変化は凝固で、熱エネルギーを放出する(凝固熱)。融解熱と凝固熱の値は、絶対値が等しい。純物質では融点と凝固点とは同じ温度。
②**液体⇄気体** →の変化は蒸発で、熱エネルギーを吸収する(蒸発熱)。←の変化は凝縮で、熱エネルギーを放出する(凝縮熱)。それぞれの温度で蒸発熱と凝縮熱の値は、絶対値が等しい。
③**固体⇄気体** →(および←)の変化を昇華という。
④**蒸気圧と沸騰** 物質の蒸気圧(飽和蒸気圧)は、他の気体の有無(外圧)に関係なく、温度が決まれば、その物質に固有の値を示す。蒸気圧が外圧に等しくなると沸騰が起こる。沸点は外圧に左右される。

▰ 粒子間にはたらく力
融点・沸点が高いことや、融解熱・蒸発熱が大きいことは、粒子間にはたらく力が大きいことを示す。

▰ 水素結合
いくらか正の電荷をもつ分子中のH原子が、分子中でいくらか負の電荷をもつ原子(F, O, Nなど)と静電気的に引き合う結合。分子間に水素結合のある物質は、分子間に水素結合のない物質より沸点が高い。

▰ I 章の問題

1. 1.01×10^5 Pa(=1atm)の下で水は100℃で沸騰するが、加熱し続けても温度は100℃に保たれるのはなぜか。また、水は0℃で凝固し始めるが、冷却し続けても、完全に氷結するまで温度は0℃に保たれるのはなぜか。

2. 分子間力・共有結合の力の大小関係を、物質の融点や沸点から判断して述べよ(表2-1, 2-2, 2-3参照)。

＃ 第II章 気体

気体の体積は，液体や固体と違って，圧力や温度を変えると大きく変わる。その変わり方は，常温・常圧付近では，気体の種類に関係なく，ほとんど同じである。しかし，高圧にしたり，低温にすると，気体の種類によっては，液体や固体になったりするものがある。このような気体の性質についても学んでいく。

熱気球

1 気体の体積

A 気体の体積と圧力

温度を一定にしておいて気体を圧縮し，その圧力を2倍にすると，体積はもとの $\frac{1}{2}$ になり，圧力を3倍にすると，体積は $\frac{1}{3}$ になる。すなわち「一定温度で，一定量の気体の体積 V は圧力 p に反比例する。」この関係は，ボイル（イギリス，1627〜1691）によって発見されたもの

図 2-11 気体の体積と圧力の関係
温度が一定のとき，一定量の気体の圧力と体積の間には
$$p_1V_1 = p_2V_2 = k(一定)$$
の関係が成り立つから，図の▨▨で示した p_1aV_10 と▨▨で示した p_2bV_20 の面積は等しい。

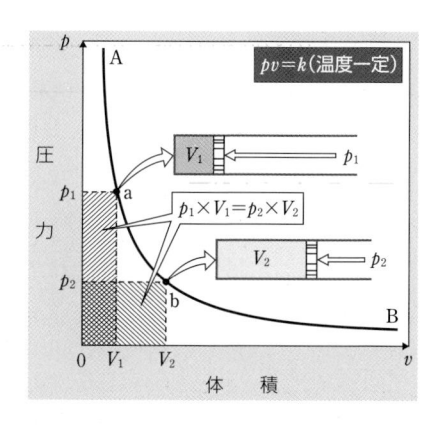

$pv=k$（温度一定）
$p_1 \times V_1 = p_2 \times V_2$

で(1662年)，**ボイルの法則**とよばれる(図2-11)。

ボイルの法則は(1)式で表される。

$$V = \frac{k}{p} \quad \text{あるいは} \quad pV = k \quad (k \text{は温度が変わらなければ一定})\tag{1}$$

気体が器壁に及ぼす圧力の大きさは，温度が一定であれば，器壁の単位面積あたりに，単位時間に衝突する分子の数(衝突度数)に比例すると考えることができる。衝突度数は，単位体積中の気体分子の数に比例するから，体積を$\frac{1}{2}$にすれば，単位面積あたりの衝突度数は2倍になり，圧力は2倍になる。

問3. 27℃，1.0×10^5 Pa で 24 mL の水素を，
(1) 27℃のまま 8.0 mL まで圧縮すると，圧力はいくらか。
(2) 27℃のまま 0.75×10^5 Pa にすると，体積はいくらか。

B 気体の体積と温度

一定圧力の下における気体の体積は，その温度を1℃上昇させるごとに，0℃のときの体積の$\frac{1}{273}$ずつ増加する。この関係は，シャルル(フランス，1746～1823)によって発見されたもので(1787年)，**シャルルの法則**とよばれる。いま，ある圧力(たとえば1.0×10^5 Pa)の下で，0℃の気体を体積V_0 [L]だけとり，その温度をt [℃]にしたとき，体積がV_t [L]になったとすれば，シャルルの法則は(2)式で表される。

$$V_t = V_0 + V_0 \times \frac{t}{273} = V_0 \left(1 + \frac{t}{273}\right) = V_0 \times \frac{273 + t}{273} \tag{2}$$

ここで，$273 + t = T$とおけば，(2)式は次のようになる。

$$V_t = V_0 \times \frac{T}{273} \tag{3}$$

(3)式の中で，℃目盛りの温度tの数値に273[*1]を加えた温度Tを**絶対温度**といい，単位記号Ｋ(ケルビン)をつけて表す。たとえば，27℃を絶対温度に換算すると，27℃ = (273 + 27) K = 300 K となる。

[*1] 正確には273.15である。

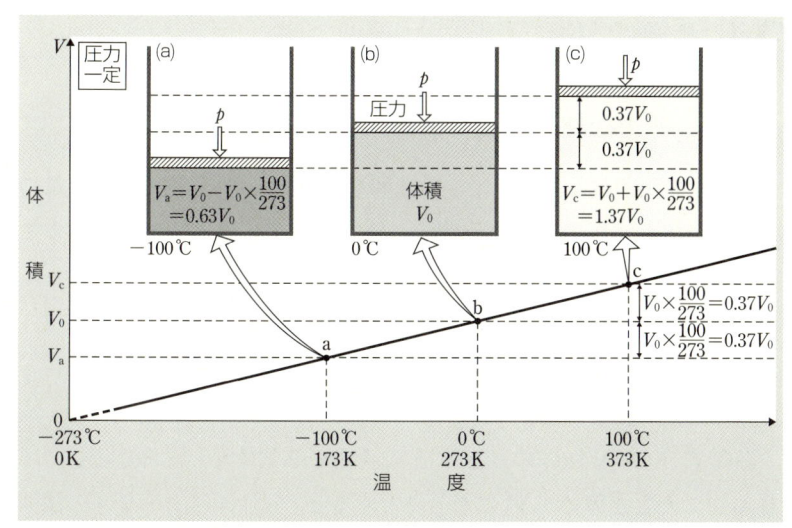

気体の体積と絶対温度との間には，原点を通る直線関係がある。
図 2-12　気体の体積と温度との関係

したがって，シャルルの法則は
「一定圧力の下で一定量の気体の体積 V は，絶対温度 T に比例する。」
といい表してもよい（図 2-12）。これを式で表すと，次のようになる。

$$V = k'T \quad (k' は圧力が変わらなければ一定) \tag{4}$$

一定の圧力の下で，温度 T_1〔K〕，体積 V_1 の気体を，温度 T_2〔K〕にしたとき体積が V_2 になったとすると，シャルルの法則は(4)式を書き変えて，次の(4′)式のように表すこともできる。

$$\frac{V_1}{V_2} = \frac{T_1}{T_2} \quad \text{または} \quad \frac{V_1}{T_1} = \frac{V_2}{T_2} \tag{4′}$$

問 4. 0℃，1.00×10^5 Pa の下で 100 mL の水素がある。
(1) 100℃，1.00×10^5 Pa の下では何 mL になるか。
(2) 1.00×10^5 Pa の下で，何℃に温めたら 160 mL になるか。

2 | ボイル・シャルルの法則

A | 気体の体積と圧力・温度

ボイルの法則およびシャルルの法則をあわせて考えると,「一定量の気体の体積 V は圧力 p に反比例し,絶対温度 T に比例する。」ということになる。この関係を**ボイル・シャルルの法則**という。ボイル・シャルルの法則を式で表すと,次のようになる。

$$V = k'' \frac{T}{p} \quad \text{あるいは} \quad pV = k''T \quad (k'' は比例定数) \tag{5}$$

温度 T_1 [K],圧力 p_1 のとき体積 V_1 を占める気体を,温度 T_2 [K],圧力 p_2 にしたとき体積が V_2 になったとすると,ボイル・シャルルの法則は(5)式を書き変えて,次の(5')式のように表すこともできる。

$$k'' = \frac{p_1 V_1}{T_1} = \frac{p_2 V_2}{T_2} \tag{5'}$$

問 5. 27℃,1.0×10^5 Pa の下で 5.0 L の気体がある。この気体を 50℃,2.0×10^5 Pa にすると,体積は何 L になるか。

B | 気体の状態方程式

0℃(=273 K),1.013×10^5 Pa(=1 atm)において,気体分子 1 mol は 22.4 L の体積を占めるから(→ p.36),これらの値を(5')式に代入すると,

$$k'' = \frac{pv}{T} = \frac{1.013 \times 10^5 \text{Pa} \times 22.4 \text{L/mol}}{273 \text{K}} = 8.31 \times 10^3 \frac{\text{Pa} \cdot \text{L}}{\text{mol} \cdot \text{K}}$$

となる。この k'' の値は**気体定数**とよばれ,ふつう記号 R で表される。すなわち,(5)式は次のように書かれる。

$$pv = RT \tag{6}$$

p および T が変わらなければ,物質量 n [mol] の気体の占める体積 V は 1 mol の気体の占める体積 v の n 倍になる。

$$V = nv \tag{7}$$

(7)式を(6)式に代入すると，次の関係式が得られる。

$$pV = nRT \tag{8}$$

(8)式は，物質量 n〔mol〕の気体についてボイル・シャルルの法則を表したもので，**気体の状態方程式**[*1)]とよばれる。圧力 p〔Pa〕，体積 V〔L〕，温度 T〔K〕，物質量 n〔mol〕の 4 つの値のうち，3 つの値が定まれば，あとの値は(8)式に代入して求めることができる。

問 6. 水素 2.0 mol を 10 L の容器に入れると，27℃で何 Pa を示すか。

問 7. 0℃，1.2×10^5 Pa の酸素 16 L がある。この酸素は何 mol か。

C 分子量の計算

モル質量 M〔g/mol〕の気体を質量 m〔g〕とすると，その物質量 n〔mol〕は

$$n = \frac{m〔g〕}{M〔g/mol〕} = \frac{m}{M} 〔mol〕 \tag{9}$$

となる。(9)式を気体の状態方程式((8)式)に代入すると，次の(10)式が得られる。

$$pV = \frac{m}{M}RT \quad \text{または} \quad M = \frac{mRT}{pV} \tag{10}$$

(10)式の中の p，V，m および T がわかれば，M は計算によって求められるので，気体の分子量を知ることができる。

この方法により，常温・常圧で液体や固体の物質でも，完全に気体になるような条件を選んで実験すれば，気体の状態方程式を適用して分子量を求めることができる。

問 8. ある気体 6.4 g は，27℃，1.0×10^5 Pa で 3.6 L の体積を占める。この気体の分子量を求めよ。

[*1)] 正しくは，理想気体(→ p.58)の状態方程式という。

例題 1. 沸点77℃のある純粋な液体を，右図のように内容積340 mLの丸底フラスコに入れ，小さな穴をあけたアルミニウム箔のふたをして，沸騰水(100℃)の中で完全に蒸発させ，フラスコ内を液体の蒸気で充満させた。フラスコを常温にもどして，蒸気を凝縮させたところ，1.71 gの液体が残った。大気圧を$1.01×10^5$ Paとして，この液体の分子量を求めよ。

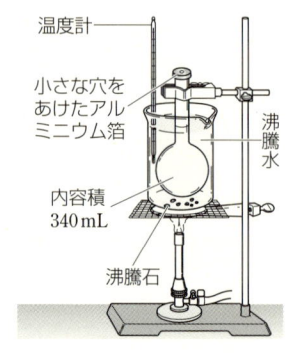

解 $p=1.01×10^5$ Pa, $V=\dfrac{340}{1000}$ L, $m=1.71$ g, $R=8.31×10^3$ $\dfrac{\text{Pa}\cdot\text{L}}{\text{mol}\cdot\text{K}}$,
$T=(273+100)$ Kを(10)式に代入して，モル質量M〔g/mol〕を求める。
$$1.01×10^5×\dfrac{340}{1000}=\dfrac{1.71}{M}×8.31×10^3×(273+100)$$
$M=154$ g/mol **答 154**

練習 1. 680 mLの容器の中に，ある揮発性の液体1.6 gを注入して72℃に保つと，液体は完全に蒸発して$9.12×10^4$ Paの圧力を示した。この液体の分子量を求めよ。

2020.06.09

3 | 混合気体の圧力

A | 分圧の法則

　一定温度の下で，圧力p，体積V_Aの気体Aと，圧力p，体積V_Bの気体Bを混合して，体積V_A+V_Bの混合気体にした。このとき，混合気体中でAだけが示す圧力をp_A，Bだけが示す圧力をp_Bとすると，ボイルの法則によりそれぞれ次の関係が得られる。

$$pV_A=p_A(V_A+V_B) \quad \text{または} \quad p_A=p\dfrac{V_A}{V_A+V_B} \qquad (11)$$

$$pV_B=p_B(V_A+V_B) \quad \text{または} \quad p_B=p\dfrac{V_B}{V_A+V_B} \qquad (12)$$

(11)式と(12)式の両辺をそれぞれ加えて整理すると，(13)式になる。

気体Aの分子　気体Bの分子　中央のコックを開ける

気 体 A	気 体 B		混 合 気 体（全圧 p）
圧力　p_A	圧力　p_B		気体Aの分圧　$p_A = p\dfrac{V_A}{V_A+V_B} = p\dfrac{n_A}{n_A+n_B}$
体積　V_A	体積　V_B		気体Bの分圧　$p_B = p\dfrac{V_B}{V_A+V_B} = p\dfrac{n_B}{n_A+n_B}$
物質量　n_A	物質量　n_B		

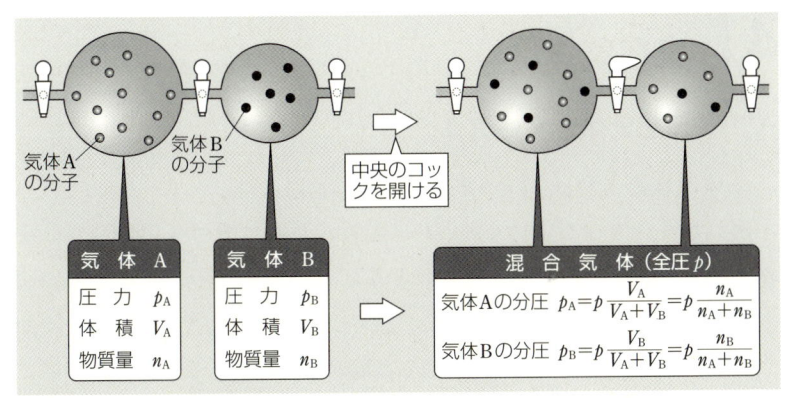

混合気体の全圧 p は，各成分気体の分圧の和 $p_A + p_B$ に等しい。

図 2-13　全圧と分圧の関係

$$p_A + p_B = p \tag{13}$$

p_A および p_B をそれぞれ，混合気体中の成分気体 A および B の**分圧**といい，p を混合気体の**全圧**という。

(13)式は，「混合気体の全圧は，その各成分気体の分圧の和に等しい」ことを示すもので，ドルトン（イギリス，1766〜1844）によって発見され(1801年)，**ドルトンの分圧の法則**とよばれている（図 2-13）。

体積 V_A に含まれる気体 A の物質量を n_A，体積 V_B に含まれる気体 B の物質量を n_B とする。温度と圧力が一定のとき，気体の体積は物質量に比例するから(→ p.54)，比例定数を k とすると，$V_A = kn_A$ および $V_B = kn_B$ となる。これらを，それぞれ(11)式および(12)式に代入すると，次のようになる。

$$p_A = p\dfrac{n_A}{n_A + n_B}, \qquad p_B = p\dfrac{n_B}{n_A + n_B} \tag{14}$$[*1)]

問9.　27℃，1.0×10^5 Pa の窒素 6.0 L と 27℃，1.0×10^5 Pa の水素 2.0 L を内容積 5.0 L の容器に入れ，全体を 27℃ に保った。窒素の分圧，水素の分圧，混合気体の示す全圧をそれぞれ求めよ。

---

*1)　$\dfrac{n_A}{n_A+n_B}$ および $\dfrac{n_B}{n_A+n_B}$ を，それぞれ混合気体中の A および B の**モル分率**という。

4 | 実在気体

A | 理想気体と実在気体

気体の状態方程式 $pV=nRT$（p.55 の(8)式）では，T を一定にして p を限りなく大きくしていくと，V は限りなく 0 に近づき（図2-11），また，p を一定にして T を 0 に近づけると，V は限りなく 0 に近づく（図2-12）。しかし，実際の気体では，圧縮して圧力を大きくしたり，冷却して温度を下げたりすると，凝縮や凝固が起こってしまい，体積が 0 になることはない。このことは，気体の状態方程式では説明できない。

気体分子自身が占める体積を 0 と仮定し，また，分子間力が存在しないと仮定して，気体分子の熱運動の様子から，気体の状態方程式が理論的に導かれている。しかし，実際に存在する気体では，分子はそれぞれ固有の大きさをもっており，また，分子間力が存在するので，気体の状態方程式は厳密には成立しない。

実際に存在する気体を**実在気体**といい，これに対して，厳密に気体の状態方程式に従うような気体を仮想して，これを**理想気体**という。すなわち，理想気体は分子自身の体積が 0 で，分子間力がない気体である。実在気体は，圧力が低くて，単位体積中の分子の数が少ないときほ

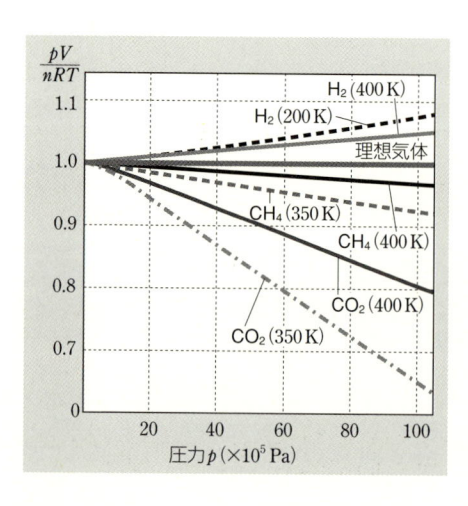

図2-14 実在気体と理想気体
理想気体では，$\dfrac{pV}{nRT}$ の値は圧力 p や温度 T に関係なく一定（図では ━━ で示した）で，常に 1.0 であるが，実在気体では，p や T の大きさによって変化している。しかし，T が大きいほど，また，p が 0 に近づくに従って理想気体に近づく。

ど，気体全体の体積に対して分子自身が占める体積の合計が無視できるし，また，温度が高いときほど，分子の熱運動に対して分子間力が無視できるので，理想気体からのずれが小さい（図2-14）。常温・常圧付近のたいていの実在気体には，厳密を要しない場合は，理想気体の状態方程式を適用してさしつかえない。

気体1molの体積は，0℃，1atmで22.4L[*1]とされている（→ p.36）。しかし，実在気体の分子は，その種類によって大きさが違い，また，沸点の高い物質ほど，分子間力が大きいので，気体1molの体積を詳しく調べてみると，気体の種類によって少しずつ違う値を示している（表2-4）。

表 2-4 標準状態における実在気体1molの体積

気体	分子量	体積 (L/mol)	沸点 (℃)
ヘリウム He	4.0	22.424	−269
水素 H_2	2.0	22.424	−253
ネオン Ne	20	22.422	−246
メタン CH_4	16	22.374	−161
塩化水素 HCl	36.5	22.246	−85
アンモニア NH_3	17	22.089	−33

問10. 400K，$1.0×10^4$Paの水素と，200K，$4.0×10^6$Paの水素とでは，どちらが理想気体に近いか（図2-14参照）。また，その理由を説明せよ。

■ II章のまとめ

■ 気体の状態方程式

圧力 p〔Pa〕，体積 V〔L〕，物質量 n〔mol〕，温度 T〔K〕とするとき，$pV=nRT$。R は気体定数とよばれ，$R=8.31×10^3 \dfrac{Pa·L}{mol·K}$。
物質量 n〔mol〕の気体について，p_1，V_1，T_1 と p_2，V_2，T_2 の場合のそれぞれについて，$p_1V_1=nRT_1$ …… ⓐ　　$p_2V_2=nRT_2$ …… ⓑ
である。

[*1] 水素のような比較的理想気体に近い性質の気体について，低い圧力の下で得られた図2-14のような曲線を延長し，圧力0のときの値から計算すると，22.414Lになる。

ⓐ式/ⓑ式 を求めて n, R を消去すると，$\dfrac{p_1V_1}{p_2V_2}=\dfrac{T_1}{T_2}$ …… ⓒ になる。
ⓒ式において，
$T_1=T_2$ のとき ⟶ $p_1V_1=p_2V_2$ （ボイルの法則）
$p_1=p_2$ のとき ⟶ $\dfrac{V_1}{V_2}=\dfrac{T_1}{T_2}$ （シャルルの法則）

2 分子量の計算

モル質量が M〔g/mol〕の気体を質量 m〔g〕とり，p, V, T を測定すると，　$pV=\dfrac{m}{M}RT$　より　$M=\dfrac{mRT}{pV}$　が求められる。

3 分圧

①混合気体中の成分気体の分圧（p_A, p_B, ……）の和は全圧（p）に等しい。　$p=p_A+p_B+\cdots\cdots$

②混合気体中の各成分気体の物質量（n_A, n_B, ……）と分圧・全圧との関係は

$p_A=p\times\dfrac{n_A}{n_A+n_B+\cdots\cdots}$，　$p_B=p\times\dfrac{n_B}{n_A+n_B+\cdots\cdots}$，　……

4 理想気体と実在気体

理想気体は，気体の状態方程式に厳密に従う気体。分子自身の体積 0，分子間力 0。**実在気体**は，分子自身の体積も分子間力も 0 でなく，厳密には気体の状態方程式に従わない。

◢ Ⅱ 章の問題

1. 次の各温度を（　）内の単位に改めよ。
　(1) 100℃（K）　(2) −165℃（K）　(3) 473 K（℃）　(4) t ℃（K）

2. 0℃，1.0×10^5 Pa で 10 L の気体がある。
　(1) 0℃，1.0×10^3 Pa にしたら，体積は何 L になるか。
　(2) 137℃，1.0×10^5 Pa にしたら，体積は何 L になるか。
　(3) 27℃，2.5×10^5 Pa にしたら，体積は何 L になるか。

3. 23℃，1.0×10^5 Pa の下で水上捕集した水素が 500 mL ある。この水素を濃硫酸に通して乾燥したところ，同じ温度・圧力の下で 400 mL になった。
　(1) 水上捕集した気体の中の水蒸気の分圧は何 Pa か。
　(2) 濃硫酸に吸収された水は，何 mg か。

第III章 溶液

物質が水に溶けるという現象はどのように理解すればよいのだろうか。水に溶けた物質は，水溶液の中でどんな状態で存在しているのだろうか。水溶液の性質は，純粋な水の性質とどんな点で違っているのだろうか。この章では，水溶液について学び，また，身のまわりに多くあるコロイド溶液についても学んでいこう。

電気泳動

1 | 溶解のしくみと溶解度

A | イオン結晶の水への溶解

　塩化ナトリウムのようなイオンからなる物質を水の中に入れると，結晶の表面にある Na^+ には，水分子の中の負の電荷を帯びた O 原子（→ p.27）によって水分子が引きつけられ，Cl^- には，水分子の中の正の電荷を帯びた H 原子によって水分子が引きつけられる。このようにして，結晶をつくっている Na^+ と Cl^- に水分子がくっついて，これらのイオンを水の中へ引き込み，その結果，イオン結合が切れて Na^+ と Cl^- は水分子を引きつけたまま水の中へ拡散していく（次ページ図2-15）。これが**溶解**である。溶解によって生じた混合物を**溶液**という。水のように，他の物質を溶かす液体を**溶媒**といい，塩化ナトリウムのように，溶媒に溶けた物質を**溶質**という。

　水分子が溶質のイオンや分子にくっつくことを**水和**といい，水和しているイオンを**水和イオン**という。

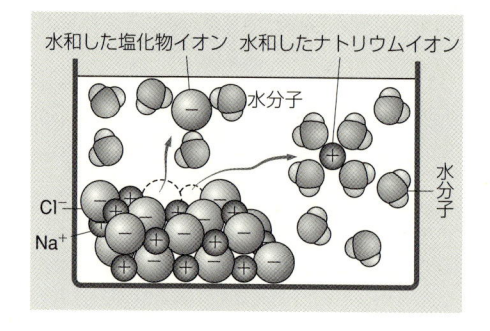

結晶の表面の Na^+ や Cl^- は，水和によって水の中へ引き込まれ，結晶格子はくずれていく。
水分子の極性は省略してある。
図 2-15 塩化ナトリウムの結晶が水に溶けるしくみ

B 分子からなる物質の溶解

(1) **エタノール** エタノール C_2H_5-OH は，エチル基 C_2H_5- とヒドロキシ基(水酸基) $-OH$ が結合した構造の分子からなる物質である(→ p.212)。ヒドロキシ基は，水分子の中の OH と同じように極性(→ p.27)があるので，エタノールを水の中に入れると，エタノール分子の正の電荷を帯びた水素原子(ヒドロキシ基の H 原子)や，負の電荷を帯びた酸素原子(ヒドロキシ基の O 原子)のところで水和が起こる(図2-16)。すなわち，エタノール分子どうしの間の水素結合が切れ，エタノールは水分子と水素結合によって水和して，水に溶解する。ヒドロキシ基のように，水和しやすい性質をもつ基は**親水基**とよばれ，エチル基のように，水和しにくい性質の基は**疎水基**とよばれる。

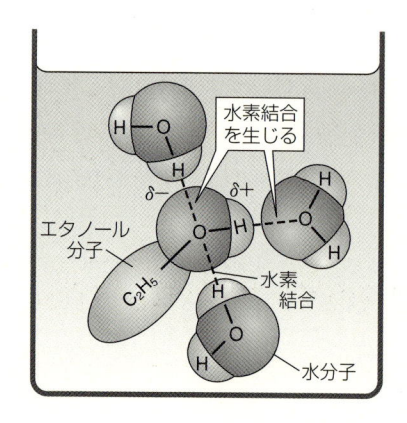

図 2-16 エタノール分子の水和のモデル
エタノール分子の OH 基の O 原子は水分子の H 原子と水素結合(→ p.49)によって水和し，エタノール分子の OH 基の H 原子は水分子の O 原子と水素結合によって水和する。
水分子の極性は，図 2-15 と同様に省略してある。

グリセリン $C_3H_5(OH)_3$(→ p.211)，グルコース $C_6H_{12}O_6$[*1](→ p.236)などは，分子の中にヒドロキシ基が多くあるので，水によく溶ける。これに対して，ベンゼン C_6H_6，ナフタレン $C_{10}H_8$ などは，分子の中に親水基がないので，水の中へ入れても水和が起こらず，水に溶けない。

問 11. メタノール CH_3OH やエタノール C_2H_5OH は水にきわめてよく溶けるが，オクタノール $C_8H_{17}OH$ は水にほとんど溶けないのはなぜか。

(2) **塩化水素** 塩化水素 HCl は極性分子で(→ p.27)，水に溶けやすい。塩化水素分子が水の中に入ると，図 2-17 のように塩化水素分子の H と Cl との共有結合が切れて，H はオキソニウムイオン H_3O^+ となり，Cl は塩化物イオン Cl^- となって水溶液中に入り，それぞれ水和イオンになる。このようにイオンに分かれる変化を**電離**という。塩化水素 HCl の電離は次のように表される。

$$HCl + H_2O \longrightarrow H_3O^+ + Cl^- \tag{15}$$

(15)式は，また次のように簡単に表すことがある。

$$HCl \longrightarrow H^+ + Cl^- \tag{16}$$

塩化ナトリウムや塩化水素のように，水に溶けると陽イオンと陰イオンを生じるような物質を**電解質**という。電解質の水溶液は電気を導き，

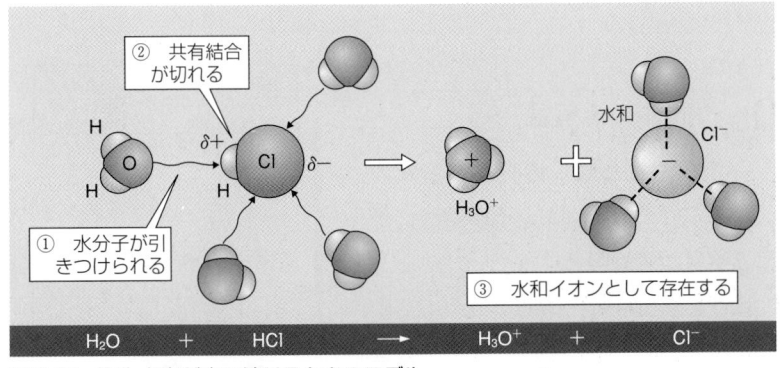

図 2-17 塩化水素が水に溶けるときのモデル

*1) グルコースは，$C_6H_7O(OH)_5$ のようにも表される。

直流の電流によって電気分解される。これに対して，エタノールやグルコースのように，水溶液中で水和イオンを生じない物質を**非電解質**という。非電解質の水溶液は電気を導かないし，電気分解されない。

C│飽和溶液

塩化ナトリウムの結晶を水の中に入れると，溶解が進むにつれて，溶液中のナトリウムイオンや塩化物イオンの数は次第に多くなる。そして，これらの水和イオンは，いろいろな大きさの熱運動のエネルギーをもって(→p.43)水中を動きまわっているが，なかには塩化ナトリウムの結晶の表面に衝突して，結晶表面の反対符号のイオンに捕らえられてふたたび結晶を構成するような，エネルギーの小さなイオンもある。すなわち溶解のときは，結晶から水の中へ一方的にイオンが溶け出すのではなく，溶液中から結晶へもどってくるイオンもある。単位時間に溶液中から結晶へもどってくるイオンの数は，溶液が濃くなるにつれて増えてくる。

ある温度で，単位時間に結晶から離れて溶解するイオンの数と，結晶にもどってくるイオンの数とが等しくなると，みかけ上，溶解が停止したような状態になる。これを**溶解平衡**といい，そのときの溶液を，その温度における**飽和溶液**という(図 2-18)。

分子結晶が溶けて飽和溶液になるときも，同じように考えられる。

D│固体の溶解度

一定体積または一定質量の溶媒に溶ける溶質の最大量を，その溶媒に対する溶質の**溶解度**という。

固体の溶解度は，飽和溶液中の溶媒 100 g あたりに溶けている溶質の質量(g)の数値で表したり，飽和溶液の濃度(→p.67)で表したりする。図 2-19

単位時間に，結晶にもどる粒子の数と，結晶から離れる粒子の数が等しくなったとき，みかけ上溶解が進まなくなる

溶けている粒子

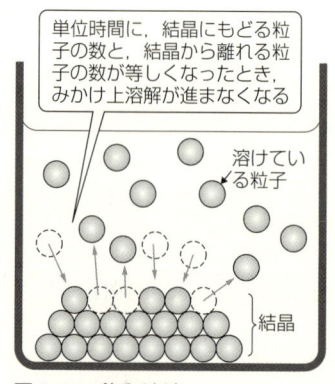

結晶

図 2-18 飽和溶液

硫酸銅(Ⅱ)は，ふつう $CuSO_4 \cdot 5H_2O$ のように水和水(結晶水)をもった結晶である。このように水和水をもった物質の溶解度は，飽和溶液中の水 100g あたりに溶けている無水塩(水和水をもたない化合物)の質量(g)の数値で表す。

図 2-19 溶解度曲線

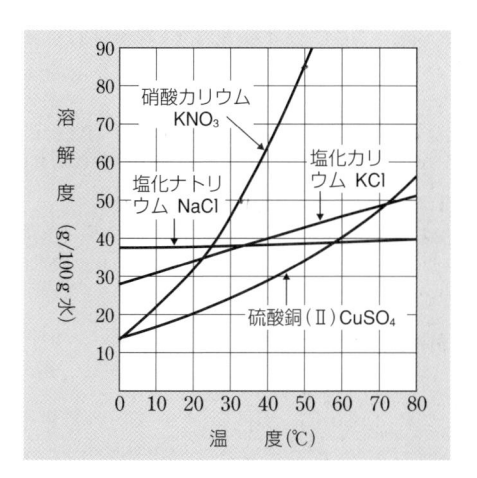

は，水 100g あたりの溶解度と温度との関係を表したもので，**溶解度曲線**とよばれる。固体の溶解度は，一般に温度が高くなるほど大きくなる[*1)]（表 2-5）。

問 12. 50℃の水 100g に硝酸カリウム 50g を溶かした溶液を冷やしていくと，約何℃で結晶が析出するか。図 2-19 を用いよ。

例題 2. 60℃における硝酸カリウムの飽和溶液 60g を 10℃に冷やすと，何 g の結晶が析出するか。表 2-5 を参照せよ。

表 2-5 固体の溶解度（g/100g 水）

溶 質	0℃	10℃	20℃	30℃	40℃	60℃	80℃
塩化カリウム KCl	27.8	30.9	34.0	37.1	40.0	45.8	51.2
硝酸カリウム KNO_3	13.3	22.0	31.6	45.6	63.9	109	169
塩化ナトリウム NaCl	37.56	37.65	37.81	38.05	38.32	39.05	39.98
硫酸銅(Ⅱ) $CuSO_4$	14.0	17.0	20.2	24.1	28.7	39.9	56.0
塩化アンモニウム NH_4Cl	29.7	33.5	37.5	41.6	45.9	55.0	65.0
硫酸アンモニウム $(NH_4)_2SO_4$	70.5	72.6	75.0	77.8	80.8	87.4	94.1
水酸化カルシウム（細粉） $Ca(OH)_2$	0.171	0.182	0.156	0.150 (25℃)	0.134	0.112	0.091

[*1)] $Ca(OH)_2$ のように，温度が高くなるほど溶解度が小さくなる物質もある（表 2-5）。

| 解 | 10℃および60℃の溶解度は，それぞれ22.0および109である。60℃の飽和溶液(100+109) gを10℃に冷やすと，(109−22.0) g析出するから，析出量をx [g]とすると

$$\frac{析出量}{飽和溶液の質量} = \frac{(109-22.0)\,g}{(100+109)\,g} = \frac{x}{60\,g} \qquad x = 25\,g \qquad 答\ 25\,g$$

練習2. 60℃で水50 gに塩化カリウムを飽和させた溶液を，10℃に冷やすと何 gの結晶が析出するか。表2-5を参照せよ。

例題3. 硫酸銅(Ⅱ)五水和物 $CuSO_4 \cdot 5H_2O$ は，60℃で水100 gに何 gまで溶けるか。図2-19を参照し，銅の原子量は64とする。

| 解 | $CuSO_4 \cdot 5H_2O$ (式量250)の質量をx [g]とすると，その中の$CuSO_4$ の質量は $x \times \dfrac{CuSO_4}{CuSO_4 \cdot 5H_2O} = \dfrac{160}{250} x$。$CuSO_4$ は60℃で水100 gに40 gまで溶けるから，飽和溶液(100+40) gの中に $CuSO_4$ は40 g含まれる。

ゆえに，$\dfrac{CuSO_4 の質量}{飽和溶液の質量} = \dfrac{40\,g}{140\,g} = \dfrac{\frac{160}{250}x}{100\,g + x} \qquad x = 81\,g$

答　81 g

E　再結晶

たとえば，水100 gあたり硝酸カリウム64 gと硫酸銅(Ⅱ) $CuSO_4$ 6 gを含む80℃の混合溶液(青色)を0℃まで冷やしていった場合を考えよう(図2-20)。溶液の温度が40℃になったとき，硝酸カリウムについては飽和溶液になり(同図のa点)，さらに冷やしていくと，KNO_3 の結晶が析出してくる。しかし，$CuSO_4$ は水100 gあたり6 gしか含まれていないので，0℃まで温度を下げても飽和溶液にならず，結晶は析出してこない。析出した結晶を沪過

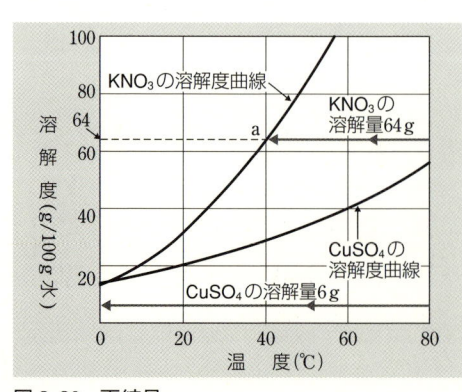

図2-20　再結晶

して，少量の冷水で洗えば，純粋な無色の硝酸カリウムが得られる。このように，温度の変化による溶解度の違いを利用して，物質を精製することを**再結晶**という。

問 13. 再結晶によって，硝酸カリウムは精製しやすいが，塩化ナトリウムは精製しにくい。その理由を説明せよ（図 2-19 参照）。

F 溶液の濃度

溶液の濃度については，目的に応じて次のようないろいろな表し方が用いられている。

(1) **質量パーセント濃度** 溶液中に含まれている溶質の質量をパーセント（%）で表したものを**質量パーセント濃度**という。

(2) **モル濃度** 溶液 1 L 中に含まれている溶質の物質量で表した濃度を**モル濃度**といい，単位記号 mol/L を使う。

(3) **質量モル濃度** 溶媒 1 kg 中に溶けている溶質の物質量で表した濃度を**質量モル濃度**といい，単位記号 mol/kg を使う。希薄水溶液では質量モル濃度とモル濃度とは，ほとんど同じである。

問 14. グルコース $C_6H_{12}O_6$ 9.0 g を水 250 g に溶かした溶液の質量パーセント濃度と質量モル濃度を，それぞれ計算せよ。

問 15. 濃度 98.0 % の濃硫酸の密度は，25 ℃ で 1.83 g/cm^3 である。モル濃度はいくらか。

G 気体の溶解度

ある温度における気体の溶解度は，溶媒に接しているその気体の分圧（→ p.57）が 1.01×10^5 Pa（= 1 atm）のとき，1 mL の溶媒に溶けて飽和溶液になる気体の体積を，0 ℃，1.01×10^5 Pa の体積に換算した値で示すことが多い（次ページ表 2-6）。

表 2-6 水 1 mL に溶ける気体の体積(mL)*

温度(℃) \ 気体	CH$_4$	H$_2$	N$_2$	O$_2$	CO$_2$	HCl	NH$_3$
0	0.0556	0.0214	0.0231	0.0489	1.717	517	477
20	0.0331	0.0182	0.0152	0.0310	0.873	442	319
40	0.0237	0.0161	0.0116	0.0231	0.528	386	206
60	0.0195	0.0160	0.0102	0.0195	0.366	339	130
80	0.0177	0.0160	0.0096	0.0176	0.283	—	81.6

* 気体の圧力は 1.01×10^5 Pa(=1 atm)，体積は 0℃，1.01×10^5 Pa(=1 atm)のときの体積に換算した値である。

　一般に気体の溶解度は，温度が高くなると減少し，圧力が高くなると増加する。

「一定体積の液体に溶ける気体の質量は，温度が変わらなければ，液体に接しているその気体の圧力(分圧)に比例する。」

　これは，ヘンリー*1)が発見した事実で(1803 年)，**ヘンリーの法則**とよばれる。

　ヘンリーの法則が適用されるのは，酸素や窒素のように溶解度が小さく，溶媒と反応しない気体の場合に限られる。塩化水素やアンモニアのように，水に対する溶解度の大きい気体は，ヘンリーの法則に従わない。

　　一定温度において，1 mL の溶媒に溶けて飽和溶液になる気体の物質量(または質量)は，その気体の分圧が n atm のときは 1 atm のときの n 倍になる。しかし，溶ける気体の量を体積で表すときは，ボイルの法則が示すように，1 atm のときの体積と n atm のときの体積とは同じである。

　　気体の分圧　　溶ける気体の物質量(質量)　　　溶ける気体の体積
　　1 atm　 ⟶　 a mol(b g)　　 ⟶　　1 atm で v L
　　n atm　 ⟶　 na mol(nb g)　⟶　　1 atm で nv L ⇒ n atm で v L

問 16. 0℃ で 2.00 atm(=2.03×10^5 Pa)の窒素が水に接しているとき，水 1.00 L に溶けている窒素の体積は，標準状態に換算すると何 mL になるか。また，それは何 g か。表 2-6 を参照して計算せよ。

---

*1) ヘンリー(1774〜1836)はイギリスの化学者。

例題 4. 0℃で，100 mL の水に 2.0 atm（$=2.0\times10^5$ Pa）の空気が接しているとき，この水の中に溶けている窒素と酸素はそれぞれ何 mg か。ただし，空気は窒素と酸素が体積比で 4：1 の混合物であるとし，表 2-6 を参照せよ。

解 0℃，1.0×10^5 Pa（$=1$ atm）で 100 mL の水に，窒素および酸素はそれぞれ 2.31 mL および 4.89 mL 溶ける（表 2-6）。したがって，それぞれの質量は，窒素 $28\,\text{g/mol}\times\dfrac{2.31\times10^{-3}\,\text{L}}{22.4\,\text{L/mol}}=2.9\,\text{mg}$，

酸素 $32\,\text{g/mol}\times\dfrac{4.89\times10^{-3}\,\text{L}}{22.4\,\text{L/mol}}=7.0\,\text{mg}$

成分気体の分圧の比は，成分気体の体積比に等しいから，

窒素の分圧は $2.0\,\text{atm}\times\dfrac{4}{4+1}=1.6\,\text{atm}$，

酸素の分圧は $2.0\,\text{atm}\times\dfrac{1}{4+1}=0.40\,\text{atm}$

ゆえに 窒素の質量$=2.9\,\text{mg}\times1.6=4.64\,\text{mg}$
酸素の質量$=7.0\,\text{mg}\times0.40=2.8\,\text{mg}$

答 窒素 4.6 mg，酸素 2.8 mg

2 希薄溶液の性質

A 沸点上昇

純粋な液体は，それぞれの温度において定まった（飽和）蒸気圧を示すが（→ p.45），これに不揮発性の物質を溶かして溶液にすると，同じ温度の純粋な液体（純溶媒）より（飽和）蒸気圧が低くなる。これを，溶液の**蒸気圧降下**という[*1]。

図 2-21 水溶液の蒸気圧曲線と沸点との関係

水の蒸気圧が 1 atm になる温度は 100℃である（→ p.46）。水溶液から蒸発する水の蒸気圧が 1 atm になる温度（水溶液の沸点）は，100℃より Δt 〔K〕だけ高い[*2]。

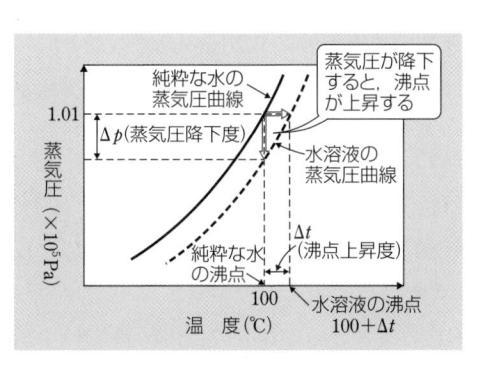

---

*1) 蒸気圧降下の度合は，溶液中の分子やイオンの質量モル濃度に比例する（→ p.70）。
*2) この項目以降は，℃目盛りの温度差は，単位記号 K を用いて表す。

液体の沸点とは，その液体の蒸気圧が $1.01×10^5$ Pa（$=1$ atm）になるときの温度であるから（→ p.46），溶液の蒸気圧が $1.01×10^5$ Pa になる温度（溶液の沸点）は，純溶媒の沸点より高い。これを，溶液の**沸点上昇**という（前ページ図 2-21）。

純溶媒の沸点を t〔℃〕，溶液の沸点を $(t+\Delta t)$〔℃〕とするとき，Δt を**沸点上昇度**という。希薄溶液の沸点上昇度は，溶質の種類に無関係で，一定質量の溶媒に溶けている溶質粒子の物質量だけに比例する。たとえば，水 1 kg にグルコース $C_6H_{12}O_6$ 0.10 mol（18.0 g）を溶かした溶液も，尿素 $CO(NH_2)_2$ 0.10 mol（6.0 g）を溶かした溶液も，1 atm ではともに 100.026 ℃で沸騰する。すなわち，これらの溶液は水 1 kg に対していずれも溶質 0.10 mol が溶けていて，$\Delta t=(100.026-99.974)$ K $=0.052$ K となる（→ p.46 脚注[*1]）。

不揮発性の非電解質を溶かした質量モル濃度[*1] m〔mol/kg〕の希薄溶液の沸点上昇度 Δt は，(17)式で表される。

$$\Delta t = K_b m \quad (K_b \text{ は比例定数}) \tag{17}$$

K_b は，$m=1$ mol/kg のときの沸点上昇度で，これをその溶媒の**モル沸点上昇**といい，それぞれの溶媒に固有のものである（表 2-7）。

電解質の水溶液の場合は，溶液中の溶質粒子はイオンなので，Δt は溶液中のイオンの質量モル濃度に比例する。たとえば，水 1 kg に塩化ナトリウム NaCl 0.10 mol を溶かした溶液では，NaCl がすべて Na^+ と Cl^- に分かれているとすると，合計 0.20 mol のイオンを含むので，不揮発性の非電解質の 0.20 mol/kg 溶液と同じ沸点上昇度を示す。このことは，次の凝固点降下や浸透圧の場合にもあてはまる。

問 17. 次の溶液について，沸点の高いものから順に並べよ。
(1) 0.10 mol/kg のショ糖（スクロース）水溶液
(2) 0.12 mol/kg の尿素水溶液
(3) 0.10 mol/kg の塩化ナトリウム水溶液

[*1] モル濃度(mol/L)を用いないのは，沸点測定など，溶液の温度の変化によってその体積も変化し，モル濃度も変わるからである。しかし，希薄溶液で厳密を要しない場合は，モル濃度を用いてもよい。

B 凝固点降下

溶液の凝固点[*1)]は，一般に純溶媒の凝固点より低い。たとえば，純粋な水は0.00℃で凝固して氷になるが，非電解質の0.10 mol/kg水溶液は−0.19℃にならないと溶媒である水の凝固は始まらない。純溶媒の凝固点をt〔℃〕，溶液の凝固点を$(t-\Delta t)$〔℃〕とするとき，Δtを凝固点降下度という。希薄溶液の凝固点降下度は，溶質の種類に無関係で，一定質量の溶媒に溶けている溶質粒子の物質量だけに比例する。

非電解質の希薄溶液の場合には，質量モル濃度m〔mol/kg〕の溶液の凝固点降下度Δtは，沸点上昇度と同じように(18)式で表される。

$$\Delta t = K_f m \quad (K_f は比例定数) \tag{18}$$

K_fは，$m=1$ mol/kgのときの凝固点降下度で，これをその溶媒のモル凝固点降下という。K_fの値は，それぞれの溶媒に固有のものである。

表2-7に，数種類の溶媒について，モル沸点上昇K_bの値とモル凝固点降下K_fの値を示した。

表2-7 モル沸点上昇K_b〔K・kg/mol〕とモル凝固点降下K_f〔K・kg/mol〕

溶 媒	沸点(℃)	K_b	融点(℃)	K_f
水	99.974	0.515	0.00	1.85
ベンゼン	80.1	2.5	5.53	5.12
酢 酸	118	2.53	16.7	3.9
ナフタレン	218	5.80	80.3	6.9
ショウノウ	207 (昇華)	5.61	179	38

問18. グルコース(分子量180) 3.60 gを水200 gに溶かした溶液の(1)凝固点と(2)沸点を求めよ。表2-7を参照せよ。

C 分子量の計算

モル質量がM〔g/mol〕の不揮発性の非電解質を質量w〔g〕とり，質量W〔g〕の溶媒に溶かした溶液の沸点上昇度または凝固点降下度がΔt〔K〕であったとする。質量w〔g〕のこの溶質の物質量は$\dfrac{w}{M}$〔mol〕，質量モル

[*1)] 溶液中の溶媒が凝固し始める温度をいう。

濃度は $\dfrac{w}{M} \times \dfrac{1}{10^{-3}W}$ 〔mol/kg〕 となるので，(17)式や(18)式は次のようになる。

$$\Delta t = K \times \dfrac{w}{M} \times \dfrac{1}{10^{-3}W} \quad \text{または} \quad M = \dfrac{Kw}{\Delta t \times 10^{-3}W} \qquad (19)$$

K はモル沸点上昇 K_b またはモル凝固点降下 K_f である。Δt, w, W がわかれば，この式からモル質量 M を計算することができる。

例題5. 粉末状の非電解質 8.0 mg をショウノウの粉末 68 mg とよく混合して融点[*1)]をはかったら，150℃であった。純粋なショウノウの融点を 179℃，モル凝固点降下を 38 K·kg/mol とすれば，この非電解質の分子量はいくらになるか。

解 非電解質試料のモル質量を M〔g/mol〕とすると，試料 8.0 mg の物質量は $\dfrac{8.0 \times 10^{-3} \text{g}}{M\text{〔g/mol〕}}$ 〔mol〕であるから，ショウノウとの混合物を融解した液体中の試料の質量モル濃度 m は，
$m = \dfrac{8.0 \times 10^{-3} \text{g}}{M\text{〔g/mol〕}} \times \dfrac{1}{68 \times 10^{-6} \text{kg}}$ 〔mol/kg〕 となる。
$\Delta t = (179 - 150) \text{K} = 29 \text{K}$，$K_f = 38 \text{K·kg/mol}$ および m の値を(18)式に代入して M を求める。
$$29\text{K} = 38\text{K·kg/mol} \times \dfrac{8.0 \times 10^{-3} \text{g}}{M} \times \dfrac{1}{68 \times 10^{-6} \text{kg}}$$
$M = 154 \text{g/mol}$ ゆえに **答** 1.5×10^2

練習3. ベンゼン 50.0 g にナフタレン $C_{10}H_8$ 2.56 g を溶かした溶液の沸点は 81.1℃であった。純粋なベンゼンの沸点を 80.1℃として，ベンゼンのモル沸点上昇を計算せよ。

D | 浸透圧

溶媒分子は通すが，溶液中の溶質粒子は通さないような膜を**半透膜**という。溶液と溶媒を半透膜で仕切っておくと，溶媒が半透膜を通って溶液のほうへ拡散していく。この現象を**浸透**という。たとえば，図2-22の実験では，溶媒である外側の水が半透膜を通って溶液のほうへ浸透し

[*1)] 混合物の場合は，粉末が完全に融解し終わる温度を融点といい，融解液の凝固点と同じである。そのため，凝固点降下は融点降下ともよばれる。

てくるため，ガラス管内の液柱は次第に上昇する。このとき水の浸透をくい止めるには，溶液側に余分の圧力を加える必要がある。この圧力を**浸透圧**という。たとえば，ガラス管内の液柱が高さ h まで上昇したところで止まったとすると，浸透圧は h と溶液の密度とから求めることができる。

浸透圧の大きさは，希薄溶液では溶質粒子のモル濃度に比例し[*1]，絶対温度に比例する。すなわち，温度 T〔K〕において，体積 V〔L〕の溶液中に溶けている溶質粒子の物質量を n〔mol〕とするとき，溶液の浸透圧 Π〔Pa〕は，次の式で表される。

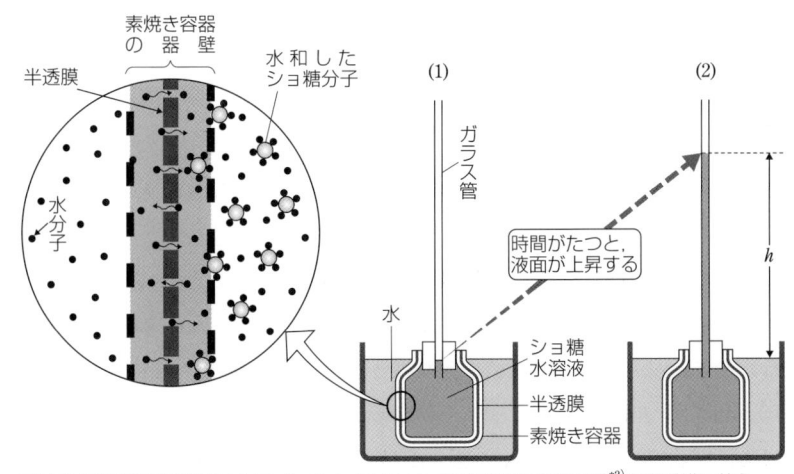

$$\Pi = R\frac{n}{V}T \quad \text{または} \quad \Pi V = nRT \tag{20}$$

素焼きの円筒容器の壁の中につくったヘキサシアノ鉄(Ⅱ)酸銅(Ⅱ)の膜[*2]を半透膜に使う。
(1) 外側の水面と管内のショ糖水溶液の液面の高さを一致させておく。
(2) 時間がたつと，外側の水が半透膜を通ってショ糖水溶液の中に浸透し，管内の液面が上昇していく。溶液の密度を ρ とすると，浸透圧は $h\rho$ から計算できる。
図 2-22 浸透圧の実験

*1) 電解質の希薄溶液では，全イオンのモル濃度に比例する(→ p.70)。
*2) この膜は水を通すが水溶液中のショ糖を通さない。セロハンや動物のぼうこう膜も半透膜の性質をもち，水や塩類は通すが，コロイド粒子(→ p.74)は通さない。

(20)式は、理想気体の状態方程式(→ p.55(8)式)と同じ形であり、式の中の定数 R も気体定数(→ p.54)と同じ $8.31×10^3 \dfrac{Pa·L}{mol·K}$ である。
(20)式の関係を**ファントホッフの法則**という[*1]。

溶液の浸透圧を測定し、ファントホッフの法則を適用すると、溶液中に溶けている物質の分子量を求めることができる[*2]。この方法は、高分子化合物(→ p.75)の分子量を求めるのに利用される。

問19. グルコース $C_6H_{12}O_6$ 5.6 g を水に溶かして 100 mL にした溶液の浸透圧は、ヒトの血液の浸透圧にほぼ等しいという。体温(37℃)におけるヒトの血液の浸透圧を求めよ。

問20. ある非電解質 1.0 g を水に溶かして 200 mL にした溶液の浸透圧は 27℃ で $5.05×10^3$ Pa である。この物質の分子量はいくらか。

3 | コロイド溶液

A | コロイド粒子

水を沸騰させながら、これに塩化鉄(Ⅲ) $FeCl_3$ 水溶液を少しずつ加えて得られる赤色の溶液に、横から光束を当てると、光の通路が明るく光って見える(図2-23)。この現象は、**チンダル現象**とよばれ、ふつうの分子やイオンより大きくなった水酸化鉄(Ⅲ)の粒子[*3]が、光を散乱させるために起こる。これらの粒子は、だいたい直径が 10^{-7} cm (1 nm) から 10^{-5} cm (10^2 nm) 程度で、ふつうの濾紙の目よりも小さいので、濾紙を通ってしまう。このような大きさの粒子が分散した溶液を**コロイド溶液**(ゾル)といい、その粒子を**コロイド粒子**という。

[*1] ファントホッフ(オランダ、1852~1911)によって発見された(1886年)。
[*2] たとえば、p.55の(10)式と同じように考えることができる。
[*3] $FeCl_3 + 3H_2O \longrightarrow Fe(OH)_3 + 3HCl$ の反応で生じた水酸化鉄(Ⅲ) $Fe(OH)_3$ が集まって、ある程度大きな粒子になったもの。

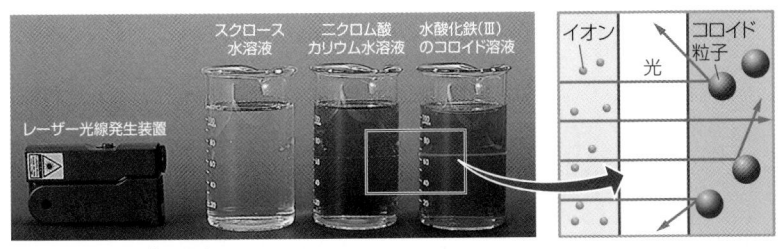

図 2-23　チンダル現象

　水酸化鉄(Ⅲ)だけでなく，どんな物質でも直径 10^{-7}〜10^{-5} cm 程度の大きさの粒子にして液体中に分散させると，コロイド溶液になる。
　デンプン(→ p.240)やタンパク質(→ p.247)は，分子量が 1 万〜数百万もある大きな分子からなり(**高分子化合物**という)，水に溶かすだけでコロイド溶液になる[*1]。

B｜コロイド溶液の性質

　チンダル現象を顕微鏡で観察すると[*2]，光った粒子が不規則にふるえるように動いているのが見える。これは，熱運動をしている水分子が，コロイド粒子に不規則に衝突するために起こる現象で，これを**ブラウン運動**という(図 2-24)。

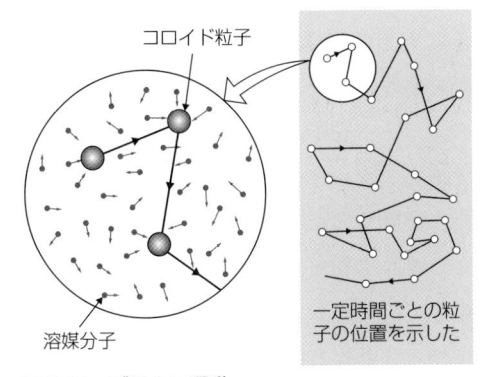

図 2-24　ブラウン運動

[*1] このようなコロイドを分子コロイドという。
[*2] 側面から光束を当てて観測する顕微鏡(限外顕微鏡)を使う。ふつうの光学顕微鏡では，直径が約 2×10^{-5} cm 以上の粒子しか見えないから，コロイド粒子の形が見えるわけではない。光束としてレーザー光を用いると，チンダル現象が観察しやすい。

図 2-25 透析　　　　　　　図 2-26 電気泳動

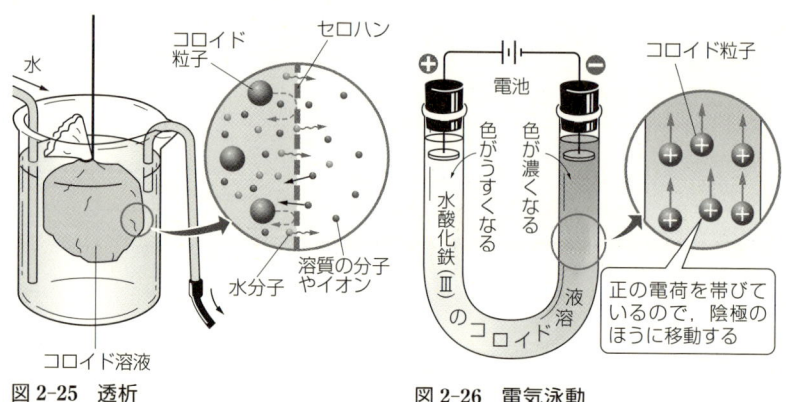

　ふつうの分子やイオンを含むコロイド溶液を，セロハンに包んで水に浸しておくと，溶液中の分子やイオンはセロハンの目[*1]を通って拡散していくが，コロイド粒子はセロハンの目より大きいので，セロハンを通ることができない。このことを利用して，コロイド粒子以外の溶質を除くことができる。この操作を**透析**という（図 2-25）。

　コロイド溶液に 2 本の電極を入れ，直流電源につなぐと，コロイド粒子は一方の電極のほうへ移動して集まる（図 2-26）。この現象を**電気泳動**という。たとえば，硫黄のコロイド粒子は陽極のほうへ，水酸化鉄(Ⅲ)のコロイド粒子は陰極のほうへ移動する。電気泳動が起こるのは，コロイド粒子が正または負の同種の電荷を帯びていて，反対符号の電極のほうへ移動するためである。

　コロイド粒子がくっつき合わないのは，コロイド粒子が同種の電荷を帯びていてたがいに反発し合うこと，ブラウン運動によって動きまわっていることなどのためと考えられる。コロイド溶液に少量の電解質水溶液を加えると，コロイド粒子はたがいに反発力を失ってくっつき合い，大きくなって沈殿する。この現象を**凝析**という。

　　凝析を起こさせるには，コロイド粒子の帯びている電荷と反対符号のイオンの価数が大きいことが重要である。たとえば，硫黄のコロイド

[*1) セロハンの目は，直径約 $3 \times 10^{-7} \sim 4 \times 10^{-7}$ cm 程度である。

粒子は負の電荷を帯びているので，Al^{3+} や Fe^{3+} を含む水溶液を加えるほうが，その3倍のモル濃度の Na^+ や K^+ を含む水溶液を加えるよりはるかに少量で凝析する。また，水酸化鉄(Ⅲ)のコロイド粒子は正の電荷を帯びているので，凝析させるには，SO_4^{2-}，PO_4^{3-} などを含む水溶液のほうが，Cl^- や I^- を含む水溶液よりはるかに有効である。

コロイド溶液の中には，加熱したり，あるいは冷却したりすると，流動性を失って全体が固まるものがある。この状態を**ゲル**という。

C 親水コロイドと疎水コロイド

デンプンやタンパク質を水に溶かしてつくったコロイド溶液は，少量の電解質を加えても凝析しない。これらの分子には，親水基(→ p.62)が多数あり，コロイド粒子の表面に多数の水分子が水和していて，イオンがコロイド粒子に直接はたらきにくい。このようなコロイドを**親水コロイド**という。これに対して，硫黄や水酸化鉄(Ⅲ)などのコロイドは**疎水コロイド**とよばれ，水和している水分子の数が少なく，少量の電解質によって容易に沈殿する(凝析)。

親水コロイドでも，多量の電解質を加えると，水和している水が除かれて沈殿する。これを**塩析**という。

疎水コロイド溶液に親水コロイド溶液を加えると，親水コロイド粒子が疎水コロイド粒子を包み，電解質を加えても凝析しにくくなる。このようなはたらきをする親水コロイドを**保護コロイド**という。

> 墨汁は炭素のコロイド溶液であるが，コロイド粒子が沈殿しないように，たとえば，にかわやポリビニルアルコール(→ p.253)のように親水基を多くもった親水コロイドの溶液が，保護コロイドとして加えてある。

問21. 濁り水に硫酸アルミニウム水溶液を加えると，水は澄んでくる。しかも，硫酸アルミニウムのほうが，硫酸ナトリウムよりはるかに有効である。このことから，どういうことが考えられるか。

■ Ⅲ章のまとめ ■

1 溶解
溶質が水に溶ける場合は、溶質粒子が水和する。したがって、親水基をもつ化合物は水に溶けやすい。

2 溶解度
①**固体の溶解度** 溶媒100gに溶けて飽和溶液をつくる溶質の質量(g)の数値で表す。水に対する固体の溶解度は、温度が高くなるほど一般に大きくなる。

②**再結晶** 温度の変化による溶解度の違いを利用して、溶液から結晶を析出させて、物質を精製すること。

③**気体の溶解度** その気体の圧力に比例し、温度が高くなると減少する。

3 濃度の表し方
質量パーセント濃度(%)、モル濃度(mol/L)、質量モル濃度(mol/kg)などがある。

4 沸点上昇・凝固点降下
$\Delta t = Km$ (K はモル沸点上昇またはモル凝固点降下、m は質量モル濃度)。溶質のモル質量 $M\text{〔g/mol〕} = \dfrac{Kw}{\Delta t \times 10^{-3} W}$ ($w\text{〔g〕}$ は溶質の質量、$W\text{〔g〕}$ は溶媒の質量)。

5 浸透圧
$\Pi V = nRT$ または $\Pi = R\dfrac{n}{V}T$

6 コロイド溶液
ふつうの分子やイオンよりかなり大きく、沈殿粒子より小さい粒子(コロイド粒子)を含む溶液。ブラウン運動、チンダル現象、透析、電気泳動、凝析など、ふつうの溶液とは違った性質を示す。疎水コロイド、親水コロイド、保護コロイド、ゾル、ゲルなどがある。

■ Ⅲ章の問題

1. 硫酸(分子量98)の63%水溶液(密度1.53g/mL)のモル濃度と質量モル濃度を求めよ。また、この水溶液100gに、45%硫酸水溶液60gを加えると、何%の水溶液になるか。

2. 卵アルブミン1.0gを水に溶かした100mLのコロイド溶液は、17℃において536Paの浸透圧を示した。卵アルブミンの分子量はいくらか。

第3編
物質の変化

　前編では，物質の状態の変化，すなわち物理変化について学んだが，第3編では，物質そのものの変化，すなわち化学変化について考えていくことにする。
　化学変化が起こるとき，物質の質量や体積またはエネルギーは，どのように変化するかということを理解し，化学変化のしくみや化学変化の速さなどについて学習する。
　次に，水素イオンを中心にして考えた化学変化（酸・塩基の反応）と，電子を中心にして考えた化学変化（酸化還元反応，電池や電気分解の反応）の例をいろいろ考えていこう。

第 I 章
化学反応式と熱化学方程式

化学反応の量的な関係を表すのに，化学反応式が用いられる。また，化学反応には，熱を発生しながら進む反応と，周囲から熱を吸収しながら進む反応とがあるが，化学反応が起こるとき出入りするこのような熱量は，熱化学方程式によって表される。この章では，物質どうしの量的な関係やエネルギーの関係を考えていこう。

熱した鉄と酸素との反応

1 化学反応式

A 反応式とそのつくり方

一酸化炭素 CO が燃焼して二酸化炭素 CO_2 ができる反応は，次のように表される。

$$2CO + O_2 \longrightarrow 2CO_2 \tag{1}$$

反応する物質(**反応物**という)の化学式と，反応によってできた物質(**生成物**という)の化学式を矢印で結んで化学反応を表したこのような式を，**化学反応式**(または**反応式**)という。化学反応式の中の化学式には，**係数**とよばれる数字(1の場合は省略する)をつけて，各元素ごとに矢印の両側で原子の数が等しくなるようにしてある。

銀イオン Ag^+ を含む水溶液に塩化物イオン Cl^- を含む水溶液を加えたとき，塩化銀 AgCl が生じる反応は，次のように表される。

$$Ag^+ + Cl^- \longrightarrow AgCl \tag{2}$$

(2)式のように，反応に関係するイオンだけをイオン式で示した反応式を，**イオン反応式**という。イオン反応式では，反応物の電荷の総和と，

生成物の電荷の総和が等しくなっている。

例題 1. (1) ベンゼン C_6H_6 が完全燃焼して二酸化炭素 CO_2 と水 H_2O になるときの化学反応式を書け。
(2) 次のイオン反応式に係数を記入して，正しい反応式にせよ。
$$Fe^{3+} + S^{2-} \longrightarrow Fe^{2+} + S$$

解 (1) ベンゼン C_6H_6 の6個のCは全部 CO_2 になるから，C_6H_6 分子1個から CO_2 分子は6個できる。また，C_6H_6 の6個のHは全部 H_2O になるから，C_6H_6 分子1個から H_2O 分子は3個できる。したがって，O_2 の係数を a として，化学反応式を(i)式のように書く。
$$C_6H_6 + aO_2 \longrightarrow 6CO_2 + 3H_2O \quad\quad\text{(i)}$$
左右両辺の O 原子の数は等しいから，
$$2a = 6\times2+3 \quad \text{ゆえに，} \quad a = \frac{15}{2}$$
よって(i)式は次のようになる。
$$C_6H_6 + \frac{15}{2}O_2 \longrightarrow 6CO_2 + 3H_2O \quad\quad\text{(ii)}$$
(ii)式の左右両辺を2倍して，係数の比が最も簡単な整数比になるようにすると，次の化学反応式になる。
$$2C_6H_6 + 15O_2 \longrightarrow 12CO_2 + 6H_2O \quad\quad\text{答}$$
〔注〕 簡単な化学反応式の場合には，目算法で係数をつける。

(2) 左右両辺で，各元素ごとに原子の数が等しいから，左辺の Fe^{3+} の係数を a とすれば，右辺の Fe^{2+} の係数も a となり，左辺の S^{2-} の係数を b とすれば，右辺の S の係数も b となる。
$$aFe^{3+} + bS^{2-} \longrightarrow aFe^{2+} + bS \quad\quad\text{(iii)}$$
イオン反応式では，左辺の電荷の総和と右辺の電荷の総和は等しい。
$$(+3)\times a + (-2)\times b = (+2)\times a \quad \text{ゆえに，} \quad a = 2b$$
いま，$b=1$ とすれば $a=2$ となり，(iii)式は次のようになる。
$$2Fe^{3+} + S^{2-} \longrightarrow 2Fe^{2+} + S \quad\quad\text{答}$$

練習 1. (1) プロパン C_3H_8 が完全燃焼して二酸化炭素と水になるときの化学反応式を書け。
(2) 次のイオン反応式に係数を記入して，正しい反応式にせよ。
$$Al + H^+ \longrightarrow Al^{3+} + H_2$$

B 化学反応式の表す意味

化学反応式には，反応物と生成物の化学式が示されているだけでなく，それらの係数の比から，反応に関係する物質の間の量的な関係について，次のようなことが示されている。

(1) 化学式で表される粒子（原子・分子・イオンなど）の個数の比。
(2) 化学式で表される粒子からなる物質の物質量の比。
(3) 各物質のモル質量と(2)の関係から，各物質の質量の比。
(4) 同温・同圧における気体の体積の比は，それぞれの気体の物質量の比に等しいこと（→ p.54）と(2)の関係から，化学反応式の中の気体だけについていえば，それらの係数の比は体積の比になる。

以上のことを，たとえば(1)式についてまとめて示すと，次のようになる。

$$2CO + O_2 \longrightarrow 2CO_2 \quad (1)$$

		$2CO$	$+$	O_2	$\longrightarrow$	$2CO_2$
(1)	分子の数の関係	2		1		2
(2)	物質量の関係	2 mol		1 mol		2 mol
(3)	質量の関係[*1]	2×28 g		1×32 g		2×44 g
(4)	気体の体積の関係[*1]（同温・同圧）	2体積		1体積		2体積

問1. 上の(1)式の関係を用いて，次の問いに答えよ。
(1) CO 分子 10 個から CO_2 分子は何個できるか。
(2) CO と O_2 を 7.0 g ずつ反応させたとき，生じる CO_2 は何 mol か。
(3) 0℃，$1.01×10^5$ Pa（=1 atm）で CO_2 が 56 L 生成したとすると，CO と O_2 はそれぞれ何 g ずつ反応したか。

[*1] (3)の関係は，左辺の物質の質量の和 88 g と，右辺の物質の質量の和 88 g とが等しいこと，すなわち質量保存の法則を表し，(4)の関係は，反応にあずかる気体の体積は簡単な整数比になること，すなわち気体反応の法則を表す（→ p.262）。

2 | 反応熱と熱化学方程式

A | 反応熱

一酸化炭素 1 mol が燃焼するときには, 283 kJ の熱量[*1]が発生する。また, 赤熱した炭素に硫黄の蒸気を通じると二硫化炭素 CS_2 ができるが, この反応では, 液体の二硫化炭素 1 mol の生成につき 89.7 kJ の熱量が吸収される。

熱を発生しながら進む化学反応を**発熱反応**といい, 周囲から熱を吸収しながら進む化学反応を**吸熱反応**という。そして, 化学反応が起こるとき, 発生したり吸収したりする熱量を**反応熱**という。

生成物に含まれているエネルギーが反応物に含まれているエネルギーより小さいときは, その差が熱エネルギーになって放出されるので発熱反応になり, 生成物に含まれているエネルギーが反応物に含まれているエネルギーより大きいときは, その差が外部から熱エネルギーとして吸収されるので, 吸熱反応になる(次ページ図 3-1)。

B | 熱化学方程式と反応熱の種類

発熱反応の場合には反応熱に＋符号をつけ, 吸熱反応の場合には反応熱に－符号をつけて, 化学反応式の右辺に記し, 左辺と右辺を等号＝で結んだ次のような式を, **熱化学方程式**という[*2]。

$$CO + \frac{1}{2} O_2 = CO_2 + 283 \text{ kJ} \quad (3)$$

$$C + 2S = CS_2(液) - 89.7 \text{ kJ} \quad (4)$$

[*1] 水 1 g の温度を 1 K 上げるのに必要な熱量を 1 cal (カロリー) といい, 1 cal は 4.184 J (ジュール) である。1000 J を 1 kJ (キロジュール) という。

[*2] (3)式では, CO 1 mol と O_2 $\frac{1}{2}$ mol が反応して, CO_2 1 mol を生じるときに 283 kJ の熱量を発生することを表している。熱化学方程式では, (3)式の O_2 の係数のように, 係数が分数になることもある。反応熱は, ふつう 25 ℃, 1.01×10^5 Pa (＝1 atm) のときの値を使う。

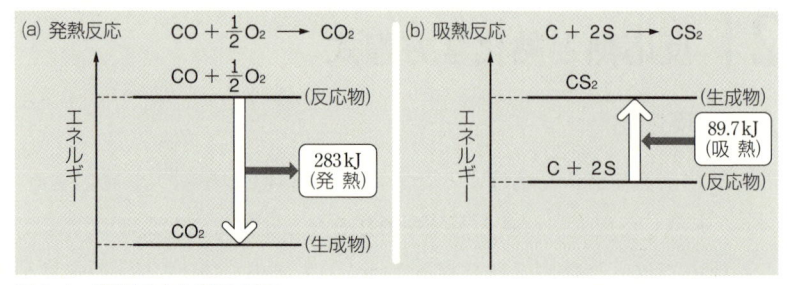

図 3-1 発熱反応と吸熱反応

　反応熱は，反応の種類によって固有の名まえでよばれることが多い。
　《燃焼熱》　物質 1 mol が完全に燃焼したときの反応熱。たとえば，一酸化炭素の燃焼熱は 283 kJ/mol である（(3)式）。
　《生成熱》　化合物 1 mol が，その成分元素の単体から生成するときの反応熱。たとえば，液体の二硫化炭素の生成熱は $-89.7\,\mathrm{kJ/mol}$ である（(4)式）。
　《中和熱》　水溶液中で，酸の水素イオン H^+ 1 mol と塩基の水酸化物イオン OH^- 1 mol とが反応して（中和→p.111），水 H_2O 1 mol が生じるときの反応熱。

$$H^+ + OH^- = H_2O + 56.6\,\mathrm{kJ} \tag{5}$$

　《溶解熱》　溶質 1 mol を多量の溶媒に溶かすとき発生ないし吸収する熱量。たとえば，水酸化ナトリウムの溶解熱は 44.5 kJ/mol である。

$$NaOH(固) + aq^{*1)} = NaOHaq + 44.5\,\mathrm{kJ} \tag{6}$$

　そのほか，**蒸発熱**（→p.44），**融解熱**（→p.46）なども，次のような熱化学方程式で表される。

$$H_2O(液) = H_2O(気) - 44.0\,\mathrm{kJ} \tag{7}$$

$$H_2O(固) = H_2O(液) - 6.01\,\mathrm{kJ} \tag{8}$$

　(4)式や(6)〜(8)式のように，熱化学方程式では，物質の化学式にその物質の状態を付記する。しかし，25℃，$1.01\times10^5\,\mathrm{Pa}(=1\,\mathrm{atm})$ でそ

---

*1) aq はラテン語の aqua（水）の略で，多量の水を意味する。したがって，NaOHaq は，水酸化ナトリウムのうすい水溶液を示す。

の状態がはっきりしている場合には省略してもよい。

問 2. 5.00 g の炭素を完全燃焼させて二酸化炭素にしたとき，164 kJ の熱量を発生した。この反応の熱化学方程式を書け。

C ヘスの法則

水素 H_2 1 mol と酸素 O_2 $\frac{1}{2}$ mol が化合し，気体の水 H_2O（気）1 mol を生成するのに，次の〔Ⅰ〕および〔Ⅱ〕の２つの経路がある（図 3-2）。

〔Ⅰ〕 $\begin{cases} H_2 + \frac{1}{2} O_2 = H_2O（液）+ 286 \text{ kJ} & (9) \\ H_2O（液）= H_2O（気）- 44 \text{ kJ} & (7) \end{cases}$

〔Ⅱ〕 $\quad H_2 + \frac{1}{2} O_2 = H_2O（気）+ 242 \text{ kJ}$ (10)

〔Ⅰ〕の経路を通る場合は，(9)式と(7)式を辺々加えると 242 kJ になり，〔Ⅱ〕の経路を通る場合の反応熱に等しくなる。このように，

<u>「物質が変化する際の反応熱の総和は，変化する前と変化した後の物質の状態だけで決まり，変化の経路や方法には関係しない。」</u>

ということができる。これは，ヘス[*1)]がいろいろな反応について実験的に見いだしたもので(1840 年)，**ヘスの法則**または**総熱量保存の法則**とよばれる。ヘスの法則が成り立つのは，一定量の物質はそれぞれの状態によって定まった固有の量のエネルギーをもっているからである。

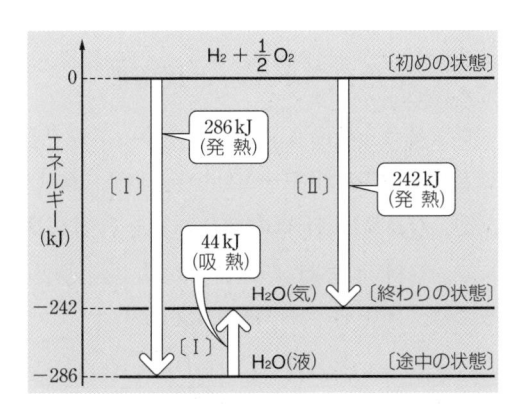

図 3-2 ヘスの法則と物質のもつエネルギー

単体に含まれるエネルギーの量を基準(0)にとってかいてある。

---

*1) ヘス(1802〜1850)はスイスの化学者。ロシアに住んだ。

熱化学方程式の中のそれぞれの化学式は，その物質に含まれるエネルギーの量をも表している。たとえば，(9)式と(7)式を辺々加えると(10)式になるのは，このためである。このように熱化学方程式は，代数式と同じように取り扱うことができる。このことを利用して，実験によって直接求めることが困難な反応熱を計算で求めることができる。

問3. p.85の(9)式より，液体の水を分解して水素と酸素とにするときの熱化学方程式を書け。

例題2. メタン，黒鉛，水素の燃焼の熱化学方程式①〜③を用いて，メタンの生成熱を求めよ。

$$CH_4(気) + 2O_2(気) = CO_2(気) + 2H_2O(液) + 891\,kJ \quad ①$$
$$C(黒鉛) + O_2(気) = CO_2(気) + 394\,kJ \quad ②$$
$$H_2(気) + \frac{1}{2}O_2(気) = H_2O(液) + 286\,kJ \quad ③$$

解 ②式+2×③式−①式を求めると，次のようになる。
$$-CH_4(気) + C(黒鉛) + 2H_2(気) = 75\,kJ$$
左辺の$-CH_4$(気)を，符号を変えて右辺に移項すると
$$C(黒鉛) + 2H_2(気) = CH_4(気) + 75\,kJ$$

答　75 kJ/mol

練習2. 次の熱化学方程式を使って，一酸化炭素の生成熱を求めよ。
$$C(黒鉛) + O_2(気) = CO_2(気) + 394\,kJ$$
$$CO(気) + \frac{1}{2}O_2(気) = CO_2(気) + 283\,kJ$$

D 結合エネルギーと反応熱

共有結合を切断して原子にするのに要するエネルギー[*1)]を，その共有結合の**結合エネルギー**といい，ふつう1 mol あたりの熱量で示される(表3-1)。たとえば，H-Hの結合エネルギーは，次の熱化学方程式で表される。

$$H-H = H + H - 436\,kJ \tag{11}$$

または， $H + H = H-H + 436\,kJ$ 　　　　　　　　　(11′)

[*1)] 2個の原子が共有結合をつくるとき放出するエネルギーといってもよい。

表 3-1 結合エネルギー(kJ/mol)

結 合	結合エネルギー	結 合	結合エネルギー	結 合	結合エネルギー
H-H	436	H-F	563	Cl-Cl	243
H-C	413	H-Cl	432	Br-Br	193
H-N	391	H-Br	366	C-O	352
H-O	463	F-F	153	C-C	348

　同じように，Cl-Cl および H-Cl の結合エネルギーを熱化学方程式で表すと，次のようになる。

$$Cl-Cl = Cl + Cl - 243 kJ \tag{12}$$

$$H-Cl = H + Cl - 432 kJ \tag{13}$$

(11)式＋(12)式－2×(13)式を求めると，(14)式が得られる。

$$H-H + Cl-Cl = 2H-Cl + 185 kJ \tag{14}$$

　すなわち，反応熱は生成物の中の結合エネルギーの和($2 \times 432 kJ$)と，反応物の中の結合エネルギーの和($436 kJ + 243 kJ = 679 kJ$)との差になる(図 3-3)。

問 4. 表 3-1 を用いて，フッ化水素 HF(気)の生成熱を求めよ。

図 3-3 結合エネルギーと反応熱

図では，単体に含まれるエネルギーの量を基準(0)にとってかいてある。
上向きの矢印は吸熱，下向きの矢印は発熱を示す。

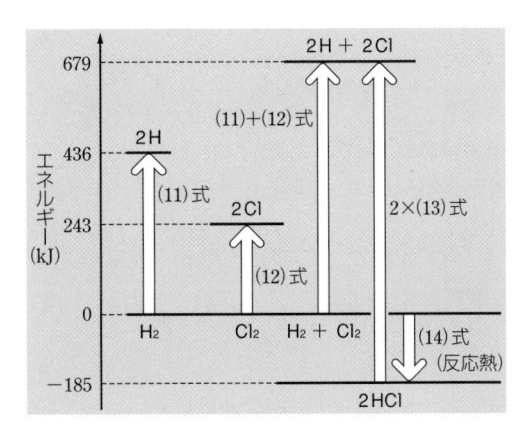

◤ I 章のまとめ ◢

1 化学反応式
化学反応式には，反応物・生成物の化学式，それらの化学式で表される粒子の数の関係，物質量の関係，質量の関係，(気体の場合は)体積の関係などが示されている。

2 反応熱
① 化学反応に伴い，出入りする熱量。
② 反応熱は，反応物と生成物の状態で決まり，反応経路や方法に関係しない(**ヘスの法則**)。
③ 燃焼熱・中和熱・生成熱などの反応熱や，溶解熱・蒸発熱・融解熱などの状態の変化に伴う熱の出入りは，**熱化学方程式**で表される。
④ 反応熱＝(反応物に含まれるエネルギーの和)－(生成物に含まれるエネルギーの和)
　　　　＝(生成物の生成熱の和)－(反応物の生成熱の和)
　　　　＝(生成物の結合エネルギーの和)－(反応物の結合エネルギーの和)　(反応物・生成物が気体の場合)

◤ I 章の問題 ◢

1. 次の各反応式において，それぞれの係数を求め，正しい反応式にせよ。
    (1) $x\text{Al}_2\text{O}_3 + y\text{H}_2\text{SO}_4 \longrightarrow z\text{Al}_2(\text{SO}_4)_3 + u\text{H}_2\text{O}$
    (2) $\text{Al}_2\text{O}_3 + x\text{OH}^- + y\text{H}_2\text{O} \longrightarrow z[\text{Al}(\text{OH})_4]^-$
    (3) $x\text{Cu} + y\text{HNO}_3 \longrightarrow z\text{Cu}(\text{NO}_3)_2 + u\text{NO} + v\text{H}_2\text{O}$

2. H_2O(気)およびCO_2(気)の生成熱を，それぞれ 242 kJ/mol および 394 kJ/mol とし，次の熱化学方程式を用いてアセチレン C_2H_2(気)の生成熱を求めよ。
    $$2\text{C}_2\text{H}_2(\text{気}) + 5\text{O}_2 = 4\text{CO}_2(\text{気}) + 2\text{H}_2\text{O}(\text{気}) + 2513\text{kJ}$$

3. 表3-1のデータと次の熱化学方程式を用いて，N≡N の結合エネルギーを計算せよ。
    $$\text{N}_2 + 3\text{H}_2 = 2\text{NH}_3(\text{気}) + 92\text{kJ}$$

第 II 章
反応の速さと化学平衡

化学反応には，ほとんど瞬間的に起こる速い反応から，長年月の間にやっと変化が認められる遅い反応まで，いろいろある。遅い反応でも，条件を変えると速く進む場合がある。また，生成物がある程度までできると，そこでみかけ上反応が止まってしまう場合も多い。この章では，化学反応の進み方についても学ぶ。

アンモニア製造工場の外観

1 化学反応の速さ

A 速い反応と遅い反応

水溶液中の銀イオン Ag^+ と塩化物イオン Cl^- との反応((15)式)や，酸と塩基の中和反応(→ p.111，(16)式)などは，きわめて速く進む反応で，ほとんど瞬間的に反応は完了してしまう。

$$Ag^+ + Cl^- \longrightarrow AgCl\downarrow ^{*1)} \qquad (15)$$

$$H^+ + OH^- \longrightarrow H_2O \qquad (16)$$

一方，銅板でふいた屋根が次第に緑青(ろくしょう)とよばれる青緑色のさび[*2)]でおおわれたり，鉄がさび[*3)]ていく反応は，長い時間かかって徐々に進んでいく遅い反応である。また，これらの反応の中間の速さで進む反応も，いろいろ知られている。

---

*1) 沈殿の生成を示すのに，記号↓を使うことがある。
*2) $CuCO_3 \cdot Cu(OH)_2$，$CuSO_4 \cdot 3Cu(OH)_2$ などの組成をもった銅の化合物とされている。
*3) 鉄のさびは，$Fe_2O_3 \cdot H_2O$，Fe_3O_4 などの組成をもった鉄の化合物とされている。

B 反応の速さの表し方

化学反応の速さは,単位時間に減少する反応物の量,または単位時間に生成する生成物の量ではかることができる。反応物や生成物が一定体積の中に含まれる場合は,物質量の代わりにモル濃度の時間的変化を使って,反応の速さを表すことができる。

たとえば,密閉容器の中に水素 H_2 1 mol とヨウ素 I_2 1 mol とを入れて 327℃に保つと,次の式で示される反応が起こって,ヨウ化水素 HI ができてくる。

$$H_2 + I_2 \longrightarrow 2HI \tag{17}$$

この反応で,時間とともに減少していく H_2 または I_2 の物質量のようすを,図 3-4 の曲線(a)で示した。すなわち,時間 $t_2 - t_1 = \Delta t$ の間に減少する H_2 または I_2 の物質量は $n_1 - n_2 = \Delta n$〔mol〕であるから,Δt の間の平均の反応の速さ v は次の式で表される。

$$v = \frac{反応物の減少量}{反応時間} = \frac{\Delta n}{\Delta t} \tag{18}$$

また,生成する HI の物質量(同図曲線(b))に注目すれば,反応の速さ v' は次の式で表される。

$$v' = \frac{生成物の増加量}{反応時間} = \frac{\Delta n'}{\Delta t}$$

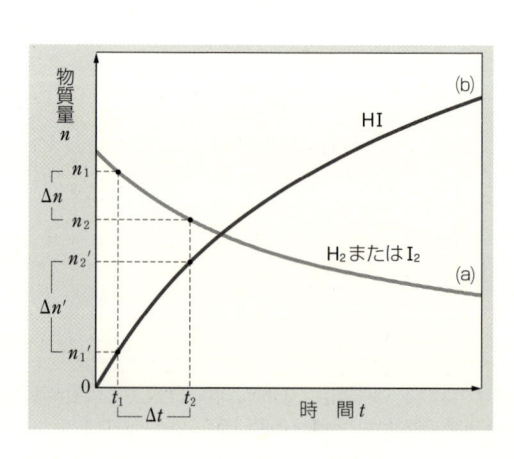

図 3-4 $H_2 + I_2 \longrightarrow 2HI$ の反応の速さ

(17)式を見ればわかるように,Δn と $\Delta n'$ との間には,次の関係がある。

$$2\Delta n = \Delta n'$$

したがって,$2v = v'$ となる。すなわち,同じ一つの反応でも,反応の速さは,物質(反応物・生成物)によって違う。

2 | 化学反応の速さを変える条件

A | 反応物の濃度と反応の速さ

一般に化学反応の速さは，反応物の濃度が大きいほど大きい。たとえば，密閉容器の中でヨウ化水素 HI を熱すると，(17)式の反応とは逆に，HI が分解して H_2 と I_2 になるが((19)式)，この反応の速さ v は，HI の濃度 [HI] の2乗に比例するので，これを(20)式のように表すことができる[*1)]。

$$2HI \longrightarrow H_2 + I_2 \tag{19}$$

$$v = k[HI]^2 \quad (k \text{ は比例定数}) \tag{20}$$

比例定数 k は，この反応の**速度定数**とよばれる。速度定数は，反応物の濃度に無関係であるが，反応の種類によって違い，また，同じ反応でも温度が高くなったり，触媒(→ p.92)があると大きくなる。

> 容器の中に白金線が存在するときは，(19)式の反応の速さは [HI] に比例し，次の式で表される。
>
> $$v = k[HI] \tag{21}$$
>
> このように，反応速度の式と反応式の中の係数とは，無関係である。

B | 温度と反応の速さ

化学反応の速さは，温度が高くなるほど一般に大きくなる。温度を 10℃ 上げるごとに，速さがだいたい 2～3 倍になるような化学反応が多い。

一般に化学反応が起こるには，じゅうぶん大きなエネルギーをもった反応物の粒子どうしが衝突する必要があると考えられている。温度が高くなると，このような粒子の割合が急に増加するので(次ページ図 3-5)，反応の速さが大きくなる。

[*1)] 一つの反応では，反応物の濃度は時間とともに減少するので(→ p.90)，生成物ができる反応の速さは，時間とともに遅くなる(→ p.94)。

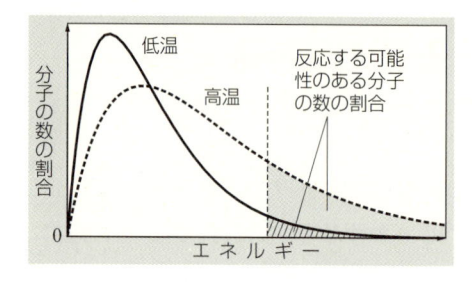

グラフで斜線や灰色の部分は，(19)式の反応を起こすことができる分子の数の割合を示す。たとえば，1Lの容器にHI 0.01 molを入れて加熱したときの反応の速さは，356℃では283℃のときの約85倍である。

図3-5 反応することができる分子の数と，温度との関係

問5. 化学反応の速さは，温度が10℃上がるごとに約2倍になるとすると，温度が50℃上がると初めの速さの約何倍になるか。

C 触媒

過酸化水素 H_2O_2 のうすい水溶液は，室温に放置しただけではほとんど変化がみられないが，二酸化マンガン（酸化マンガン(Ⅳ)）MnO_2 を加えると，温度を上げなくてもはげしく分解して酸素を発生する。

$$2H_2O_2 \longrightarrow 2H_2O + O_2 \uparrow \text{*1)} \tag{22}$$

また，ヨウ化水素の熱分解反応の場合は，白金を入れると，その分解の速さは大きくなる。二酸化マンガンや白金は，反応の前後において変化していないが，少量で化学反応の速さにいちじるしい影響をおよぼす。このような物質を**触媒**という。

D 活性化エネルギー

化学反応が起こる場合，大きなエネルギーをもった反応物の粒子どうしが衝突して（→p.91），**活性化状態**とよばれるエネルギーの高い状態ができ，これからエネルギーが放出されて生成物になる。活性化状態と反応物のエネルギーとの差を，**活性化エネルギー**という（図3-6）。

活性化状態は，反応物や生成物のどちらよりもエネルギーの高い状態

---

*1) 気体の発生を示すのに，記号↑を使うことがある。

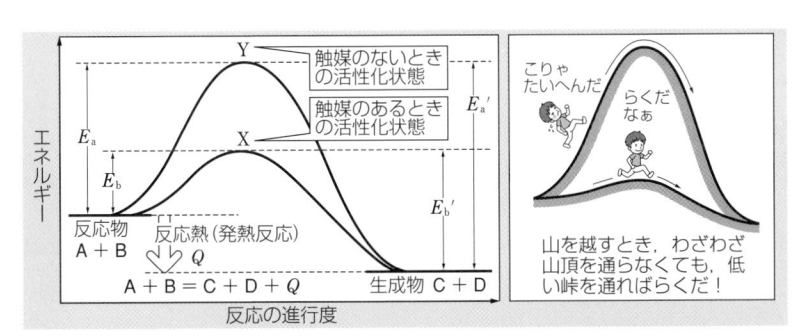

触媒のないときは，反応物 A + B が活性化エネルギー E_a を得て活性化状態 Y になり，エネルギー E_a' を放出して生成物 C + D になる。逆反応 C + D ⟶ A + B では，E_a' が活性化エネルギーになり，同じ活性化状態 Y を通る。触媒のあるときは，活性化エネルギー E_b または E_b' をもった別の活性化状態 X を通って反応が進む。反応熱 Q は，$Q = E_a' - E_a = E_b' - E_b$ で，触媒のあるなしには無関係である。

図 3-6　活性化エネルギーと触媒

で，反応物は活性化エネルギーの山を越えなければ，生成物にならない。

活性化エネルギーの小さい反応は，活性化エネルギーの大きな反応より，反応の速さが大きい。

表 3-2　活性化エネルギー(kJ)と触媒

反応	活性化エネルギー	触媒のあるときの活性化エネルギー	
2HI ⟶ $H_2 + I_2$	174	白金	49
$N_2 + 3H_2$ ⟶ $2NH_3$	234	鉄	96
$2SO_2 + O_2$ ⟶ $2SO_3$	251	五酸化二バナジウム	63

触媒のない場合の反応では，反応物だけから活性化状態ができて反応が進むが，触媒のある場合は，触媒と反応物とから，触媒のない場合とは違った活性化状態ができて反応が進む(図 3-6)。そして，この場合の活性化エネルギーは，触媒のない場合の活性化エネルギーより小さいので(表 3-2)，触媒のない場合より反応は速く進む。

問 6. 一般式 A + B ⟶ C + D で表される化学反応の活性化エネルギーを E_a，反応熱を Q とするとき，C + D ⟶ A + B の反応について，
(1) 活性化エネルギーを表す式を書け。
(2) 反応熱はいくらになるか。

3 | 可逆反応と化学平衡

A | 可逆反応

　水素とヨウ素の混合物を加熱すると,ヨウ化水素が生成してくるが(p.90(17)式),逆に,ヨウ化水素を加熱すると,分解して水素とヨウ素が生成してくる(p.91(19)式)。このように,化学反応式の左辺から右辺への反応も,右辺から左辺への反応も起こりうるとき,このような反応を**可逆反応**といい,記号 $\rightleftarrows$ [*1)] を使って次のように書き表す。

$$H_2 + I_2 \rightleftarrows 2HI \tag{23}$$

B | 化学平衡

　密閉した容器の中に水素とヨウ素を入れて加熱したとき,反応物である H_2 と I_2,および生成物である HI の濃度は,図3-4(p.90)に示したように,時間とともに変化していく。H_2 と I_2 とが化合していく速さ((23)式の→向きの反応の速さ)は,最初が最も大きいが,時間とともに H_2 と I_2 の濃度が小さくなるので,図3-7の曲線(a)のように減少していく。

　一方,最初は HI が存在しないので,ヨウ化水素が分解していく速さ((23)式の←向きの反応の速さ)は0であるが,時間がたつにつれて HI の濃度が増えてくるので,同図の曲線(b)のように次第に大きくなる。そして,時間 t_e になると,ヨウ化水素が生成する速さと,ヨウ化水素が分解する速さとが等しくなり,見かけ上反応が止まってしまうような状態になる。このような状態を,**化学平衡の状態**または単に**平衡状態**という。

　水素とヨウ素とからヨウ化水素ができてくる反応において,平衡状態になったときの水素,ヨウ素,ヨウ化水素のモル濃度(mol/L)を,それ

[*1)] 記号 $\rightleftarrows$ は,Bで述べる化学平衡の状態を示すときにも使う。左辺から右辺への変化 → を正反応,右辺から左辺への変化 ← を逆反応という。

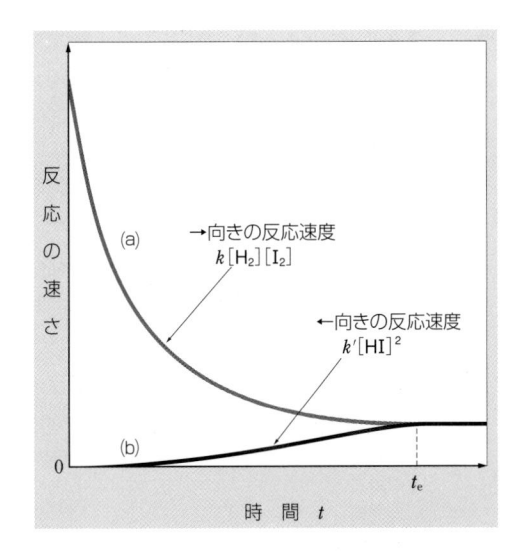

密閉容器の中に H_2 1mol と I_2 1mol とを入れて 327℃ に保ったとき(図3-4参照)，→向きの反応の速さ(a)と←向きの反応の速さ(b)が時間とともに変化するようすを示した。t_e は平衡状態に達した時間である。

図 3-7 $H_2 + I_2 \rightleftarrows 2HI$ の平衡状態

(a) →向きの反応速度 $k[H_2][I_2]$

(b) ←向きの反応速度 $k'[HI]^2$

縦軸：反応の速さ　横軸：時間 t

それぞれ $[H_2]$，$[I_2]$，$[HI]$ で表すと，これらの濃度の間には次の関係が成り立つ。

$$\frac{[HI]^2}{[H_2][I_2]} = K \quad (K は温度によって定まる定数) \tag{24}$$

この K は，(23)式の化学平衡の**平衡定数**[*1)]とよばれ，平衡状態にある各成分の濃度が変わっても，温度が変わらなければ，一定に保たれる。

次ページの表 3-3 に，反応物の濃度をいろいろに変えて，(23)式の反応を行わせたときの実験の一例を示した。反応をどちら向きに行わせても，平衡定数 K の値はよく一致していることがわかる。

[*1)] 一般に，ある反応が化学平衡の状態にあるとき，$aA + bB + \cdots \rightleftarrows xX + yY + \cdots$ (a, b, $\cdots$, x, y, $\cdots$ は，それぞれの化学式 A，B，$\cdots$，X，Y，$\cdots$ の係数とする)の平衡定数 K は，

$$K = \frac{[X]^x[Y]^y\cdots}{[A]^a[B]^b\cdots} \quad で表される。$$

この関係を，質量作用の法則または化学平衡の法則という。

表3-3　$H_2 + I_2 \rightleftharpoons 2HI$ の平衡状態(425℃)

	最初の濃度 (mol/L)	平衡状態の濃度 (mol/L)	平衡定数 $K = \dfrac{[HI]^2}{[H_2][I_2]}$
H_2	5.335×10^{-3}	0.9155×10^{-3}	
I_2	5.985×10^{-3}	1.565×10^{-3}	54.48
HI	0	8.835×10^{-3}	
H_2	11.35×10^{-3}	3.560×10^{-3}	
I_2	9.044×10^{-3}	1.250×10^{-3}	54.62
HI	0	15.59×10^{-3}	
H_2	0	0.6840×10^{-3}	
I_2	0	0.6840×10^{-3}	54.42
HI	6.414×10^{-3}	5.046×10^{-3}	
H_2	0	0.9910×10^{-3}	
I_2	0	0.9910×10^{-3}	54.41
HI	9.292×10^{-3}	7.310×10^{-3}	

問7. 窒素と水素の混合物からアンモニアが生成する反応について，
$$N_2(気) + 3H_2(気) \rightleftharpoons 2NH_3(気)$$
(1) 減少した H_2 の物質量は，同時に減少した N_2 の物質量の何倍か。
(2) 生成した NH_3 の物質量は，同時に減少した N_2 の物質量の何倍か。
(3) この化学平衡の平衡定数を表す式を書け。

C 電離平衡

化学平衡の状態は，気体の場合だけでなく，溶液中の反応においてもみられる。たとえば，アンモニアを水に溶かすと，アンモニアの一部は水と次のように反応して，アンモニウムイオン NH_4^+ (→ p.26)と水酸化物イオン OH^- を生じ，平衡状態になる。

$$NH_3 + H_2O \rightleftharpoons NH_4^+ + OH^- \tag{25}$$

このように，電解質分子の一部が電離して，生じたイオンと平衡状態になることを，とくに**電離平衡**という。

4 | 平衡状態の変化

A | 平衡移動の原理

平衡状態のときの条件(濃度・温度・圧力など)に変化を与えると，正反応または逆反応がいくらか起こって，初めと違った新しい平衡状態になる。この現象を**平衡の移動**という。条件の変化と平衡移動の方向について，ルシャトリエ(フランス，1850～1936)は

「一般に，平衡が成立しているときの条件を変えると，その影響を打ち消す方向に平衡が移動する。」

という**平衡移動の原理**を発表した(1884年)。

B | 濃度の変化と平衡の移動

窒素と水素とからアンモニアが生成するときの平衡状態は，(26)式で表される。

$$N_2 + 3H_2 \rightleftarrows 2NH_3 \tag{26}$$

一定体積の容器中で平衡状態にあるこの気体混合物に，左辺の物質である N_2 を加えると，N_2 の濃度の増加を打ち消すように，左辺から右辺にいくらか反応が起こって，新しい平衡状態になる。また，右辺の物質である NH_3 の一部を除くと，NH_3 の濃度の減少を打ち消すように，左辺から右辺にいくらか反応が起こって，新しい平衡状態になる[*1]。一般に，可逆反応が平衡状態に達しているときに，その中の1つの物質の濃度を増加させると，その物質の濃度が減少する方向に平衡が移動する。また逆に，1つの物質の濃度を減少させると，その物質の濃度が増加する方向に平衡が移動する。

---

*1) このような平衡の移動は，(26)式の平衡定数 $K=\dfrac{[NH_3]^2}{[N_2][H_2]^3}$ からも説明できる。たとえば，$[N_2]$ を大きくすると，K を一定に保つためには $[NH_3]$ が大きくなり $[H_2]$ が小さくならなければならない。すなわち，K が一定の値になるまで，(26)式の平衡が→方向に移動する。

問8. 次の平衡で，(　)内の条件では平衡はどちらに移動するか。
(1) H_2(気) + I_2(気) ⇌ $2HI$(気)　(気体のヨウ素を加える)
(2) $2CO + O_2$ ⇌ $2CO_2$　　　　　(二酸化炭素を除く)

C 温度の変化と平衡の移動

(26)式の熱化学方程式は，次のように表される。

$$N_2 + 3H_2 = 2NH_3 + 91.9 kJ \qquad (27)$$

　一定圧力の下で平衡状態にある窒素・水素およびアンモニアの混合物を冷却すると，この冷却の影響を打ち消すような方向に平衡が移動する[*1]。すなわち，新たにいくらかアンモニアが生成して(発熱反応)，新しい平衡状態になる(図3-8)。

　一般に，ある反応が化学平衡の状態にあるとき，これを冷却すると，発熱反応の方向に平衡が移動し，加熱すると，吸熱反応の方向に平衡が移動する。

D 圧力の変化と平衡の移動

　窒素と水素を1：3の物質量の比で混合した気体を400℃に加熱して反応させ，平衡状態のときのアンモニアの生成率をしらべると，圧力が

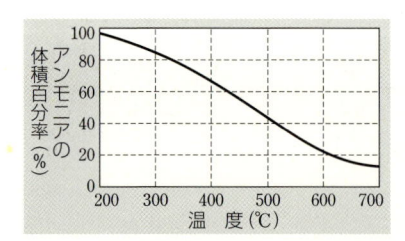

図3-8 平衡状態におけるNH_3の体積百分率(600atm)

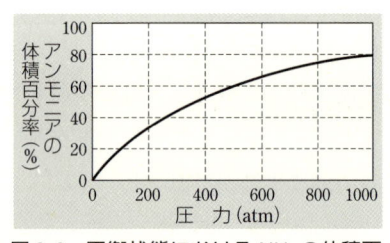

図3-9 平衡状態におけるNH_3の体積百分率(400℃)

[*1] (27)式のような発熱反応の平衡定数 K は，低温ほど大きくなるからである。

高いときほど，混合物中のアンモニアの体積百分率が高くなっている(図3-9)。これは(26)式の平衡が，圧力を高くすると右辺に移動することを示している。すなわち，温度を一定に保ったまま，この平衡混合物を圧縮して，体積を$\frac{1}{2}$にした場合，中に含まれている気体分子の総数が変化しなければ，すなわち平衡がどちらへも移動しなければ，全体の圧力は2倍になるはずである(ボイルの法則)。しかし体積を$\frac{1}{2}$にした影響，すなわち圧力を大きくした影響を打ち消すためには，気体分子の総数が少なくなる方向に平衡が移動すればよい。すなわち，(26)式の平衡は右辺に移動する。

一般に，化学平衡の状態にある気体混合物の圧力を高くすると，気体分子の数が少なくなるような方向に平衡が移動し，圧力を低くすると，気体分子の数が多くなるような方向に平衡が移動する(図3-10)。また，化学反応式の左辺と右辺で，気体分子の数に変化がないような化学平衡(たとえば，p.94の(23)式)は，圧力の影響を受けない。

問9. 次の熱化学方程式で表される反応が平衡状態になっているとき，温度を上げても圧力を増しても，平衡が右辺に移動するものはどれか。
(ア) $2CO = 2C(固) + O_2 - 221 kJ$ (イ) $H_2 + I_2 = 2HI - 53 kJ$
(ウ) $H_2 + Cl_2 = 2HCl + 185 kJ$ (エ) $N_2 + O_2 = 2NO - 181 kJ$

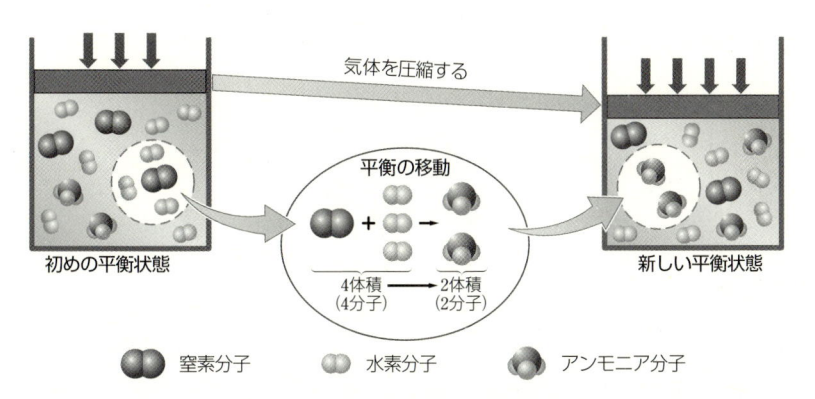

$N_2 + 3H_2 \rightleftarrows 2NH_3$ のように，左辺の気体の各係数の和が右辺の気体の各係数の和より多い場合は，気体を圧縮すると，気体分子の総数がいくらか減少して，圧力の増加の影響を打ち消す。すなわち，左辺から右辺の方向に平衡が移動する。

図3-10 化学平衡における圧力の影響

E　アンモニアの工業的合成法

　条件の変化と平衡移動の方向との関係を考えると,窒素と水素からアンモニアを合成するとき,平衡状態のときのアンモニアの生成量は,圧力が高いときほど,また温度が低いときほど多いことがわかる。さらに,平衡状態の混合物からアンモニアだけを取り除くと,新たに窒素と水素が反応してアンモニアを生じ,新しい平衡状態になる。

　あまり圧力を高くすると,高圧に耐える設備をつくるのに費用がかかり,また,あまり温度を低くすると,反応が遅くなって,平衡状態になるまでに時間がかかる。現在では,400～500℃,200～1000 atm の条件の下で,四酸化三鉄 Fe_3O_4 を主成分とする触媒を使ってアンモニアを合成している[*1]（図 3-11）。

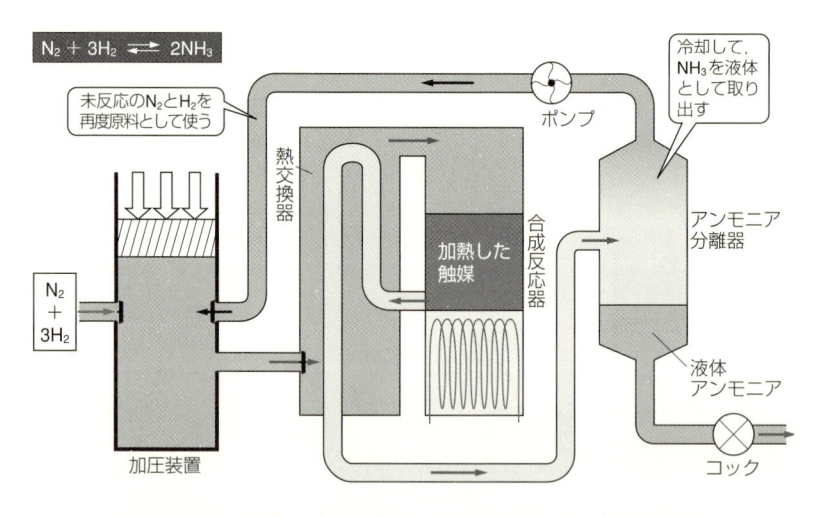

加熱した触媒の中を通して反応の速さを大きくする。高圧のため,平衡は気体分子の総数が減少する方向,すなわち NH_3 生成の方向（右方向）に移動する。

図 3-11　アンモニアの工業的合成法の概念図

[*1] Fe_3O_4 が H_2 によって還元（→ p.123）されて鉄 Fe を生じ,この Fe が,触媒のはたらきをする。この方法は,ドイツのハーバーとボッシュが完成したので（1913年）,ハーバー・ボッシュ法といわれる。

◤ Ⅱ章のまとめ ◢

1 化学反応の速さ
① 単位時間に変化する物質の濃度または物質量で表す。
② 反応物の濃度を大きくしたり温度を高くすると，反応速度は大きくなる。
③ 触媒を加えると，活性化エネルギーの低い経路を通って反応が進むので，反応速度は大きくなる（反応熱は，触媒を加えても変化しない）。

2 化学平衡
① 可逆反応において，正反応の速度と逆反応の速度が等しくなり，見かけ上反応が止まった状態。
② $aA + bB \rightleftarrows cC + dD$ の化学平衡では，$\dfrac{[C]^c[D]^d}{[A]^a[B]^b} = K$（平衡定数）の関係が成立する。$K$ は，濃度 [A], [B], [C], [D] に無関係に，各温度において一定の値をとる。

3 平衡の移動
平衡状態のときの条件に変化を与えると，その影響を打ち消す方向に平衡が移動する。
① 加熱すると吸熱の方向へ，冷却すると発熱の方向へ。
② 反応物または生成物の1つを追加すると，その物質が減少する方向へ。除去すると，その物質を補う方向へ。
③ 圧力を加えると，気体の物質量の総和が減少する方向へ。減圧にすると，物質量が増加する方向へ。

◤ Ⅱ章の問題 ◢

1. 窒素と水素からアンモニアを生成する反応の速さに影響を与える条件として，全圧・温度・触媒などの影響について述べよ。

2. 次の化学平衡の状態にある気体混合物について，全圧とCの体積百分率との関係が右図に示されている。
   $aA + bB \rightleftarrows cC$
   (1) 右向きの反応は発熱反応か，吸熱反応か。
   (2) 次の関係のうち，正しいものはどれか。
      (ア) $a+b=c$　　(イ) $a+b>c$
      (ウ) $a+b<c$

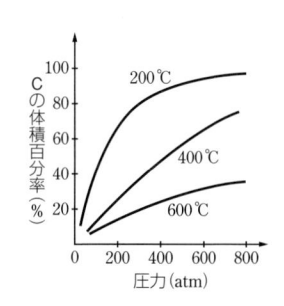

第III章
酸と塩基の反応

酸と塩基は，中和して塩を生成する。この章では，酸・塩基とは何か，酸性・塩基性とは何か，について学び，水溶液の酸性・塩基性の強弱の原因や，その表し方，中和反応が行われるときの酸と塩基の量的な関係などについて学んでいく。また，塩の水溶液が酸性または塩基性を示す原因についても考えていく。

アレーニウス

1 | 酸と塩基

A | 酸

塩化水素 HCl を水に溶かすと，HCl 分子が電離して，水素イオン H^+ と塩化物イオン Cl^- になる[*1)]。

$$HCl \longrightarrow H^+ + Cl^- \tag{28}$$

硫酸 H_2SO_4 や酢酸 CH_3COOH も同じように，水の中では電離して水素イオンと，それぞれの酸の陰イオンを生じる。

$$\begin{cases} H_2SO_4 \longrightarrow H^+ + \underset{\text{硫酸水素イオン}}{HSO_4^-} \tag{29} \\ HSO_4^- \rightleftarrows H^+ + \underset{\text{硫酸イオン}}{SO_4^{2-}} \tag{30} \end{cases}$$

$$\underset{\text{酢酸}}{CH_3COOH} \rightleftarrows H^+ + \underset{\text{酢酸イオン}}{CH_3COO^-} \tag{31}$$

[*1)] 水溶液中では，H^+ はオキソニウムイオン H_3O^+ として存在している（→ p.63）。(29)〜(31)式中の H^+ も，同じように水溶液中では H_3O^+ として存在している。水溶液中のオキソニウムイオン H_3O^+ は，これらの式のように簡単に水素イオン H^+ で表されることが多い。

塩化水素の水溶液(塩酸→ p.176)や硫酸・酢酸などのような酸とよばれる物質の水溶液は，すっぱい味をもち，青色リトマス紙を赤くする。このような性質を**酸性**という。酸性は，酸の水溶液中に共通して存在する**水素イオン** H^+ (オキソニウムイオン H_3O^+ として存在する)の性質である。

すなわち，≪酸とは，水溶液中で電離して水素イオン H^+ を生じるような水素の化合物である≫と定義することができる[*1]。

B 塩基

水酸化ナトリウム NaOH の水溶液や水酸化カルシウム $Ca(OH)_2$ の水溶液は，赤色リトマス紙を青くしたり，酸の水溶液の酸性を中和して塩を生成する。このような性質を**アルカリ性**または**塩基性**という。アルカリ性は，これらの水溶液中に共通して存在する水酸化物イオン OH^- の性質である。NaOH，$Ca(OH)_2$ などのように，OH^- を含む化合物を**塩基**といい[*1]，水に溶ける塩基を，とくに**アルカリ**とよぶ場合がある。

> 塩基は OH^- を含むイオン結合の物質である(→ p.21)。一方，酸は分子からなる物質で，水に溶かすと電離してイオンを生じる。これが両者のいちじるしく異なる点である。

アンモニア NH_3 は OH^- を含んでいないのに，水溶液がアルカリ性を示すのは，アンモニアの一部が水と反応して OH^- を生じて電離平衡(→ p.96)の状態になるからである。

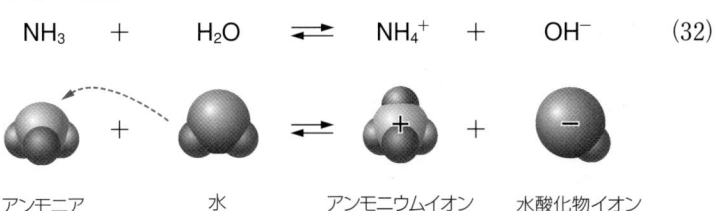

$$NH_3 + H_2O \rightleftarrows NH_4^+ + OH^- \quad (32)$$

アンモニア ＋ 水 ⇌ アンモニウムイオン ＋ 水酸化物イオン

[*1] 水溶液中で電離して水素イオンを生じる物質が酸であり，水酸化物イオンを生じる物質が塩基であるという考えを初めて提唱したのは，アレーニウス(スウェーデン，1859〜1927)であった。

C　酸・塩基と水素イオンの授受

塩化水素とアンモニアが空気中で出会うと，ただちに塩化アンモニウム NH_4Cl の微細な結晶からなる白煙を生じる(図 3-12)。

$$HCl + NH_3 \longrightarrow NH_4Cl \tag{33}$$

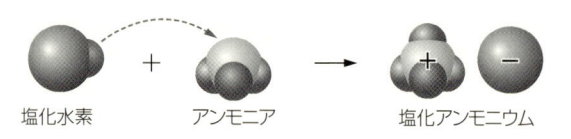

すなわち，この反応では酸である HCl 分子が水素イオン H^+ を NH_3 分子に与え，塩基である NH_3 分子が HCl 分子から水素イオン H^+ を受け取っている。したがって，≪水素イオン H^+ を他に与える物質が酸であり，水素イオンを受け取る物質が塩基である[*1]≫ということができる。

この定義によれば，アンモニア NH_3 は，p.103 のように水溶液について考えなくても，塩基であることが理解できる。

また，(31)式の左右両辺に H_2O を加えて(31′)式にすれば，

$$CH_3COOH + H_2O \rightleftarrows H_3O^+ + CH_3COO^- \tag{31′}$$

CH_3COOH は H_2O に H^+ を与えているので酸であり，H_2O は H^+ を受け取っているので塩基であるということができる。

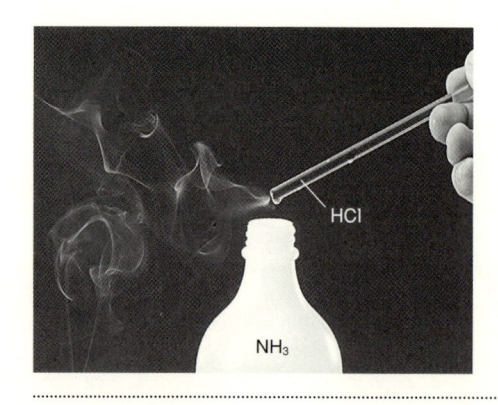

図 3-12　$HCl + NH_3 \longrightarrow NH_4Cl$ の反応
ガラス棒につけた濃塩酸から出てきた HCl と，濃アンモニア水から出てきた NH_3 が空気中で出会うと，NH_4Cl の白煙を生じる。

[*1] このように，酸・塩基を水素イオンの授受という広い視点から定義したのは，ブレンステッド(デンマーク，1879～1947)とローリー(イギリス，1874～1936)であった。

水酸化鉄(Ⅲ) $Fe(OH)_3$ や水酸化銅(Ⅱ) $Cu(OH)_2$ などは，水に溶けないが，酸の水溶液中では H^+ を受け取って塩と水を生成するので，塩基である。

$$Fe(OH)_3 + 3HCl \longrightarrow FeCl_3 + 3H_2O \tag{34}$$

または $Fe(OH)_3 + 3H^+ \longrightarrow Fe^{3+} + 3H_2O \tag{34'}$

$$Cu(OH)_2 + H_2SO_4 \longrightarrow CuSO_4 + 2H_2O \tag{35}$$

または $Cu(OH)_2 + 2H^+ \longrightarrow Cu^{2+} + 2H_2O \tag{35'}$

問10. (32)式の反応が左辺から右辺に進むとき，または右辺から左辺に進むとき，酸および塩基としてはたらく物質を，水素イオンの授受によってそれぞれ示せ。

D │ 酸性酸化物と塩基性酸化物

二酸化硫黄 SO_2 や二酸化炭素 CO_2 は，水にいくらか溶け，その一部は水と反応して H^+ を H_2O 分子に与えるので，酸であるといえる。

$$\begin{cases} SO_2 + 2H_2O \rightleftarrows \underset{\text{亜硫酸水素イオン}}{HSO_3^-} + H_3O^+ & (36) \\ HSO_3^- + H_2O \rightleftarrows \underset{\text{亜硫酸イオン}}{SO_3^{2-}} + H_3O^+ & (37) \end{cases}$$

$$CO_2 + 2H_2O \rightleftarrows \underset{\text{炭酸水素イオン}}{HCO_3^-} + H_3O^+ \tag{38}$$

SO_2 や CO_2 のように，酸のはたらきをする酸化物を，**酸性酸化物**という。非金属元素の酸化物には，酸性酸化物が多い。

問11. 五酸化二窒素 N_2O_5 および三酸化硫黄 SO_3 は酸性酸化物で，水と反応して，それぞれ硝酸および硫酸になる。これらの反応の化学反応式を書け。

酸化ナトリウム Na_2O，酸化カルシウム CaO などは，水と反応して水酸化ナトリウム，水酸化カルシウムなどの塩基を生じる。

$$Na_2O + H_2O \longrightarrow 2NaOH \tag{39}$$

$$CaO + H_2O \longrightarrow Ca(OH)_2 \tag{40}$$

また，これらの酸化物は酸の水溶液中では H^+ を受け取って，塩と水を生成する．

$$Na_2O + 2HCl \longrightarrow 2NaCl + H_2O \tag{41}$$

または $Na_2O + 2H^+ \longrightarrow 2Na^+ + H_2O \tag{41'}$

酸化鉄(Ⅲ) Fe_2O_3 や酸化銅(Ⅱ) CuO などは水に溶けないが，これらの酸化物も酸の水溶液中では H^+ を受け取る．

$$Fe_2O_3 + 6H^+ \longrightarrow 2Fe^{3+} + 3H_2O \tag{42}$$

$$CuO + 2H^+ \longrightarrow Cu^{2+} + H_2O \tag{43}$$

これらのように，H^+ を受け取って塩基のはたらきをする酸化物を，**塩基性酸化物**という．金属元素の酸化物には，塩基性酸化物が多い．

問12. (39)式の反応を水素イオンの授受で説明し，酸および塩基としてはたらく物質を，それぞれ示せ．

E 酸・塩基の価数

　酸1分子の中に含まれている水素原子の中で，H^+ になって他の物質に与えることができるHの数を，その酸の**価数**（かすう）という．また，塩基1分子（たとえば NH_3）または組成式に相当する粒子（たとえば $NaOH$）が受け取ることができる H^+ の数を，その塩基の**価数**という．たとえば，(29)式，(30)式に示されているように，硫酸 H_2SO_4 は二価の酸であり，(35')式に示されているように，水酸化銅(Ⅱ) $Cu(OH)_2$ は二価の塩基である．
　表3-4に，価数によって分類した酸・塩基の例を示した．

問13. 水酸化カルシウムと希塩酸との反応を化学反応式で書き，水酸化カルシウムの価数を説明せよ．

表 3-4　価数による酸・塩基の分類

酸 の 価 数	例
1（一価の酸）	HCl，HNO₃，CH₃COOH，C₆H₅OH（フェノール→ p.235）
2（二価の酸）	H₂SO₄，H₂S（硫化水素），H₂C₂O₄（シュウ酸→ p.222）
3（三価の酸）	H₃PO₄（リン酸）

塩 基 の 価 数	例
1（一価の塩基）	NH₃，NaOH，KOH
2（二価の塩基）	Mg(OH)₂，Ca(OH)₂，Ba(OH)₂，Cu(OH)₂，Fe(OH)₂
3（三価の塩基）	Fe(OH)₃

問 14. 一価の酸 1 mol は，H^+ 何 mol を他に与えることができるか。また，二価の塩基 1 mol は，H^+ 何 mol を受け取ることができるか。

F ｜ 電離度

　塩酸と酢酸は，ともに一価の酸であるが，同じモル濃度のこれらの酸の水溶液に亜鉛を加えると，塩酸のほうが酢酸水溶液よりはげしく水素を発生する。この反応は，次のイオン反応式で表されるが，反応物の1つである水素イオンの濃度は，塩酸のほうが大きいため，反応の速さは塩酸中のほうが大きい。

$$\text{Zn} + 2\text{H}^+ \longrightarrow \text{Zn}^{2+} + \text{H}_2 \uparrow \tag{44}$$

　酸や塩基のような電解質が，水に溶けて電離平衡（→ p.96）の状態になっているとき，溶けている電解質の全量に対して，電離している電解質の量の割合を，**電離度**という。電離度を表すのに記号 α が用いられる。

$$\text{電離度}^{*1)} \; \alpha = \frac{\text{電離している電解質の量}}{\text{溶けている電解質全体の量}}$$

　すなわち，同じモル濃度の酸の水溶液でも，塩酸のほうが酢酸よりも電離度が大きいため，水素イオンの濃度が大きい。25℃における塩酸と酢酸水溶液の同じ 0.10 mol/L 水溶液について，電離度とイオンの濃度との関係を示すと，次のようになる。

---

*1) 電離度をパーセントで表すこともある。たとえば，電離度 0.016 のことを電離度 1.6 ％ともいう。

塩酸	$\alpha=1$	HCl	$\rightleftarrows$	H$^+$	+	Cl$^-$	
	電離前	0.10		0		0	(mol/L)
	電離平衡	0		**0.10**		0.10	(mol/L)
酢酸水溶液	$\alpha=0.016$	CH$_3$COOH	$\rightleftarrows$	H$^+$	+	CH$_3$COO$^-$	
	電離前	0.10		0		0	(mol/L)
	電離平衡	$0.10-0.10\times 0.016$		**0.10×0.016** ($=1.6\times 10^{-3}$)		0.10×0.016 ($=1.6\times 10^{-3}$)	(mol/L)

塩酸や水酸化ナトリウムのように，水溶液で電離度が1に近い酸や塩基を**強酸**，**強塩基**といい，酢酸やアンモニアのように，水溶液で電離度が小さい酸や塩基を，**弱酸**，**弱塩基**という。

表 3-5 強弱による酸・塩基の分類

酸	例	塩基	例
強酸	HCl, HNO$_3$, H$_2$SO$_4$[*1]	強塩基	NaOH, KOH, Ca(OH)$_2$, Ba(OH)$_2$
弱酸	CH$_3$COOH, CO$_2$, H$_2$S, SO$_2$[*2]	弱塩基	NH$_3$

問15. 0.2 mol/L のアンモニア水中のアンモニアの電離度は，25℃で約0.01である。このアンモニア水中の水酸化物イオンの濃度は，およそ何 mol/L か。

G 弱酸・弱塩基の電離定数

弱酸の水溶液では，弱酸の分子と，弱酸が電離して生じたイオンとの間で電離平衡(→ p.96)が成立している。たとえば，酢酸水溶液の電離平衡は(45)式で表され，電離平衡の平衡定数 K_a[*3] は(46)式で表される。

$$CH_3COOH \rightleftarrows CH_3COO^- + H^+ \tag{45}$$

$$\frac{[CH_3COO^-][H^+]}{[CH_3COOH]} = K_a \tag{46}$$

[*1] 0.1 mol/L 硫酸水溶液の第1段((29)式)の電離度は1に近いが，第2段((30)式)の電離度は約0.3である。

[*2] SO$_2$ の 0.1 mol/L の水溶液の第1段((36)式)の電離度は約0.4であり，亜硫酸 H$_2$SO$_3$(単独には取り出せない)は中程度の強さの酸ということができる。

[*3] K_a の a は酸(acid)を意味する

電離平衡の平衡定数を，とくに電離定数という。電離定数は，ほかの反応の平衡定数と同じように，温度が変わらなければ，溶質の濃度に関係なく一定である。

同じ弱酸の水溶液では，濃度が小さくなるほど電離度は大きくなる(表3-6)。また，同じ濃度の弱酸水溶液では，電離定数 K_a の大きな酸ほど電離度が大きく，酸としての性質が強い(表3-7)。

表3-6 酢酸の電離度 α と電離定数 K_a (25℃)

濃度(mol/L)	α	K_a(mol/L)
0.110	1.55×10^{-2}	2.69×10^{-5}
0.080	1.82×10^{-2}	2.69×10^{-5}
0.040	2.56×10^{-2}	2.69×10^{-5}
0.010	5.05×10^{-2}	2.69×10^{-5}

表3-7 0.0500 mol/L 弱酸の電離度 α と電離定数 K_a (25℃)

弱酸	α	K_a(mol/L)
二酸化硫黄 SO_2*	4.05×10^{-1}	1.38×10^{-2}
ギ酸 HCOOH	7.31×10^{-2}	2.88×10^{-4}
酢酸 CH_3COOH	2.29×10^{-2}	2.69×10^{-5}
フェノール C_6H_5OH	5.20×10^{-5}	1.35×10^{-10}

＊第1段の電離(→ p.105の(36)式)についての値を示した。

問 16. (45)式の電離平衡が成り立っている酢酸水溶液に，次の操作を行ったとき，水素イオンの濃度および電離定数はどのように変化するか。
(1) 酢酸ナトリウムの結晶を溶かす。
(2) 水を加えて，酢酸の濃度を小さくする。

弱塩基も，水溶液中では弱酸と同じように，電離していない分子と電離して生じたイオンとの間に電離平衡が成立している。たとえば，アンモニア水の電離平衡(p.103の(32)式)の平衡定数 K は

$$\frac{[NH_4^+][OH^-]}{[NH_3][H_2O]} = K \tag{47}$$

の式で表される。$[H_2O]$ はアンモニア水中の水のモル濃度であるが，うすい水溶液では一定と考えてよい[*1]から，(47)式は次のようになる。

---

*1) うすい水溶液では，溶液1L中の水は $[H_2O] = \dfrac{1000}{18}$ mol/L とみなしてよい。

$$\frac{[\mathrm{NH_4^+}][\mathrm{OH^-}]}{[\mathrm{NH_3}]} = K[\mathrm{H_2O}] = K_b \tag{48}$$

アンモニア水の場合は,この K_b[*1)] をアンモニアの電離定数といい,25℃では $2.29\times10^{-5}\,\mathrm{mol/L}$ である。

参考　弱酸水溶液の濃度と電離度との関係

弱酸の分子を HA で表し,水溶液の中で次の電離平衡が成り立っているものとする。ただし,溶解した HA の濃度を c [mol/L],電離度を α とする。

$$\mathrm{HA} \rightleftarrows \mathrm{H^+} + \mathrm{A^-}$$

	HA	H$^+$	A$^-$	
電離前	c	0	0	[mol/L]
電離平衡	$c-c\alpha$	$c\alpha$	$c\alpha$	[mol/L]

したがって,

$$K_a = \frac{[\mathrm{H^+}][\mathrm{A^-}]}{[\mathrm{HA}]} = \frac{c\alpha[\mathrm{mol/L}]\times c\alpha[\mathrm{mol/L}]}{(c-c\alpha)[\mathrm{mol/L}]}$$
$$= \frac{c\alpha^2}{1-\alpha}\,[\mathrm{mol/L}]$$

電離度がきわめて小さい場合は,$1-\alpha \fallingdotseq 1$ とみなしてよいから,

$$K_a = c\alpha^2 \quad \text{ゆえに} \quad \alpha = \sqrt{\frac{K_a}{c}}$$

また,$[\mathrm{H^+}]=c\alpha$ に上式を代入すると,$[\mathrm{H^+}]=\sqrt{cK_a}\,[\mathrm{mol/L}]$ となる。このことから次のようにいうことができる。

(1) 同じ酸(K_a が同じ)では,α は $\sqrt{c}$ に反比例する。すなわち,濃度が大きくなると α は小さくなり,濃度が小さくなると α は大きくなる(表 3-6)。

(2) 異なる酸を同一濃度(c が同じ)で比較すると,K_a が小さい酸ほど α は小さい(表 3-7)。

以上のことは,弱塩基水溶液でも成り立つ。

[*1)] K_b の b は塩基(base)を意味する。

2 | 中和反応

A | 中和する酸と塩基の物質量

塩酸と水酸化ナトリウム水溶液とは，次のように反応して，酸の性質も塩基の性質も打ち消される。これが**中和**である。

$$HCl + NaOH \longrightarrow NaCl + H_2O \tag{49}$$

(49)式の中で，水溶液でイオンになっているものを(49′)式のようにイオン式で書き，左右両辺の Na^+ と Cl^- を消去すると，(50)式のようなイオン反応式になる。

$$H^+ + Cl^- + Na^+ + OH^- \longrightarrow Na^+ + Cl^- + H_2O \tag{49′}$$

$$H^+ + OH^- \longrightarrow H_2O \tag{50}$$

すなわち，酸が塩基に与えることができる H^+ の物質量と，塩基に含まれる OH^-（塩基が受け取ることができる H^+）の物質量とが等しいとき，酸と塩基は過不足なく反応する。たとえば，H_2SO_4 1 mol は H^+ 2 mol を塩基に与えることができ，NH_3 1 mol は H^+ 1 mol を酸から受け取ることができる。したがって，H_2SO_4 1 mol と NH_3 2 mol とが過不足なく中和することになる(図 3-13)。

問 17. 硫酸 4.9 g を過不足なく中和するのに必要な水酸化カルシウムの質量は，何 g か。

a 価(H_2SO_4 では $a=2$) の酸 1 mol は，H^+ a mol を塩基に与えるので，一価の塩基 a mol と過不足なく中和する。

図 3-13 中和における物質量の関係

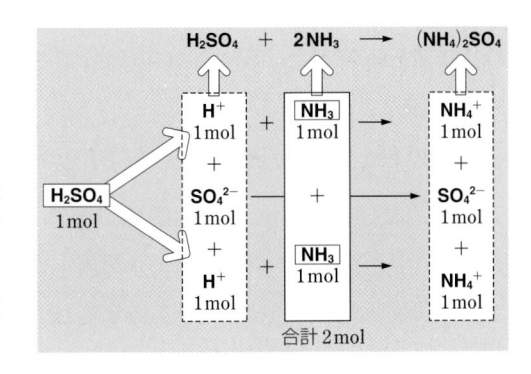

酢酸水溶液を水酸化ナトリウム水溶液で中和するときの変化を考えてみよう。酢酸水溶液では，次の電離平衡が成り立っているが，酢酸は弱酸なので，溶液中の水素イオンの濃度は小さい。

$$CH_3COOH \rightleftarrows H^+ + CH_3COO^- \tag{51}$$

これに水酸化ナトリウム水溶液を1滴加えると，酢酸水溶液の中の H^+ は水酸化ナトリウム水溶液の中の OH^- と結合して H_2O になる。その結果，溶液中の H^+ の濃度は減少するので，(51)式の平衡は右向きに移動し，酢酸分子が新たに電離してくる。水酸化ナトリウム水溶液をさらに加えていくと，同じような変化が繰り返されて，溶液中の酢酸分子は次々に電離し，結局次の反応が起こったことになる。

$$CH_3COOH + NaOH \longrightarrow \underset{\text{酢酸ナトリウム}}{CH_3COONa} + H_2O \tag{52}$$

すなわち，中和する酸・塩基の物質量は，酸や塩基の強弱(電離度の大小)には無関係である。

問18. アンモニア水に，希塩酸を1滴ずつ加えていったとき起こる変化を，上の記述にならって説明せよ。

B 中和滴定

濃度 n [mol/L]，体積 V [mL] の a 価の酸の水溶液(H^+ $an \times \dfrac{V}{1000}$ [mol] を塩基に与えることができる)に，濃度 n' [mol/L]，体積 V' [mL] の b 価の塩基の水溶液(H^+ $bn' \times \dfrac{V'}{1000}$ [mol] を酸から受け取ることができる)を加えたとき，過不足なく中和したとする。このとき酸から出た H^+ の物質量と塩基が受け取った H^+ の物質量とは等しいから，次の関係が成り立つ。

$$an \times \dfrac{V}{1000} = bn' \times \dfrac{V'}{1000} \quad または \quad anV = bn'V' \tag{53}$$

酸(または塩基)の水溶液をホールピペットを使って一定体積とり，ビュレットから塩基(または酸)の水溶液を少しずつ加えていって，ちょうど中和反応が終わるまでに要した塩基(または酸)の水溶液の体積を求

める操作を，**中和滴定**という。酸または塩基の水溶液のどちらかのモル濃度がわかっていれば，これを中和した水溶液のモル濃度は，(53)式を用いて求められる。

> **コラム　河川の中和事業**
>
> 　日本有数の温泉地である群馬県の草津温泉。pH2(→ p.115)の強酸性で高温の泉質がもたらす殺菌力から，湯治場として古くから利用されてきた。
>
> 　一方，温泉街を通る湯川が流れこむ吾妻川は，その強い酸性から，かつて魚のすめない「死の川」とよばれ，農業用水として利用できず，コンクリート製の橋脚を腐食するなど，さまざまな問題があった。
>
> 　現在では，同県で採取される石灰石(塩基性物質である炭酸カルシウム含む)を細かくくだき，これと水を混ぜた石灰乳を湯川に投入して，酸性を中和している。この中和事業により吾妻川に魚がすむようになり，コンクリート製の橋がかけられ，農業用水の利用が可能になった。
>
> 湯川の中和のようす

問19. 酢酸水溶液10.0 mLと0.100 mol/L 水酸化ナトリウム水溶液12.0 mLが過不足なく中和した。酢酸水溶液は何 mol/L か。

例題3. 水酸化ナトリウム1.00 gを水に溶かして，100 mLの溶液にした。これに0.200 mol/Lの塩酸100 mLを混合した場合，まだ中和されないで残っている水酸化ナトリウムは，混合溶液中に何gあるか。また，その濃度は何 mol/L か。ただし，混合溶液の体積は200 mLとする。

解　NaOH 1.00 g は $\dfrac{1.00\,\text{g}}{40\,\text{g/mol}} = 0.0250\,\text{mol}$ であり，0.200 mol/L 塩酸 100 mL＝0.100 L 中に含まれている HCl は，0.200 mol/L×0.100 L ＝0.0200 mol。ゆえに，(0.0250－0.0200) mol＝0.0050 mol の NaOH が中和されないで残っている。したがって，その質量は 40 g/mol ×0.0050 mol＝0.20 g。

　　残った NaOH は，溶液 200 mL＝0.200 L 中に含まれているので，その濃度は $\dfrac{0.0050\,\text{mol}}{0.200\,\text{L}} = 0.025\,\text{mol/L}$　　答　0.20 g，0.025 mol/L

練習 3. 不純物として塩化ナトリウムを含む水酸化ナトリウム 1.00 g を水に溶かして，0.500 mol/L 塩酸で中和するのに，その 48.0 mL を要した。水酸化ナトリウム中の不純物の質量百分率を求めよ。

3 | 水の電離平衡と溶液の pH

A | 水のイオン積

純粋な水はごくわずかに電離して，次のような電離平衡を保っている。

$$H_2O \rightleftarrows H^+ + OH^- \tag{54}$$

水の電離定数は(55)式のように表されるが，これは純粋な水だけでなく，水溶液中の水についても成り立つ。

$$\dfrac{[H^+][OH^-]}{[H_2O]} = K \quad (K\text{ は温度により定まる定数}) \tag{55}$$

(55)式の中の $[H_2O]$ は一定とみなしてよいから，次の K_w の値も，温度により定まる定数となり，純粋な水でも，溶液にしても，つねに一定に保たれる。この K_w を**水のイオン積**という。

表 3-8　水のイオン積 K_w

温　度(℃)	20	25	30
K_w [mol^2/L^2]	0.68×10^{-14}	1.01×10^{-14}	1.47×10^{-14}

$$[H^+][OH^-] = K[H_2O] = K_w \tag{56}$$

純粋な水では $[H^+]=[OH^-]$ で，25℃ でそれぞれ 1.0×10^{-7} mol/L であるから，これらの値を(56)式に代入すると，次式になる。

$$K_w = (1.0\times10^{-7}\,\text{mol/L})^2 = \mathbf{1.0\times10^{-14}\,\text{mol}^2/\text{L}^2} \tag{57}$$

問20. $1.0\times10^{-2}\,\text{mol/L}$ の水酸化ナトリウム水溶液の水素イオン濃度 $[\text{H}^+]$ を求めよ。

B pH

溶液の酸性の強さやアルカリ性の強さを表すのに,pH という数値がよく使われる。すなわち,溶液中の水素イオンの濃度 $[\text{H}^+]$ を $a\,\text{mol/L}$ とするとき,a の逆数の対数[*1]を,その溶液の pH という。

$$\text{pH}=\log\frac{1}{a}=-\log a \tag{58}$$

たとえば,$1\times10^{-3}\,\text{mol/L}$ 塩酸では,塩化水素の電離度を 1 と考えてよいから,水素イオンの濃度 $[\text{H}^+]$ は $1\times10^{-3}\,\text{mol/L}$ となり[*2],pH は次のようになる[*3]。

$$\text{pH}=\log\frac{1}{1\times10^{-3}}=-\log(1\times10^{-3})=-\log1-\log10^{-3}=3$$

また,$1\times10^{-3}\,\text{mol/L}$ の水酸化ナトリウム水溶液では,水酸化物イオンの濃度 $[\text{OH}^-]$ は $1\times10^{-3}\,\text{mol/L}$ であるから,この溶液の水素イオン濃度 $[\text{H}^+]$ は水のイオン積 K_w を使って,次のように計算される。

$$[\text{H}^+]=\frac{K_\text{w}}{[\text{OH}^-]}=\frac{1\times10^{-14}\,\text{mol}^2/\text{L}^2}{1\times10^{-3}\,\text{mol/L}}=1\times10^{-11}\,\text{mol/L}$$

したがって,この溶液の pH は次のようになる。

$$\text{pH}=-\log(1\times10^{-11})=11$$

純粋な水では $[\text{H}^+]=1\times10^{-7}\,\text{mol/L}$ であるから,その pH は

$$\text{pH}=-\log(1\times10^{-7})=7$$

となる。このように,中性のときは pH=7 であり,酸性のときは pH<7 で,酸性が強い溶液ほど pH は小さい。また,アルカリ性のときは pH>7 で,アルカリ性が強い溶液ほど pH は大きい(図3-14)。

[*1] $x=10^n$ のとき,n を x の対数(常用対数)といい,$n=\log x$ のように表す。$\log 1=0$。
[*2] 水自身の電離によって生じている水素イオンの濃度は,塩化水素の電離によって生じた水素イオンの濃度に比べてきわめて小さいので,無視できる。
[*3] 溶液中の水素イオンの濃度が $1\times10^{-n}\,\text{mol/L}$ のとき,pH=n となる。

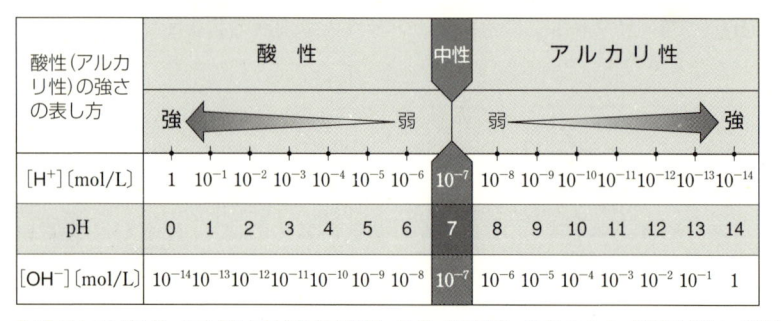

酸性(アルカリ性)の強さの表し方	酸 性						中性	アルカリ性						
	強 ←――――― 弱							弱 ―――――→ 強						
$[H^+]$ (mol/L)	1	10^{-1}	10^{-2}	10^{-3}	10^{-4}	10^{-5}	10^{-6}	10^{-7}	10^{-8}	10^{-9}	10^{-10}	10^{-11}	10^{-12}	10^{-13}	10^{-14}
pH	0	1	2	3	4	5	6	7	8	9	10	11	12	13	14
$[OH^-]$ (mol/L)	10^{-14}	10^{-13}	10^{-12}	10^{-11}	10^{-10}	10^{-9}	10^{-8}	10^{-7}	10^{-6}	10^{-5}	10^{-4}	10^{-3}	10^{-2}	10^{-1}	1

$[H^+]$が大きいほど，また$[OH^-]$が小さいほど，その水溶液のpHは小さく，酸性は強い。$[H^+]$×$[OH^-]$は，25℃では$1.0×10^{-14} mol^2/L^2$で一定である。

図3-14 pH，$[H^+]$，$[OH^-]$と酸性・アルカリ性との関係

問21. (1) 0.10 mol/L の塩酸および 0.10 mol/L の水酸化ナトリウム水溶液のpHを求めよ。
(2) pH9の水溶液の水素イオン濃度を求めよ。
(3) pH3の水溶液の水素イオン濃度は，pH11の水溶液の水素イオン濃度の何倍か。

問22. 0.10 mol/L 酢酸水溶液のpHはいくらか。ただし，25℃における酢酸の電離度を0.016とし，log1.6＝0.2として計算せよ。

C 中和滴定のときのpHの変化

　0.10 mol/Lの塩酸または酢酸20 mLをビーカーにとり，0.10 mol/L水酸化ナトリウム水溶液で滴定した場合，加えた水酸化ナトリウム水溶液の体積と混合溶液のpHとの関係を図3-15(a)に示した。このような曲線を，中和反応の**滴定曲線**という。滴定曲線からわかるように，溶液のpHは中和点の前後で急激に変化する。したがって，中和点付近のpHの変化に応じて鋭敏に色調が変わる色素をあらかじめビーカーの溶液中に少量入れて滴定すれば，中和点を知ることができる。このような色素を，中和の**指示薬**(またはpH指示薬)という。中和の指示薬には，メチルオレンジやフェノールフタレインがよく用いられる(口絵5)。

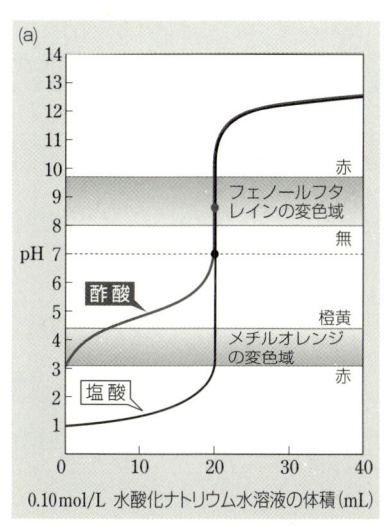

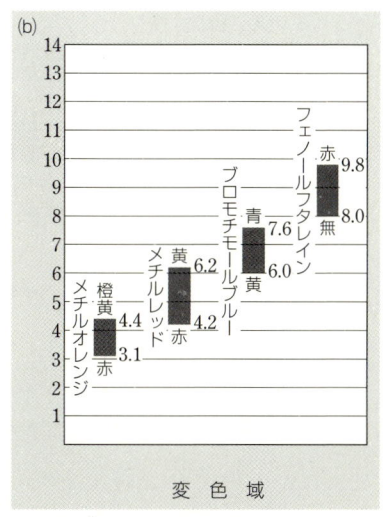

0.10mol/L NaOH 水溶液 20 mL を加えたところが中和点である。塩酸の滴定の中和点では，溶液の pH は 3 から 11 へ急変しているから，(b)に示した指示薬のいずれでも使える。しかし，酢酸の滴定の中和点では，pH は 7 から 11 へ急変しているので，フェノールフタレインが指示薬として用いられる（メチルオレンジは，中和点に達するかなり前に色が変わってしまう）。指示薬の色調が変わる pH の範囲を，変色域という(b)。

図 3-15 (a)中和反応の滴定曲線と(b)中和の指示薬の変色域

4 塩

A 塩の種類

塩は酸から生じる陰イオンと塩基から生じる陽イオンからなるイオン結合の物質であるが，その組成によって，次ページの表 3-9 のように分類することができる。

炭酸水素ナトリウム $NaHCO_3$ は酸性塩であるが，その水溶液はアルカリ性を示す[*1]。また，塩化アンモニウム NH_4Cl は正塩であるが，その水溶液は酸性を示す[*1]。すなわち，酸性塩・塩基性塩・正塩などの名まえは，塩の組成からつけられたもので，水溶液の性質とは関係がない。

---

*1) 次ページで学ぶ，塩の加水分解のためである。

表 3-9　塩の分類

分類	組成	例
酸性塩	酸の H が残っている塩	炭酸水素ナトリウム $NaHCO_3$ 硫酸水素ナトリウム $NaHSO_4$ リン酸水素二ナトリウム Na_2HPO_4 リン酸二水素ナトリウム NaH_2PO_4
塩基性塩	塩基の OH が残っている塩	塩化水酸化マグネシウム 　　　　$MgCl(OH)$ または $MgCl_2・Mg(OH)_2$
正塩	酸の H も塩基の OH も残っていない塩	塩化ナトリウム $NaCl$，塩化アンモニウム NH_4Cl 酢酸ナトリウム CH_3COONa，硫酸銅(Ⅱ) $CuSO_4$

問 23. リン酸 H_3PO_4 と水酸化カルシウム $Ca(OH)_2$ からできる塩の種類を，組成式と名まえを書いて示せ。

B　塩の加水分解

　弱酸の塩である酢酸ナトリウム CH_3COONa の水溶液では，CH_3COO^- は水溶液中の H^+（水の電離による）と結合して，電離度の小さい CH_3COOH を生じ，次のような平衡を保つようになる。

$$CH_3COO^- + H^+ \rightleftarrows CH_3COOH \tag{59}$$

または $CH_3COO^- + H_2O \rightleftarrows CH_3COOH + OH^- \tag{60}$

したがって，水溶液中の $[H^+]$ は減少して $[OH^-]$ が増加するから，$[H^+]<[OH^-]$ となり，水溶液はアルカリ性となる。すなわち，酢酸イオン CH_3COO^- のような弱酸の陰イオンは，水分子から水素イオンを受け取っているので，塩基としてはたらいている。

　弱塩基の塩である塩化アンモニウム NH_4Cl の水溶液では，NH_4^+ は水溶液中の OH^-（水の電離による）と結合して，電離度の小さい NH_3 を生じ，次のような平衡を保つようになる。

$$NH_4^+ + OH^- \rightleftarrows NH_3 + H_2O \tag{61}$$

または　$NH_4^+ + H_2O \rightleftarrows NH_3 + H_3O^+$　　　　　　　　　(62)

　したがって，水溶液中の$[OH^-]$は減少して$[H^+]$が増加するから，$[H^+]$ ＞ $[OH^-]$となり，水溶液は酸性となる。すなわち，アンモニウムイオンNH_4^+のような弱塩基から生じた陽イオンは，水分子に水素イオンを与えているので，酸としてはたらいている。

　このように，弱酸の陰イオンや弱塩基の陽イオンが，水と反応してもとの弱酸や弱塩基を生じる変化を，塩の加水分解（かすいぶんかい）という[*1)]。

　弱酸と強塩基とから生じた塩（CH_3COOK, Na_2CO_3, Na_2S など）の水溶液は，加水分解のためアルカリ性を示し，弱塩基と強酸とから生じた塩（$CuSO_4$, $FeCl_3$, $(NH_4)_2SO_4$ など）の水溶液は，加水分解のため酸性を示す。しかし，強酸の陰イオン（Cl^-, NO_3^-, SO_4^{2-} など）や，強塩基の陽イオン（Na^+, K^+, Ca^{2+} など）は，水和するだけで加水分解しないので，強酸と強塩基とから生じた塩の水溶液は，中性である。

C ｜ 弱酸・弱塩基の遊離

　酢酸ナトリウム CH_3COONa の水溶液に塩酸を加えると，(63)式の酢酸イオン CH_3COO^- と(64)式の水素イオン H^+ が結合して，電離度の小さな酢酸 CH_3COOH（弱酸）を生じる。

　　$CH_3COONa \longrightarrow CH_3COO^- + Na^+$　　　　　　　　　(63)

　　$HCl \longrightarrow H^+ + Cl^-$　　　　　　　　　　　　　　　　　　(64)

　　$CH_3COO^- + H^+ \longrightarrow CH_3COOH$　　　　　　　　　　(65)

　(65)式は，酢酸の電離平衡（→ p.108 (45)式）がいちじるしく酢酸分子 CH_3COOH のほうへ移動したことを意味する。

[*1)] (60)式の左右両辺に Na^+ を加えれば，次のようになる。
　　$CH_3COO^- + Na^+ + H_2O \rightleftarrows CH_3COOH + Na^+ + OH^-$
また，(62)式の左右両辺に Cl^- を加えれば，次のようになる。
　　$NH_4^+ + Cl^- + H_2O \rightleftarrows NH_3 + H_3O^+ + Cl^-$
　このように，塩の加水分解は中和の逆反応に相当するが，実際にはきわめてわずか進んだところで平衡状態になる。

塩化アンモニウム NH_4Cl に水酸化ナトリウム $NaOH$ の水溶液を加えると，(66)式のアンモニウムイオン NH_4^+ と(67)式の水酸化物イオン OH^- から，電離度の小さなアンモニア NH_3（弱塩基）を生じる。

$$NH_4Cl \longrightarrow NH_4^+ + Cl^- \tag{66}$$

$$NaOH \longrightarrow Na^+ + OH^- \tag{67}$$

$$NH_4^+ + OH^- \Longrightarrow NH_3 + H_2O \tag{68}$$

(68)式は，アンモニア水の電離平衡(→ p.103 (32)式)がいちじるしくアンモニア分子 NH_3 のほうへ移動したことを意味する。

一般に，弱酸の塩に強酸を加えると，弱酸が遊離して強酸の塩を生じる。また，弱塩基の塩に強塩基を加えると，弱塩基が遊離して強塩基の塩を生じる(p.162, 168, 171, 229, 231)。

> **参考 緩衝液**
>
> 　水に塩酸や水酸化ナトリウム水溶液をわずかに加えても，溶液の pH の値は大きく変化する。しかし，弱酸水溶液にその弱酸の塩を加えて溶かした混合水溶液や，弱塩基水溶液にその弱塩基の塩を加えて溶かした混合水溶液には，外から強酸や強塩基が少量加わっても，溶液の pH をほぼ一定に保つ作用がある。このような作用のある水溶液を緩衝液（かんしょうえき）という。
>
> 　たとえば，酢酸と酢酸ナトリウムの混合水溶液に少量の強酸が加わった場合は，次のように溶液中の酢酸イオンが水素イオンと結合して，電離度の小さな酢酸分子が生じるので，水素イオンの濃度の増加がさまたげられる。
>
> $$CH_3COO^- + H^+ \longrightarrow CH_3COOH$$
>
> 　また，少量の強塩基が加わった場合は，次のように酢酸が塩基を中和するので，水酸化物イオンの濃度の増加がさまたげられる。
>
> $$CH_3COOH + OH^- \longrightarrow CH_3COO^- + H_2O$$
>
> 　このように緩衝液は，外から少量の酸や塩基が混入しても，溶液の pH をほとんど一定に保つ作用をもっている。

■ III章のまとめ ■

1 酸・塩基
H^+ を与える物質が酸，H^+ を受け取る物質が塩基。

2 酸・塩基の価数
酸・塩基の分子式または組成式に相当する粒子が授受しうる H^+ の数。

3 中和反応
体積 V の酸(価数 a)の水溶液(モル濃度 n)と，体積 V' の塩基(価数 b)の水溶液(モル濃度 n')とが過不足なく中和するとき，次の関係が成立する。　　$anV = bn'V'$

4 水のイオン積
$K_w = [H^+][OH^-] = 1.0 \times 10^{-14} \, mol^2/L^2$ は，純粋な水でも，酸性水溶液でも，アルカリ性水溶液でも，つねに成り立つ。

5 pH
$[H^+] = a \, mol/L$ とするとき $pH = -\log a$

6 塩
①**分類**　酸性塩，塩基性塩，正塩
②**加水分解**　弱酸と強塩基の正塩や弱塩基と強酸の正塩の水溶液では，弱酸の陰イオンや弱塩基の陽イオンが水と反応し，弱酸・弱塩基を生じるため，水溶液はアルカリ性や酸性を示す。CH_3COO^-，CO_3^{2-} と K^+，Na^+，Ca^{2+} の塩の水溶液はアルカリ性。NH_4^+，Cu^{2+}，Zn^{2+}，Al^{3+} と Cl^-，NO_3^-，SO_4^{2-} の塩の水溶液は酸性。

■ III章の問題

1. 次の化学反応式で表される反応で，下線の物質は酸としてはたらいているか，塩基としてはたらいているかを，水素イオンの授受から説明せよ。
   (1) <u>HCl</u> + NaOH ⟶ H_2O + NaCl
   (2) <u>Na_2S</u> + 2HCl ⟶ H_2S + 2NaCl
   (3) <u>NH_4Cl</u> + NaOH ⟶ NH_3 + H_2O + NaCl

2. $0.100 \, mol/L$ 酢酸水溶液 $5.00 \, mL$ を，濃度不明の水酸化ナトリウム水溶液で滴定したところ，その $7.50 \, mL$ を要した。
   (1) 水酸化ナトリウム水溶液の濃度はいくらか。
   (2) 中和が完了した水溶液には，何の塩が溶けているか。その濃度はいくらか。また，pHは7より大きいか，小さいか。

第IV章
酸化還元反応

金属元素が酸素と化合して酸化物になるときも、塩素と化合して塩化物になるときも、金属元素は酸化されたという。また、塩素が水素と化合して塩化水素になるときも、金属元素と化合して塩化物になるときも、塩素は還元されたという。酸化還元反応を、電子の授受ないし酸化数の変化から統一的に考えてみよう。

テルミットの反応

1 │ 酸化・還元と電子の授受

A │ 酸化

銅の粉末を空気中で加熱すると、銅は空気中の酸素と化合して、黒色の酸化銅(Ⅱ)になる。

$$2Cu + O_2 \longrightarrow 2CuO \tag{69}$$

このように、ある物質が酸素と化合することを**酸化**という。銅原子はこのとき、電子を酸素原子に与えて銅(Ⅱ)イオン Cu^{2+} になる。

$$\left.\begin{array}{l} 2Cu \longrightarrow 2Cu^{2+} + 4e^- \\ O_2 + 4e^- \longrightarrow 2O^{2-} \end{array}\right\} \tag{70}$$

また、銅は塩素とも直接化合して塩化銅(Ⅱ)になる(口絵1参照)。

$$Cu + Cl_2 \longrightarrow CuCl_2 \tag{71}$$

このときも銅原子は電子を失って、酸化銅(Ⅱ)の中の銅と同じように銅(Ⅱ)イオンになっているので、酸化されたといえる。すなわち、酸素と化合するときだけでなく、ある物質が電子を失うとき、一般にその物質は酸化されたということができる。

B 還元

酸化鉄(Ⅲ)Fe_2O_3の粉末とアルミニウムの粉末とを混合して[*1)]マグネシウムリボンで点火すると，次の反応がはげしく起こって単体の鉄が遊離する（前ページの写真参照）。

$$Fe_2O_3 + 2Al \longrightarrow 2Fe + Al_2O_3 \tag{72}$$

このように，酸素の化合物から酸素が奪われることを**還元**（かんげん）という。このとき，Fe_2O_3中の鉄(Ⅲ)イオンFe^{3+}は，アルミニウム原子から電子を受け取っている。

$$\begin{array}{l} Al \longrightarrow Al^{3+} + 3e^- \\ +)\ Fe^{3+} + 3e^- \longrightarrow Fe \\ \hline Fe^{3+} + Al \longrightarrow Fe + Al^{3+} \end{array} \tag{73}$$

このように，ある物質が電子を受け取るとき，一般にその物質は還元されたということができる。

すなわち，酸化・還元は電子の授受によって説明できる。1つの反応では，電子を与える（酸化される）物質があれば，その電子を受け取る（還元される）物質があるので，酸化と還元は同時に起こる。

問24. (69)式の反応で，還元されるものは何か。また，(72)式の反応で，酸化されるものは何か。

2 酸化・還元と酸化数

A 酸化数

イオン結合の物質が反応に関係している場合は，酸化・還元と電子の授受の関係がはっきりしているが，たとえば一酸化炭素が酸素と反応し

[*1)] この混合物を**テルミット**という。反応するとき多量の熱を発生して温度が上昇し，とけた鉄が遊離するので，鉄道のレールの溶接に利用される。また，同じようにして，Cr, Coなどの酸化物とアルミニウムとから，これらの単体金属が遊離する。

て二酸化炭素ができる反応のように、分子どうしが反応するような酸化・還元では、電子の授受の関係がかならずしもはっきりしていない。

そこで、イオン結合の物質が関係している酸化還元反応にも、分子からなる物質の酸化還元反応にも、共通して適用される考え方として、**酸化数**の変化がある。

酸化数は、次のようにして決められる[*1)]。

(1) 単体元素の酸化数は0とする。

(2) 化合物の中の酸素の酸化数は、ふつう$-\text{II}$とし[*2)]、化合物の中の水素の酸化数は、ふつう$+\text{I}$とする[*3)]。

(3) 化合物の中の成分元素の酸化数の総和は0である。

　　たとえば、H_2O では　　$(+\text{I}) \times 2 + (-\text{II}) = 0$

　　　　　　　NH_3 では　　$(-\text{III}) + (+\text{I}) \times 3 = 0$

(4) 単原子イオンの酸化数は、そのイオンの価数に＋(陽イオンの場合)、－(陰イオンの場合)の符号をつけたものである。

　　たとえば、Na^+は$+\text{I}$、Ca^{2+}は$+\text{II}$、Cl^-は$-\text{I}$、S^{2-}は$-\text{II}$である。

(5) 多原子イオンの中の元素の酸化数の総和は、そのイオンの価数に＋(陽イオンの場合)、－(陰イオンの場合)の符号をつけた値に等しい。

　　たとえば、SO_4^{2-} では　　$(+\text{VI}) + (-\text{II}) \times 4 = -\text{II}$

　　　　　　　NH_4^+ では　　$(-\text{III}) + (+\text{I}) \times 4 = +\text{I}$

問25. 次の化学式の下線を引いた元素の酸化数をいえ。
二酸化鉛 $\underline{Pb}O_2$　二酸化マンガン $\underline{Mn}O_2$　硫酸鉛 $\underline{Pb}SO_4$
過マンガン酸カリウム $K\underline{Mn}O_4$　硝酸アンモニウム $\underline{N}H_4\underline{N}O_3$

[*1)] 共有結合で結合している原子では、電気陰性度が大きいほうの元素の酸化数に－符号を、電気陰性度が小さいほうの元素の酸化数に＋符号をつける(→ p.28)。酸化数は、$+\text{II}$、$-\text{III}$などと書く代わりに、+2、-3などと書いてもよい。

[*2)] 過酸化水素 H-O-O-H のような過酸化物の中の酸素の酸化数は－Iである。

[*3)] 水素化ナトリウム NaH、水素化カルシウム CaH_2 などのような電気陰性度の小さな金属の水素化物では、水素の酸化数は－Iである。

B 酸化数の変化

酸化還元反応では，酸化数が増加した元素と，酸化数が減少した元素がある。そして，ある元素の酸化数が増加したときに，その元素（またはその元素を含む化合物）は酸化されたといい，逆に酸化数が減少したときに，その元素（またはその元素を含む化合物）は還元されたという。たとえば，一酸化炭素と酸素が反応して二酸化炭素ができる反応で，各元素の酸化数の変化と酸化・還元との関係は，次のようになる。

$$2\overset{(+\mathrm{II})}{\underset{(-\mathrm{II})}{\mathrm{CO}}} + \overset{}{\underset{(0)}{\mathrm{O_2}}} \longrightarrow 2\overset{(+\mathrm{IV})}{\underset{(-\mathrm{II})}{\mathrm{CO_2}}} \tag{74}$$

上の矢印：酸化された（酸化数増加）
下の矢印：還元された（酸化数減少）

1つの反応で，酸化数の増加の総和と酸化数の減少の総和は，その絶対値がつねに等しい。

問 26. 次の化学反応式の中の各元素の酸化数の変化から，酸化・還元を説明せよ。
(ア) $2\mathrm{Na} + 2\mathrm{H_2O} \longrightarrow 2\mathrm{NaOH} + \mathrm{H_2}$
(イ) $\mathrm{N_2} + 3\mathrm{H_2} \longrightarrow 2\mathrm{NH_3}$
(ウ) $2\mathrm{KI} + \mathrm{Cl_2} \longrightarrow 2\mathrm{KCl} + \mathrm{I_2}$
(エ) $\mathrm{Zn} + \mathrm{H_2SO_4} \longrightarrow \mathrm{ZnSO_4} + \mathrm{H_2}$

3 酸化剤・還元剤

A 酸化剤・還元剤とそのはたらき

他の物質を酸化することができる物質を**酸化剤**といい，他の物質を還元することができる物質を**還元剤**という。酸化剤と還元剤が反応すると，酸化剤は還元され，還元剤は酸化される。

酸化剤 ＋ 還元剤 ⟶ 生成物A ＋ 生成物B

（還元剤から生成物Aへ：酸化された（酸化数増加）；酸化剤から生成物Bへ：還元された（酸化数減少））

B 過酸化水素

過酸化水素 H_2O_2 は，次のようにして相手の物質から電子を奪うので，酸化剤としてはたらく。

$$H_2O_2 + 2H^+ + 2e^- \longrightarrow 2H_2O \qquad (75)^{*1)}$$

（相手の物質 → H_2O_2）

たとえば，ヨウ化カリウム KI の水溶液に過酸化水素水を加えると，ヨウ化物イオン I^- は H_2O_2 に電子を奪われてヨウ素 I_2 になる。

$$\underbrace{2K^+ + 2I^-}_{2KI} \longrightarrow 2K^+ + I_2 + 2e^- \qquad (76)$$

（→ H_2O_2 へ）

(75)式と(76)式とから，次式が得られる。

酸化された（酸化数増加）

$$2K\underset{(-I)}{I} + H_2\underset{(-I)}{O_2} + 2H^+ \longrightarrow \underset{(0)}{I_2} + 2K^+ + 2H_2\underset{(-II)}{O} \qquad (77)$$

還元された（酸化数減少）

C 過マンガン酸カリウム

過マンガン酸カリウム $KMnO_4$ を希硫酸に溶かした水溶液は，強い酸化作用をもっている。過マンガン酸イオン MnO_4^- の中の Mn の酸化数は＋Ⅶであるが，酸性溶液では相手の物質から電子を奪って，酸化数＋Ⅱのマンガン(Ⅱ)イオン Mn^{2+} になりやすいので，酸化剤としてはたらく。

たとえば，二酸化硫黄の水溶液とは，次のように反応して，赤紫色の MnO_4^- は還元されて淡桃色${}^{*2)}$の Mn^{2+} になる。

$$MnO_4^- + 8H^+ + 5e^- \longrightarrow Mn^{2+} + 4H_2O \qquad (78)$$

$$SO_2 + 2H_2O \longrightarrow SO_4^{2-} + 4H^+ + 2e^- \qquad (79)$$

(78)式と(79)式とから e^- を消去すると，次式が得られる。

---

*1) (75)式は，$H_2O_2 + 2e^- \longrightarrow 2OH^-$ のように書いてもよい（→ p.128 表 3-10）。
*2) Mn^{2+} の色がうすいので，実際はほとんど無色に見える。

$$2MnO_4^- + 5SO_2 + 2H_2O \longrightarrow 2Mn^{2+} + 5SO_4^{2-} + 4H^+ \quad (80)$$

(80)式の両辺に $2K^+$ を加えると，次の化学反応式になる．

$$2KMnO_4 + 5SO_2 + 2H_2O$$
$$\longrightarrow 2MnSO_4 + K_2SO_4 + 2H_2SO_4 \quad (81)$$

過マンガン酸カリウムの希硫酸溶液は，過酸化水素の水溶液によっても，その赤紫色が消える．過酸化水素は，ふつう酸化剤としてはたらく

参考　酸化剤・還元剤のはたらきを示す反応式のつくり方

(78)式は，次のようにしてつくる．

(i) まず左辺に MnO_4^- を，右辺にこれが還元された生成物 Mn^{2+} を書く．

(ii) Mn の酸化数は $+VII$ から $+II$ に減少するから，左辺に $5e^-$ を加える．

$$MnO_4^- + 5e^- \longrightarrow Mn^{2+}$$

(iii) 電荷の総和を左辺と右辺で等しくするため，左辺に $8H^+$ を加える．

$$MnO_4^- + 5e^- + 8H^+ \longrightarrow Mn^{2+}$$

(iv) 酸化剤の場合は，H_2O を生成する場合が多いので，右辺に H_2O を加え，左右両辺の各原子の数が等しくなるように H_2O に係数4をつける．

$$MnO_4^- + 5e^- + 8H^+ \longrightarrow Mn^{2+} + 4H_2O \quad (78)$$

他の酸化剤の反応式(→ p.128 表3-10)も，同じようにしてつくれる．(79)式は，次のようにしてつくることができる．

(i) まず左辺に SO_2 を，右辺にこれが酸化された生成物 SO_4^{2-} を書く．

(ii) S の酸化数の増加($+IV \rightarrow +VI$)に相当する電子 $2e^-$ を右辺に加える．

$$SO_2 \longrightarrow SO_4^{2-} + 2e^-$$

(iii) 右辺に $4H^+$ を加えて，左右両辺の電荷の総和を等しくする．

$$SO_2 \longrightarrow SO_4^{2-} + 2e^- + 4H^+$$

(iv) 左辺に $2H_2O$ を加えて，両辺の各原子の数を等しくする．

$$SO_2 + 2H_2O \longrightarrow SO_4^{2-} + 2e^- + 4H^+ \quad (79)$$

他の還元剤の反応式(→ p.128 表3-10)も，同じようにしてつくられる．

が，過マンガン酸カリウムのような酸化剤に対しては，次のようにして電子を与えるはたらき(還元作用)をするからである。

$$H_2O_2 \longrightarrow 2H^+ + O_2 + 2e^- \quad (82)$$
$$\downarrow (MnO_4^- \, へ)$$

(78)式と(82)式とから e^- を消去すると，次式が得られる。

$$2MnO_4^- + 5H_2O_2 + 6H^+$$
$$\longrightarrow 2Mn^{2+} + 5O_2 + 8H_2O \quad (83)$$

これをふつうの化学反応式で表すと，次のようになる。

$$2KMnO_4 + 5H_2O_2 + 3H_2SO_4$$
$$\longrightarrow K_2SO_4 + 2MnSO_4 + 5O_2 + 8H_2O \quad (84)$$

表 3-10 酸化剤・還元剤のはたらき方

	物　　質	はたらき方の例
酸化剤	オゾン O_3	$O_3 + 2H^+ + 2e^- \longrightarrow O_2 + H_2O$
	過酸化水素 H_2O_2	$H_2O_2 + 2H^+ + 2e^- \longrightarrow 2H_2O$
		または $H_2O_2 + 2e^- \longrightarrow 2OH^-$
	過マンガン酸カリウム $KMnO_4$	$MnO_4^- + 8H^+ + 5e^- \longrightarrow Mn^{2+} + 4H_2O$
	濃硝酸 希硝酸 $\}HNO_3 (\to p.168)$	$HNO_3 + H^+ + e^- \longrightarrow NO_2 + H_2O$
		$HNO_3 + 3H^+ + 3e^- \longrightarrow NO + 2H_2O$
	熱濃硫酸 $H_2SO_4 (\to p.172)$	$H_2SO_4 + 2H^+ + 2e^- \longrightarrow SO_2 + 2H_2O$
	二クロム酸カリウム $K_2Cr_2O_7$	$Cr_2O_7^{2-} + 14H^+ + 6e^- \longrightarrow 2Cr^{3+} + 7H_2O$ ($\to$ p.182)
	塩素 Cl_2 (または塩素水)	$Cl_2 + 2e^- \longrightarrow 2Cl^-$
	二酸化硫黄 SO_2	$SO_2 + 4H^+ + 4e^- \longrightarrow S + 2H_2O$
還元剤	塩化スズ(II) $SnCl_2 \cdot 2H_2O$	$Sn^{2+} \longrightarrow Sn^{4+} + 2e^-$
	硫酸鉄(II) $FeSO_4 \cdot 7H_2O$	$Fe^{2+} \longrightarrow Fe^{3+} + e^-$
	硫化水素 H_2S	$H_2S \longrightarrow 2H^+ + S + 2e^-$
	過酸化水素 H_2O_2	$H_2O_2 \longrightarrow 2H^+ + O_2 + 2e^-$
	水素 H_2	$H_2 \longrightarrow 2H^+ + 2e^-$
	二酸化硫黄 SO_2	$SO_2 + 2H_2O \longrightarrow SO_4^{2-} + 4H^+ + 2e^-$
	陽性の大きな金属	$Na \longrightarrow Na^+ + e^-$
	シュウ酸 $H_2C_2O_4 (\to p.216)$	$H_2C_2O_4 \longrightarrow 2CO_2 + 2H^+ + 2e^-$

D 二酸化硫黄

二酸化硫黄は，(79)式のようにして相手の物質に電子を与えるので，ふつう還元剤としてはたらくが，硫化水素と反応するときは，(85)式のようにして電子を奪うはたらき(酸化作用)をして，このとき単体の硫黄が生じる((87)式)。

$$SO_2 + 4H^+ + 4e^- \longrightarrow S + 2H_2O \quad (85)$$

$$H_2S \longrightarrow 2H^+ + S + 2e^- \quad (86)$$

(85)式と(86)式とから e^- を消去すると，(87)式が得られる。

$$\underset{(+IV)}{SO_2} + 2H_2\underset{(-II)}{S} \longrightarrow 2H_2O + 3\underset{(0)}{S} \quad (87)$$

（上矢印：酸化された(酸化数増加)、下矢印：還元された(酸化数減少)）

◢ IV章のまとめ ◣

1 酸化・還元

① 酸素と化合するとき，<u>水素を失うとき</u>，<u>電子を失うとき</u>，酸化数が増加するとき ⇨ <u>酸化される</u>。

② 酸素を失うとき，<u>水素と化合するとき</u>，<u>電子を受け取るとき</u>，酸化数が減少するとき ⇨ <u>還元される</u>。

2 酸化剤・還元剤

酸化剤は，他の物質を酸化することができる物質で，反応するとき相手の物質によって還元される。還元剤は，他の物質を還元することができる物質で，反応するとき相手の物質によって酸化される。

◢ IV章の問題

1. 次の反応が ⟶ 向きに進んだとき，下線をつけた元素の酸化数の変化を書き，酸化されたか還元されたかをいえ。
   (1) $H_2 + \underline{Cl}_2 \longrightarrow 2HCl$
   (2) $4H\underline{Cl} + \underline{Mn}O_2 \longrightarrow MnCl_2 + 2H_2O + Cl_2$
   (3) $\underline{S}O_2 + H_2\underline{O}_2 \longrightarrow H_2SO_4$

2. 表3-10を参照して，次の酸化還元反応の反応式をつくれ。
   (ア) 塩素と塩化鉄(II)　　　(イ) 塩素水と硫化水素

水の電気分解

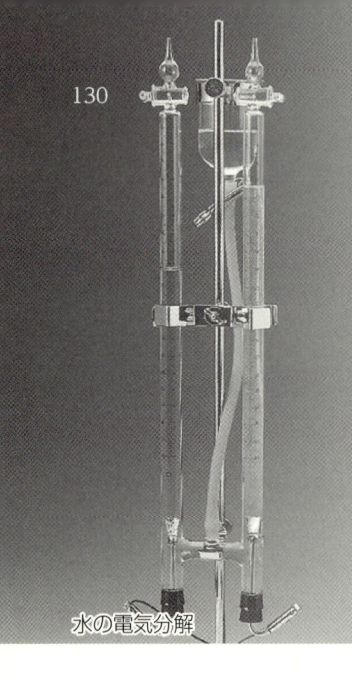

第Ⅴ章
電池と電気分解

金属の原子が水溶液中で電子を放って陽イオンになる傾向の大きさは，金属の種類によって違う。この章では，金属のイオン化傾向，電池・電気分解などで起こる反応を，「化学反応と電子」の関係から考え，酸化還元反応として理解していく。また，反応物や生成物の量と，電子の数(電気量)との関係について学ぶ。

1 | 金属のイオン化傾向

A | イオン化と電子の授受

亜鉛を酸の水溶液の中に入れると，亜鉛は亜鉛イオン Zn^{2+} になって溶け出し，そのとき水素を発生する。

$$Zn + 2H^+ \longrightarrow Zn^{2+} + H_2 \uparrow \tag{88}$$

すなわち，亜鉛原子が電子を放って(酸化されて)亜鉛イオンになり，その電子を溶液中の水素イオンが受け取って(還元されて)単体の水素 H_2 を生じる。

$$Zn \longrightarrow Zn^{2+} + 2e^-$$
$$2H^+ + 2e^- \longrightarrow H_2 \tag{89}$$

したがって，亜鉛は水素より陽イオンになりやすいといえる。

銅や銀を希塩酸の中に入れても，水素を発生しない。それは，銅や銀が水素より陽イオンになりにくいためと考えられる。

硫酸銅(Ⅱ)水溶液に亜鉛を入れると，亜鉛は溶けて，その代わりに銅

が析出してくる*1)。このことから，亜鉛は銅よりも陽イオンになりやすいといえる。すなわち，亜鉛原子が電子を放って(酸化されて)亜鉛イオンになり，その電子を溶液中の銅(Ⅱ)イオンが受け取って(還元されて)銅原子になったと考えることができる(→口絵6 銅樹)。

$$\left.\begin{array}{l}Zn \longrightarrow Zn^{2+} + 2e^- \\ Cu^{2+} + 2e^- \longrightarrow Cu\end{array}\right\} \tag{90}$$

単体金属の原子が，水または水溶液中で電子を放って水和陽イオンになる性質を，**金属のイオン化傾向**という。次に示すように，いろいろな金属をイオン化傾向の大きなものから順に並べたものを，**金属のイオン化列**という。

K > Ca > Na > Mg > Al > Zn > Fe > Ni
 > Sn > Pb > (H_2) > Cu > Hg > Ag > Pt > Au

水素は金属ではないが，陽イオンになる傾向があるので，比較のためイオン化列の中に入れてある。

問 27. 硝酸銀水溶液に銅片を浸すと，銅の表面に銀が析出し，溶液は青色になる。この変化を，(90)式にならってイオン式を用いて表し，何が酸化され，何が還元されたかを記せ。

B　イオン化傾向と単体金属の性質

イオン化傾向の大きな金属は，電子を失って陽イオンになりやすいので酸化されやすく，またこの電子を相手に与えるので還元作用が強い。逆に，イオン化傾向の小さい金属は，酸化されにくく，またそれらの陽イオンは電子を受け取って金属になりやすいので，還元されやすい。

たとえば，イオン化傾向の大きなカリウム・カルシウム・ナトリウムなどは，常温でも水と反応して水酸化物になり，このとき水素を発生す

---

*1) このとき析出した銅の結晶が樹枝のように成長するので，銅樹といわれる。同じようにして，酢酸(Ⅱ)水溶液と亜鉛から鉛樹が生成し，硝酸銀水溶液と銅から銀樹が生成する(口絵6参照)。

る。また，これらの金属は，乾いた空気中でも速やかに酸素と化合して酸化物になる。

マグネシウムは熱水と反応して水素を発生する。アルミニウムや亜鉛などは，高温の水蒸気と反応して水素を発生し，酸化物になる。これらの金属を空気中に長い間放置すると，表面に酸化物の被膜ができる。また，これらの金属の粉末や箔を空気中で強熱すると，強い光と多量の熱を出して燃える。

$$2Mg + O_2 \longrightarrow 2MgO \tag{91}$$

$$4Al + 3O_2 \longrightarrow 2Al_2O_3 \tag{92}$$

鉄は高温の水蒸気と反応して，表面に四酸化三鉄 Fe_3O_4 の黒い膜ができ，このとき水素を生じる。ニッケルよりもイオン化傾向の小さい金属は，水とはほとんど反応しない。

$$3Fe + 4H_2O \longrightarrow Fe_3O_4 + 4H_2 \tag{93}$$

水素よりもイオン化傾向の大きな金属は，希塩酸や希硫酸の中へ入れると，反応して水素を発生するが，水素よりもイオン化傾向の小さな金属は，これらの酸の中へ入れても反応しない。しかし，銅・水銀・銀などの金属は，硝酸や加熱した濃硫酸(熱濃硫酸)とは反応して，水素以外の気体を発生して溶ける(→ p.168, 171)。

白金や金は王水(濃硝酸と濃塩酸の体積比1:3の混合物)に溶ける。

	K	Ca	Na	Mg	Al	Zn	Fe	Ni	Sn	Pb	(H₂)	Cu	Hg	Ag	Pt	Au
乾いた空気	常温で速やかに酸化			加熱により酸化		強熱によって酸化される							酸化されない			
水	常温で反応 H₂↑			高温水蒸気と反応 H₂↑		反応しにくい										
酸	希酸に溶けて水素を発生 Pb は塩酸や希硫酸には溶けにくい。 (水に溶けにくい PbCl₂ や PbSO₄ が生じるため。)										酸化作用のある酸に溶ける			王水に溶ける	

図 3-16　金属のイオン化傾向と単体金属の性質

2 | 電池

A | ボルタ電池　⊖ Zn | H₂SO₄(水溶液) | Cu ⊕

　希硫酸中に亜鉛板と銅板とを離して浸すと，両金属板の間に電位差(すなわち起電力)を生じる。すなわち，Zn は H_2 よりイオン化傾向が大きいので，亜鉛は表面から Zn^{2+} となり，電子を亜鉛板に残して溶液の中へ移る。一方，Cu は H_2 よりイオン化傾向が小さく，イオンになりにくい。このようにして亜鉛板に電子がたまるので(図 3-17(a))，溶液の外部で両金属板を導線でつなぐと，電子は導線を通って亜鉛板から銅板へ移る。銅板に移動した電子は，溶液中の陽イオンを引きつけるが，Zn^{2+} より H^+ のほうが電子を受け取りやすいので，H^+ が電荷を失って，銅板の表面から H_2 が発生する(同図(b))。

$$\left.\begin{array}{l}\boxed{亜鉛板(負極)表面}\quad Zn \longrightarrow Zn^{2+} + 2e^- \\ \hspace{8em} \downarrow \text{(外部回路)} \\ \boxed{銅板(正極)表面}\quad\quad 2H^+ + 2e^- \longrightarrow H_2\end{array}\right\} \quad (94)$$

　このように，化学反応に伴って放出されるエネルギーを，電気エネルギーとして取り出す装置を**電池**という。亜鉛板と銅板とを希硫酸に浸してつくった電池は，**ボルタ電池**とよばれる。

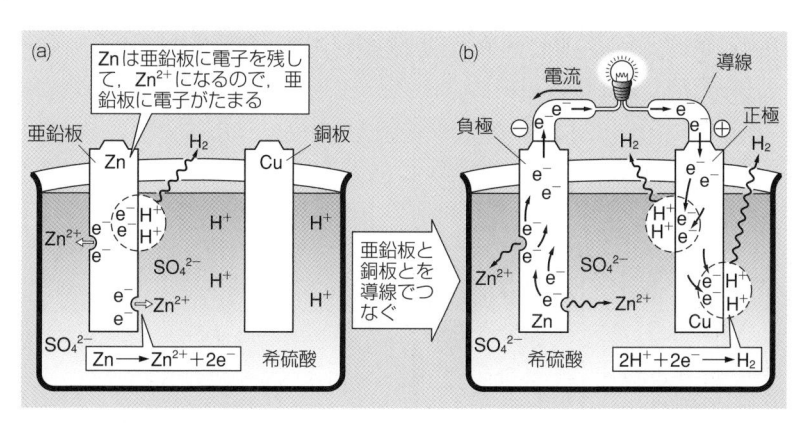

図 3-17　ボルタ電池の原理

ボルタ電池の亜鉛板のように，外部回路に電子が流れ出るほうを，電池の**負極**，銅板のように，外部回路から電子が流れこむほうを，電池の**正極**といい，負極や正極を電池の**電極**という。

電子の流れる方向と逆の方向を電流の方向というので，電流は外部回路を正極から負極へ向かって流れることになる。また，電池の両極をつないで，回路に電流を流すことを，電池の**放電**という。

ボルタ電池の起電力は約 1.1 V であり，1 V 用の豆電球をつないで放電させると，初めは明るく点灯するが，まもなく起電力が低下し，暗くなってしまう。これは，銅の表面が水素の膜でおおわれて，電気が流れにくくなると同時に，水素が逆にイオンになる反応

$$H_2 \longrightarrow 2H^+ + 2e^- \tag{95}$$

が起こること，また負極付近の Zn^{2+} 濃度が大きくなって Zn がイオンになりにくくなったりすること，などが原因と考えられる。この現象を**電池の分極**という。

B ダニエル電池

$\ominus$ Zn | ZnSO₄(水溶液) | CuSO₄(水溶液) | Cu $\oplus$

ボルタ電池の分極を防ぐために，亜鉛板を浸したうすい硫酸亜鉛水溶液と，銅板を浸した濃い硫酸銅(Ⅱ)水溶液とを，素焼き板で仕切ってつくった電池である(図 3-18)。

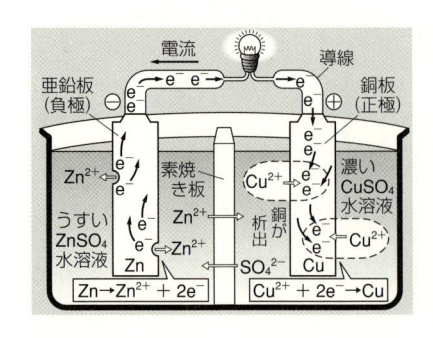

図 3-18 ダニエル電池の原理

正極の表面では水素が発生せず，銅が析出する。ダニエル電池の起電力は，約 $1.1\,\mathrm{V}$[*1]である。

$$\left.\begin{array}{l}\boxed{負極}\quad \mathrm{Zn} \longrightarrow \mathrm{Zn}^{2+} + 2\mathrm{e}^{-} \\ \qquad\qquad\qquad\qquad\quad \downarrow \text{(外部回路)} \\ \boxed{正極}\qquad\quad \mathrm{Cu}^{2+} + 2\mathrm{e}^{-} \longrightarrow \mathrm{Cu}\end{array}\right\} \quad (96)$$

C 塩化亜鉛乾電池

$\ominus\ \mathrm{Zn}\ |\ \mathrm{ZnCl_2,\ NH_4Cl}\,(水溶液)\ |\ \mathrm{MnO_2,\ C}\ \oplus$

塩化亜鉛乾電池は，二酸化マンガン(酸化マンガン(Ⅳ))$\mathrm{MnO_2}$ を正極(正極端子に黒鉛棒)にし，亜鉛の容器を負極にした**二酸化マンガン－亜鉛乾電池**[*2]の一種で，塩化アンモニウム $\mathrm{NH_4Cl}$ を含む塩化亜鉛を主成分とした電解質溶液を，デンプンのようなものでペースト状にして携帯用につくられている(図3-19)。

放電させると，負極の表面からは Zn が Zn^{2+} になって溶け出す。

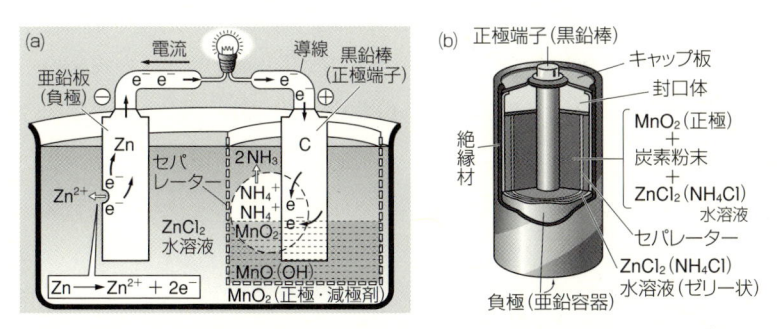

セパレーターは，電解質ペーストを塗ったクラフト紙でつくられ，$\mathrm{MnO_2}$ 粉がこぼれないようにしてある。

図3-19 塩化亜鉛乾電池の原理(a)と構造(b)

[*1] ボルタ電池やダニエル電池は，自己放電による消耗が大きく，使用上の不便もあることから，現在では実用されていない。

[*2] 二酸化マンガン－亜鉛乾電池にはこの他に，電解質溶液に $\mathrm{NH_4Cl}$ を主成分としたマンガン乾電池や，ZnO の KOH 水溶液を用いたアルカリマンガン乾電池がある。

負極から正極に流れこんだ電子は，溶液中のNH_4^+を引きつけ，二酸化マンガンと反応する[*1)]ので，水素は発生せず，分極は起こらない。すなわち，正極の二酸化マンガンは，減極剤としてはたらく。

塩化亜鉛乾電池は，約1.5Vの起電力をもつ実用電池である。

D | 鉛蓄電池　⊖ $Pb\ |\ H_2SO_4$(水溶液) $|\ PbO_2$ ⊕

希硫酸(密度1.2～1.3 g/mL，濃度27～39%)に，鉛 Pb の極(負極)と二酸化鉛(酸化鉛(Ⅳ)) PbO_2 の極(正極)を浸した電池である(図3-20)。
鉛蓄電池を放電させると，次の反応が起こる。

$$\left.\begin{array}{l}\boxed{負極}\quad Pb + SO_4^{2-} \longrightarrow \underset{硫酸鉛(Ⅱ)}{PbSO_4} + 2e^- \\ \boxed{正極}\quad PbO_2 + 4H^+ + SO_4^{2-} + 2e^- \longrightarrow PbSO_4 + 2H_2O\end{array}\right\} \quad (97)$$

(外部回路)

放電の結果，両極とも次第に白色の硫酸鉛(Ⅱ)でおおわれてくる。ある程度放電した鉛蓄電池の正極・負極を，それぞれ外部電源の正極・負極につないで，放電のときとは逆向きに鉛蓄電池へ電流を流すと，負極に付着した硫酸鉛(Ⅱ)は鉛に，正極に付着した硫酸鉛(Ⅱ)は二酸化鉛になる。この操作を鉛蓄電池の**充電**という。放電・充電のときの両極の変化をまとめて表すと，(98)式のようになる。

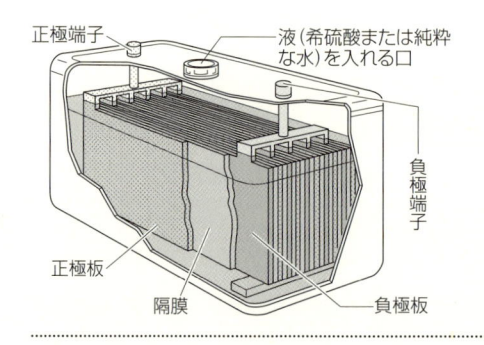

図3-20　鉛蓄電池
希硫酸から水が蒸発したり，充電のとき水もいくらか電気分解されるなどのため，ときどき純粋な水を補給する。
放電が進むと，硫酸が消費され，水が生じて希硫酸の密度が小さくなるので，充電する。

---

*1) 両極の変化をまとめて次式で表されることがあるが，確実にはわかっていない。
　　$4Zn + ZnCl_2 + 8MnO_2 + 8H_2O \longrightarrow ZnCl_2 \cdot 4Zn(OH)_2 + 8MnO(OH)$

$$\text{Pb} + \text{PbO}_2 + 2\text{H}_2\text{SO}_4 \underset{\text{充電}}{\overset{\text{放電}}{\rightleftarrows}} 2\text{PbSO}_4 + 2\text{H}_2\text{O} \quad (98)$$
（負極）（正極）　　　　　　　　　　（電極表面）

　鉛蓄電池の起電力は約 2V であり，放電・充電を繰り返して長く使うことができる。このような電池を二次電池[*1]という。

コラム　その他の実用電池

(1) **銀電池**　負極 Zn，正極 Ag_2O。放電中 1.55V の一定電圧が持続する。電卓・時計用。

(2) **リチウム電池**　負極に Li を使った電池の総称。フッ化黒鉛や MnO_2 を正極に使ったものは，起電力 3V。時計・カメラ用。

(3) **ニッケル・カドミウム蓄電池**　負極 Cd，正極 NiO(OH) で，電解質溶液に KOH または NaOH 水溶液を用いた二次電池。起電力 1.3V。
$$\text{Cd} + 2\text{NiO(OH)} + 2\text{H}_2\text{O} \underset{\text{充電}}{\overset{\text{放電}}{\rightleftarrows}} \text{Cd(OH)}_2 + 2\text{Ni(OH)}_2$$
（負極）（正極）　　　　　　　　　　　（負極）　　（正極）

(4) **リチウム二次電池（リチウムイオン電池）**　負極 C（黒鉛）と Li の化合物，正極 $\text{Li}_{0.5}\text{CoO}_2$。起電力 4.0V。携帯電話，ノートパソコン，電気自動車などに用いられる。

(5) **燃料電池**　燃料（H_2，CH_4 など）の燃焼のとき放出されるエネルギーを，電気エネルギーとして取り出す装置。家庭用や自動車用として実用化されている。

問 28.　ダニエル電池および鉛蓄電池について，放電のとき正極および負極で起こる化学変化を，酸化・還元の立場で説明せよ。

3　電気分解

A　水溶液の電気分解

　電解質の水溶液に 2 本の炭素棒（黒鉛）を離して浸し，これらの炭素棒

[*1) ボルタ電池や塩化亜鉛乾電池などは充電できない電池で，一次電池という。

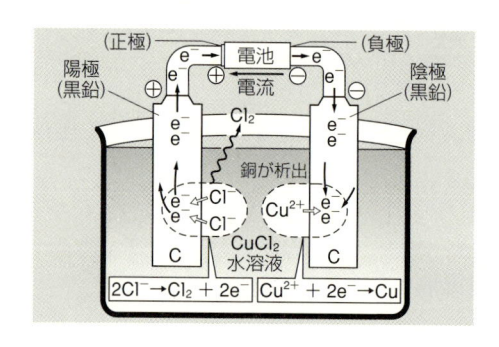

図中の説明:
(正極) (負極)
電池
電流
陽極(黒鉛)　陰極(黒鉛)
Cl₂
銅が析出
Cl⁻　Cu²⁺
CuCl₂水溶液
2Cl⁻ → Cl₂ + 2e⁻　　Cu²⁺ + 2e⁻ → Cu

Cu²⁺は陰極上で電子と結合して単体の銅 Cu となり，2Cl⁻ は陽極上で電子を奪われ，単体の塩素 Cl₂ となる。

図 3-21　塩化銅(Ⅱ)水溶液の電気分解

をそれぞれ電池の両極につないで電解質水溶液の中に直流の電気を流すと，水溶液中の陽イオンは，電池の負極につないだ炭素電極(**陰極**)から電子を受け取り，水溶液中の陰イオンは，電池の正極につないだ炭素電極(**陽極**)へ電子を与える。これが**電気分解**(電解)である。電気分解のとき，陽極では酸化反応が起こり，陰極では還元反応が起こる。

(1)　**塩化銅(Ⅱ)CuCl₂水溶液の電気分解**　次のようにして陰極に銅 Cu が析出し，陽極からは塩素 Cl₂ が発生する(図 3-21)。

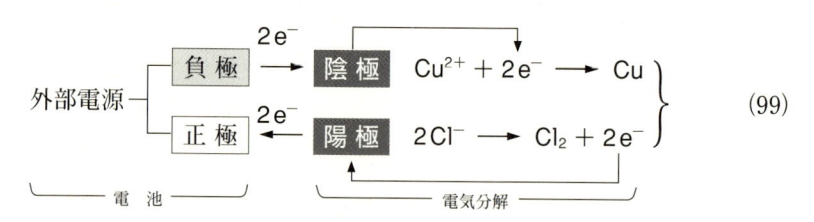

$$
\text{外部電源} \begin{cases} \text{負極} \xrightarrow{2e^-} \text{陰極} & Cu^{2+} + 2e^- \longrightarrow Cu \\ \text{正極} \xleftarrow{2e^-} \text{陽極} & 2Cl^- \longrightarrow Cl_2 + 2e^- \end{cases} \quad (99)
$$

（電池）　　　　（電気分解）

塩素はいくらか水に溶けて塩素水になるので，陽極付近の溶液は酸性が強くなる(→ p.174)。

銅のように，イオン化傾向の比較的小さな金属のイオンは，陰極で電子を受け取って，単体の金属となって析出しやすいが，イオン化傾向の大きな金属のイオンは，陰極上で単体の金属になりにくい。

(2)　**塩化ナトリウム水溶液の電気分解**　炭素電極を使って塩化ナトリウム水溶液を電気分解する場合，溶液中の Na⁺ が陰極の表面で電子を受け取るよりも，溶媒の水分子が電子を受け取りやすいので，次の反応によって水素が発生する。

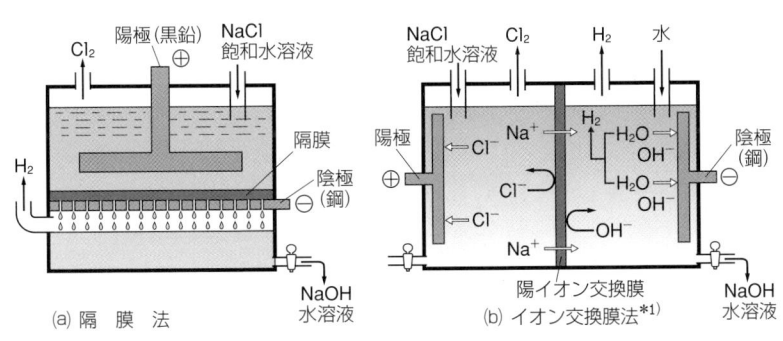

図 3-22　隔膜法とイオン交換膜法

(a) 隔膜法
(b) イオン交換膜法[*1]

$$\boxed{\text{外部電源の負極}} \xrightarrow{2e^-} \boxed{\text{陰極}} \quad 2H_2O + 2e^- \longrightarrow H_2 + 2OH^- \quad (100)$$

その結果，陰極付近の溶液では OH^- の濃度が大きくなってくるので，この溶液を濃縮すると，水酸化ナトリウム $NaOH$ が得られる。

一方，陽極では Cl^- が電子を陽極に与えて，塩素が発生する。

$$\boxed{\text{外部電源の正極}} \xleftarrow{2e^-} \boxed{\text{陽極}} \quad 2Cl^- \longrightarrow Cl_2 + 2e^- \quad (101)$$

このようにして，工業的に水酸化ナトリウムと塩素を製造することができるが，陰極付近の液と陽極付近の液が混じらないようにするため，石綿などでつくった**隔膜**を用いる**隔膜法**や，Na^+ だけを通過させる膜を用いる**イオン交換膜法**などが行われている(図 3-22)。イオン交換膜法では，隔膜法より純度の高い水酸化ナトリウムが得られる。

問 29. 炭素電極を使って塩化ナトリウム水溶液を電気分解した場合，陽極および陰極で起こる化学変化を，酸化・還元の立場で説明せよ。

(3) その他の水溶液の電気分解　水溶液を電気分解するとき，塩化物イオン Cl^- やヨウ化物イオン I^- などは，陽極に電子を与えて塩素 Cl_2 やヨウ素 I_2 になるが，硫酸イオン SO_4^{2-} や硝酸イオン NO_3^- は電子を放

[*1] Na^+ は左室から右室へ移動できるが，OH^- や Cl^- は膜を通って移動できない。

ちにくい。その代わりに，溶媒の水分子が陽極に電子を与え，酸素 O_2 が発生する。希硫酸を電気分解するとき，陽極から酸素が発生するのは，このためである。

$$\boxed{外部電源の正極} \xleftarrow{4e^-} \boxed{陽極} \quad 2H_2O \longrightarrow O_2 + 4H^+ + 4e^- \qquad (102)$$

問30. 炭素電極を使って次の水溶液を電気分解するとき，陽極および陰極に生成する物質名を書け。
(ア) $CaCl_2$ (イ) KOH (ウ) $Cu(NO_3)_2$ (エ) Na_2SO_4 (オ) $AgNO_3$

B 電解精錬

硫酸銅(Ⅱ)の希硫酸溶液に，不純物を含んだ銅(たとえば，銅の鉱石から製造した粗銅)を陽極に，純粋な銅を陰極にして電気分解すると，陽極では，溶液中の陰イオン(SO_4^{2-})や溶媒の水分子が電子を陽極に与えるよりも，陽極の銅原子が電子を放って銅(Ⅱ)イオンになる反応が起こりやすい。このようにして，陽極の銅はイオンになって溶解する。

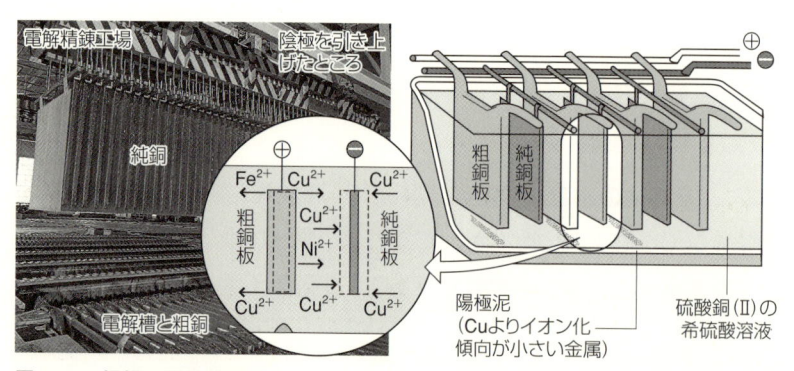

$$\boxed{外部電源の正極} \xleftarrow{2e^-} \boxed{陽極} \quad Cu \longrightarrow Cu^{2+} + 2e^- \qquad (103)$$

図 3-23 粗銅の電解精錬

このとき、陽極板に不純物として含まれている Cu よりイオン化傾向が小さな金属(たとえば、Ag, Au など)は、陽イオンにならないで、極板からはがれ落ちて沈殿する。これを**陽極泥**という(図 3-23)。陽極泥からは、銀・金などが回収される。

陰極では、溶液中の Cu^{2+} が電子を受け取って、銅が析出する。

$$\boxed{\text{外部電源の負極}} \xrightarrow{2e^-} \boxed{\text{陰極}} \quad Cu^{2+} + 2e^- \longrightarrow Cu \qquad (104)$$

このとき、Cu よりイオン化傾向の大きな金属のイオン(たとえば、Zn^{2+}, Fe^{2+} など)は、溶液中に残る[*1]。

このようにして、電気分解によって純粋な金属をつくる方法を**電解精錬**という[*2]。

問31. 純粋な銅を電極として、硫酸銅(II)の希硫酸溶液を電気分解しても、溶液中のイオン(H^+, Cu^{2+}, SO_4^{2-} など)の濃度は変化しなかった。その理由を説明せよ。

C 融解塩電解

水溶液の電気分解によって、イオン化傾向の大きな単体の金属(たとえば、K, Ca, Na, Mg, Al など)をつくることは困難なので(→ p.138)、これらの金属元素の水酸化物(NaOH, KOH など)、塩化物($MgCl_2$, $CaCl_2$ など)、酸化物(たとえば、Al_2O_3[*3])などを融解して液体にし、電気分解する方法が利用されている。これを**融解塩電解**という(次ページ図 3-24)。

[*1] 電圧を高くすると、これらの金属も陰極に析出するから、ふつう 0.2〜0.3 V のような低い電圧で電気分解する。
[*2] 電解精錬で得られた銅を電気銅といい、純度は 99.99% 以上である。
[*3] 酸化アルミニウムはアルミナともいい、その融点(2054℃)が高いので、電気分解の温度を低くするために約 1000℃で融解した氷晶石 $Na_3[AlF_6]$ にアルミナを溶かして電気分解する。この電解法は、アメリカのホールおよびフランスのエルーにより、1886 年それぞれ別々に発明された。

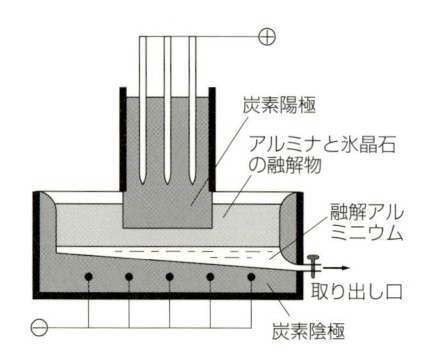

炭素陽極
アルミナと氷晶石の融解物
融解アルミニウム
取り出し口
炭素陰極

左図は，融解塩電解法によるアルミニウム製造の概念図である。
この融解塩電解では，陽極に生じた酸素は，ただちに陽極の炭素と化合して，おもに一酸化炭素になるため，炭素陽極は，絶えず補給していかなくてはならない。

図 3-24 アルミニウムの製造

D 電気分解と電気量

(99)式(→ p.138)から，電気分解のとき陽イオンが陰極から受け取る電子の数と，陰イオンが陽極へ与える電子の数とは等しいことがわかる。

電子という粒子がまだ知られていなかったころ，ファラデー(イギリス，1791～1867)は，電気分解のとき流れた電気量と，変化した物質の質量との間に，次のような関係があることを発見した(1833年)。

「(1) 陰極または陽極で変化するそれぞれの物質の質量は，通じた電気量に比例する。

(2) イオン1molの質量を，そのイオンの価数で割った質量を電気分解させるのに要する電気量は，イオンの種類に関係せず一定である。」

これを**ファラデーの法則**という。たとえば，6.02×10^{23} 個の電子(電子1mol)によって Cu^{2+} $\frac{1}{2}$ mol および Cl^- 1mol が同時に電気分解される。ファラデーの法則は，水溶液の電気分解のときにも，融解塩電解のときにも適用することができる。

一価のイオン1molを電気分解させるのに要する電気量，すなわち電子1mol当たりの電気量の絶対値を**ファラデー定数**といい，記号 F で表す。電子のもつ電気量の絶対値を e [C](クーロン)(→ p.11)，アボガドロ定数を

N_A で表すと，ファラデー定数は次のように表される。
$$F = eN_A = 9.65 \times 10^4 \, \text{C/mol}^{*1)}$$

問32. 硝酸銀 $AgNO_3$ 水溶液を電気分解したとき，1C の電気量によって陰極に銀が 1.12×10^{-3} g 析出した。この結果から，ファラデー定数を計算せよ。

例題4. 銅板を陰極に，炭素棒を陽極にして塩化銅(Ⅱ)水溶液を電気分解したところ，陰極に銅が 2.54 g 析出した。
(1) この電気分解に要した電気量は何 C か。
(2) 塩素は水に溶けないものとして，陽極から発生した塩素は，0℃，1.01×10^5 Pa（=1 atm）で何 mL か。

解 (1) Cu は $Cu^{2+} + 2e^- \longrightarrow$ Cu の変化により

$\dfrac{2.54\,\text{g}}{63.5\,\text{g/mol}} = 4.00 \times 10^{-2}$ mol 析出した。したがって，電気分解に要した電子は $2 \times 4.00 \times 10^{-2}$ mol となる。$F = 9.65 \times 10^4$ C/mol であるから，9.65×10^4 C/mol $\times 2 \times 4.00 \times 10^{-2}$ mol $= 7.72 \times 10^3$ C

答 7.72×10^3 C

(2) 陽極の反応は，$2Cl^- \longrightarrow Cl_2 + 2e^-$ で表される。すなわち，2 mol の電子によって Cl_2 1 mol を生じるので，8.00×10^{-2} mol の電子では，$1\,\text{mol} \times \dfrac{8.00 \times 10^{-2}}{2} = 4.00 \times 10^{-2}$ mol すなわち，0℃，1.01×10^5 Pa で 22.4 L/mol $\times 4.00 \times 10^{-2}$ mol $= 0.896$ L になる。

答 8.96×10^2 mL

練習4. 銅板を陰極に，炭素棒を陽極にして塩化銅(Ⅱ)水溶液を電気分解したところ，陽極から塩素 Cl_2 0.250 mol が発生した。
(1) 電気分解に要した電気量は何 C か。
(2) 陰極の質量は何 g 増加したか。

---

*1) 詳しい値は 9.64853×10^4 C/mol である。1C は 1A（アンペア）の電流が 1s（秒）間流れたときの電気量である（1C=1A・s）。

■ V章のまとめ ■

1 金属のイオン化傾向

K > Ca > Na > Mg > Al > Zn > Fe > Ni > Sn > Pb > (H$_2$) > Cu > Hg > Ag > Pt > Au

2 電池

ボルタ電池, ダニエル電池, 塩化亜鉛乾電池, 鉛蓄電池など。いずれも, 正極で還元, 負極で酸化が起こる。

2 電気分解

①各電極で変化する物質量は, 電気量に比例し, 同一電気量によって変化する物質量は, イオンの種類によらず, 価数に反比例する(ファラデーの法則)。

②ファラデー定数 $F = eN_A = 9.65 \times 10^4$ C/mol

■ V章の問題

1. 硫酸銅(Ⅱ), 硝酸銀, 硫酸亜鉛の水溶液を用いて, 銅・銀・亜鉛のイオン化傾向の大きさの順を決めたい。どのような実験をすればよいか。

2. トタン板(鋼板に亜鉛をめっきしたもの)およびブリキ板(鋼板にスズをめっきしたもの)の表面に傷がついて鉄が露出した場合, どちらのほうが鉄さびができやすいか。電池の原理によって説明せよ。

3. 右表の中の化合物の水溶液を, 炭素電極を用いて電子1molの電気量で電気分解した。このとき生成する単体の化学式と, その物質量の数値を係数としてつけ, 例にならって記入せよ。

化合物	陽極	陰極
(例) CuCl$_2$	$\frac{1}{2}$ Cl$_2$	$\frac{1}{2}$ Cu
AgNO$_3$	ア	イ
CuSO$_4$	ウ	エ
MgCl$_2$	オ	カ
NaOH	キ	ク

4. 鉛蓄電池を, 2.0Aの電流で40分間放電させるとき, 正極・負極の各質量および電解液中の硫酸の質量は, それぞれ何gずつ変化するか。

5. 硝酸銀水溶液を, 白金電極を用いて1.0Aの電流で32分10秒間電気分解した。陽極および陰極で発生または析出する物質の名まえと物質量をそれぞれ記せ。

第4編
物質の性質 (1)

　天然に存在する物質や人工的につくられた物質など，われわれのまわりには，きわめて多種多様の物質が存在する。それらの物質は，それぞれ固有の構造や性質をもっている。数えきれないほど多くの物質の性質を，ひとつひとつ別々に調べることよりも，前編までに学んだ物質についての基礎的な知識や考え方を基にして，具体的な物質相互の性質の関連を理解していくほうがたいせつである。このようにして，個々の物質についても，より深い理解が得られるであろう。本編では，元素の周期表を基礎にして，単体や無機化合物の性質を理解していこう。

第 I 章
典型元素と
その化合物

典型元素の最外電子殻にある電子の数は，その元素が属する周期表の族の番号の一の位に一致する。同じ族の典型元素では，単体およびその化合物の性質が，たがいによく似ているのは，このためである。この章では，各族の典型元素の単体やその化合物の特性について，周期表の1族から順をおって見ていく。

硫酸の製造工場の外観

1 | 元素の分類と周期表

A | 元素の分類

　周期表の第4～6周期の元素は，1族から始まり18族に終わっている。周期表の3～11族の元素は，**遷移元素**とよばれる。遷移元素では，元素の周期律(→ p.17)があまりはっきりしておらず，となりどうしの元素の性質がよく似ている。これに対して，遷移元素以外の元素は，元素の周期律をはっきり示す元素で，**典型元素**とよばれている。

　表4-1の元素の周期表に示されているように，遷移元素は周期表の中央部に集まっていて，遷移元素の両側に典型元素が並んでいる。

　周期表の同じ族に属する性質のよく似た元素どうしを**同族元素**といい，固有の名まえでよばれることがある。たとえば，Hを除く1族典型元素を**アルカリ金属元素**といい，BeとMgを除く2族典型元素を**アルカリ土類金属元素**という。また，17族典型元素を**ハロゲン元素**，18族元素を**希ガス元素**という。

表 4-1　元素の周期表

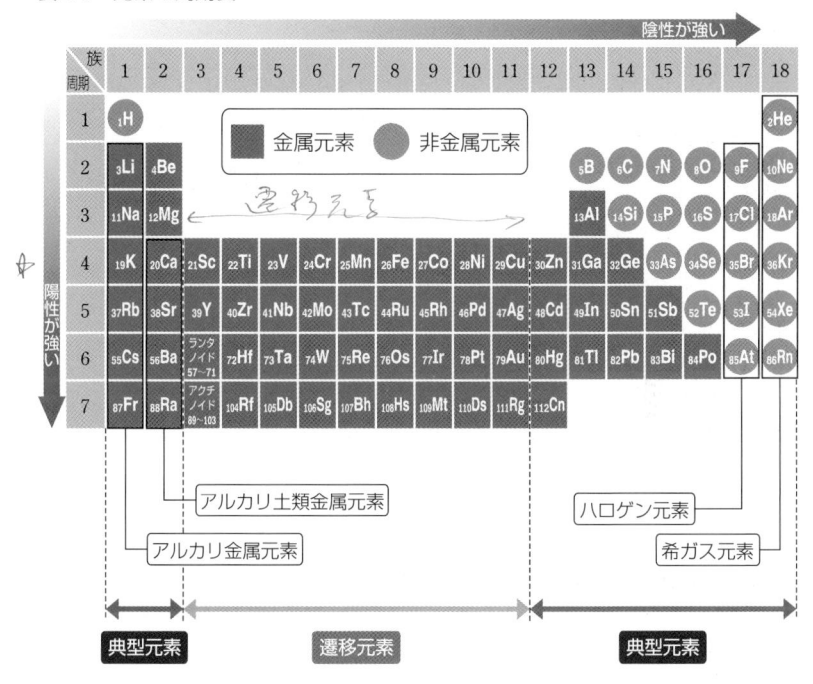

[元素の周期表：1〜18族、1〜7周期。金属元素・非金属元素の区別、アルカリ金属元素、アルカリ土類金属元素、ハロゲン元素、希ガス元素、典型元素、遷移元素の区分を示す。右上にいくほど陰性が強く、左下にいくほど陽性が強い。]

周期表では，18族元素を除き，左下にいくほど陽性が強い元素が，右上にいくほど陰性が強い元素が並んでいる（表4-1）。

B　第3周期の元素

第3周期の元素を例にとって，化合物を比較してみると，表4-2のように，それぞれの元素と結合する酸素原子や水素原子の数が規則的に変化していることがわかる。

表4-2　第3周期の元素の化合物とその組成式・分子式

化合物＼元素	$_{11}Na$	$_{12}Mg$	$_{13}Al$	$_{14}Si$	$_{15}P$	$_{16}S$	$_{17}Cl$
酸化物	Na_2O	MgO	Al_2O_3	SiO_2	P_2O_5	SO_3	Cl_2O_7
水素化合物	NaH	MgH_2	AlH_3	SiH_4	PH_3	H_2S	HCl

> **コラム** 元素の周期律の発見とメンデレーエフ
>
> メンデレーエフは，1869年に発表した周期表の中に，当時未発見であった元素の欄を数か所空白にしておいた。そして，その後彼は，それら元素の性質を予言した。その1例として，右表に彼の予言によるエカケイ素Esの性質と，1886年ウィンクラー（ドイツ，1838〜1904）により発見されたゲルマニウムGeの性質がよく一致していることを示す。
>
> | | エカケイ素 Es | ゲルマニウム Ge |
> |---|---|---|
> | 原子量 | 72 | 72.63 |
> | 原子価 | 4 | 4 |
> | 密度 | 5.5g/cm^3 | 5.32g/cm^3 |
> | 色 | 灰 | 灰 |
> | 融点 | 高 | 937℃ |
> | 酸化物 | EsO_2 | GeO_2 |
> | 塩化物 | $EsCl_4$ | $GeCl_4$ |
> | 塩化物沸点 | 100℃以下 | 83℃ |
> | 塩化物密度 | 1.9g/cm^3 | 1.88g/cm^3 |
>
> このほかにも，その後発見された元素の性質とメンデレーエフの予言とがよく一致したので，彼の周期表に対する評価は一段と高くなった。

2 | 1族典型元素とその化合物

A | 単体

周期表1族で，水素以外の典型元素を**アルカリ金属元素**という（表4-3）。アルカリ金属は，密度が小さく，比較的軟らかくて融点も低い。アルカリ金属の原子は価電子1個をもち，それを放って一価の陽イオンになりやすい。たとえば，単体はいずれも常温の水と反応して水素を発生し，水酸化物になる（図4-1）。

	1	2	3
1	$_1$H		
2	$_3$Li	$_4$Be	
3	$_{11}$Na	$_{12}$Mg	
4	$_{19}$K	$_{20}$Ca	$_{21}$Sc
5	$_{37}$Rb	$_{38}$Sr	$_{39}$Y
6	$_{55}$Cs	$_{56}$Ba	ランタノイド
7	$_{87}$Fr	$_{88}$Ra	アクチノイド

図4-1 単体のナトリウムを水に入れたときの反応

$$2Na + 2H_2O \longrightarrow 2NaOH + H_2\uparrow \quad (1)$$

表 4-3　アルカリ金属

元素名	電子殻 原子	K	L	M	N	O	P	融点 (℃)	密度 (g/cm³)	炎色反応
リチウム	₃Li	2	1					181	0.53	赤
ナトリウム	₁₁Na	2	8	1				98	0.97	黄
カリウム	₁₉K	2	8	8	1			64	0.86	赤紫
ルビジウム	₃₇Rb	2	8	18	8	1		39	1.53	赤
セシウム	₅₅Cs	2	8	18	18	8	1	28	1.87	青

　また，酸素や塩素などと直接反応して，イオン結合の化合物をつくる。たとえば，空気中で速やかに酸化され，光沢を失う。

　アルカリ金属元素の化合物は，すべて炎色反応を示す(表 4-3)。

　アルカリ金属は，水溶液の電気分解では得られないので，工業的には水酸化物や塩化物の融解塩電解でつくられる(→ p.141)。

問 1.　単体のナトリウムやカリウムは石油の中に保存する。なぜか。

B　酸化物・水酸化物

　アルカリ金属元素の酸化物は塩基性酸化物であり，水と反応して水酸化物になり，また，酸と反応して塩を生成する(→ p.106)。

　アルカリ金属元素の水酸化物は，いずれも白色の固体で，比較的融点が低く，加熱するとほとんど分解しないで融解する。また，水によく溶け(表 4-4)，水溶液は強いアルカリ性を示す。水酸化ナトリウムや水酸化カリウムの固体は，湿った空気中で水分を吸収して，この水に溶けこむ性質がある。このため，固体の表面がぬれてくる。このような現象を**潮解**という。

　アルカリ金属元素の水酸化物は，固体でも水溶液でも，二酸化炭素をよく吸収して炭酸塩を生じる。

表 4-4　アルカリ金属元素の水酸化物の例

水酸化物	融点 (℃)	溶解度 (g/100g 水，20℃)
LiOH	450	12
NaOH	318	109
KOH	360	112

$$2\text{NaOH} + \text{CO}_2 \longrightarrow \text{Na}_2\text{CO}_3 + \text{H}_2\text{O} \tag{2}$$

水酸化ナトリウム NaOH はカセイ(苛性)ソーダともよばれ，塩化ナトリウム水溶液の電気分解でつくられる(→ p.138)。水酸化ナトリウムは，セッケン(→ p.222)の製造のほか，石油精製・製紙その他の化学工業で多量に使われている。

問2. 水酸化カリウム KOH 水溶液に二酸化炭素を吸収させたときの化学反応式を書け。

C 炭酸塩・炭酸水素塩

炭酸ナトリウム Na_2CO_3 や炭酸カリウム K_2CO_3 は白色の固体で，水によく溶け，水溶液は加水分解(→ p.118)のためアルカリ性を示す。

$$\text{CO}_3^{2-\,*1)} + \text{H}_2\text{O} \rightleftarrows \text{HCO}_3^- + \text{OH}^- \tag{3}$$

また，炭酸水素ナトリウム NaHCO_3 や炭酸水素カリウム KHCO_3 は白色の固体で，水溶液は加水分解のため弱アルカリ性を示す。

$$\left. \begin{array}{l} \text{HCO}_3^{-\,*1)} + \text{H}_2\text{O} \rightleftarrows \text{H}_2\text{CO}_3 + \text{OH}^- \\ \text{H}_2\text{CO}_3 \rightleftarrows \text{CO}_2 + \text{H}_2\text{O} \end{array} \right\} \tag{4}$$

炭酸ナトリウムや炭酸カリウムは熱に安定で，加熱すると融解するが，炭酸水素塩は容易に分解して，炭酸塩になる(表 4-5)。

$$2\text{NaHCO}_3 \longrightarrow \text{Na}_2\text{CO}_3 + \text{H}_2\text{O} + \text{CO}_2\uparrow \tag{5}$$

炭酸塩や炭酸水素塩に希塩酸や希硫酸を加えると，二酸化炭素を発生する。

$$\text{Na}_2\text{CO}_3 + 2\text{HCl} \longrightarrow 2\text{NaCl} + \text{H}_2\text{O} + \text{CO}_2\uparrow \tag{6}$$

表 4-5 Na, K の炭酸塩と炭酸水素塩

炭酸塩	溶解度 (g/100g水, 20℃)	融点 (℃)	炭酸水素塩	溶解度 (g/100g水, 20℃)	分解温度 (℃)
Na_2CO_3	22	851	NaHCO_3	9.6	270
K_2CO_3	111	891	KHCO_3	33	100〜200

*1) CO_3^{2-} や HCO_3^- は，H_2O から H^+ を受け取っているから塩基である(→ p.104)。

$$NaHCO_3 + HCl \longrightarrow NaCl + H_2O + CO_2\uparrow \tag{7}$$

炭酸ナトリウム(炭酸ソーダ)は，塩化ナトリウムから工業的につくられている．すなわち，塩化ナトリウムの飽和水溶液に，アンモニアと二酸化炭素を吹きこむと，比較的溶解度の小さい(表4-5)炭酸水素ナトリウムが沈殿するので((8)式)，これを集めて焼くと，炭酸ナトリウムが得られる((5)式)．

$$NaCl + NH_3 + CO_2 + H_2O \longrightarrow NaHCO_3\downarrow + NH_4Cl \tag{8}$$

(5)式の反応で生じたCO_2は，ふたたび(8)式の反応に利用されるが，不足する分は，石灰石$CaCO_3$を焼いてつくられる．

$$CaCO_3 \longrightarrow CaO + CO_2\uparrow \tag{9}$$

炭酸ナトリウムの濃い水溶液を室温に放置すると，$Na_2CO_3\cdot 10H_2O$の組成式をもつ結晶ができる．この結晶を空気中に放置すると，水和水の一部が失われて，結晶の表面が白い粉末状になる．このような現象を風解という．水和水をもった炭酸ナトリウムを加熱すると，白色粉末状の炭酸ナトリウム無水塩Na_2CO_3になる．

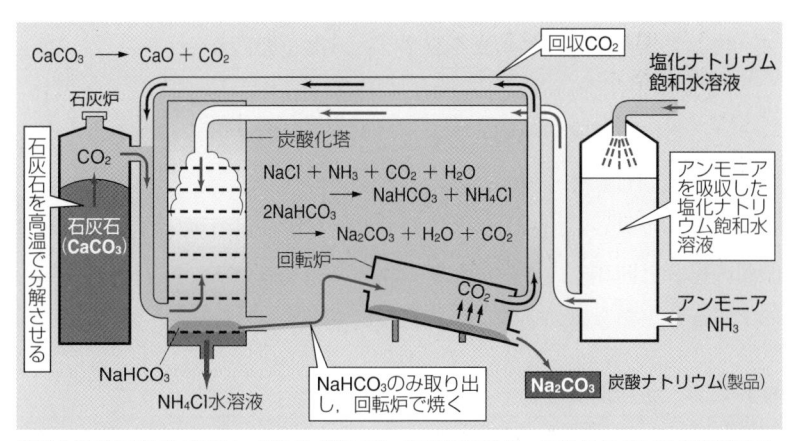

炭酸化塔の沪液1L中には，NH_4Clが約190g含まれており，これからNH_4Clを分離する．石灰炉で生じたCaOに水を作用させて$Ca(OH)_2$をつくり，炭酸化塔から分離したNH_4Clと反応させてNH_3を回収(→p.168)して，ふたたび使う方法はソルベー(ベルギー，1838〜1922)が発明した方法(1866年)で，ソルベー法またはアンモニアソーダ法とよばれる．しかし，NH_3はハーバー・ボッシュ法で大量に製造されるので(→p.100)，NH_4Clはそのまま肥料に利用しこの方法によるNH_3の回収は，行われなくなっている．

図4-2 炭酸ナトリウムの製造

問3. (8)式と(5)式の反応によって，塩化ナトリウムを完全に炭酸ナトリウムにしたとすると，塩化ナトリウム 1.0 mol から得られる炭酸ナトリウムは何 mol か。また，このとき反応にあずかったアンモニアは何 mol か。

3 | 2，12族典型元素とその化合物

A | 2族元素の単体

ベリウム $_4$Be，マグネシウム $_{12}$Mg，カルシウム $_{20}$Ca，ストロンチウム $_{38}$Sr，バリウム $_{56}$Ba などは周期表2族の元素である。これらの元素のうち，$_{20}$Ca，$_{38}$Br，$_{56}$Ba は，性質がたがいによく似ていて，**アルカリ土類金属元素**とよばれる[*1]。アルカリ土類金属の原子は価電子2個をもち，それを放って二価の陽イオンになりやすい。たとえば，アルカリ金属に似て，常温で水と反応して水素を発生し，水酸化物になる。

$$Ca + 2H_2O \longrightarrow Ca(OH)_2 + H_2\uparrow \tag{10}$$

また，単体の酸素・塩素などと反応して，それぞれ酸化物 MO，塩化物 MCl_2（M は Ca，Sr，Ba など）をつくる。

マグネシウム（→ p.156）およびアルカリ土類金属の単体は，アルカリ金属の場合と同じく，融解塩電解によってつくられる。

アルカリ土類金属の塩類は，炎色反応を示す(表 4-6)。

表 4-6　アルカリ土類金属

元素名	電子殻原子	K	L	M	N	O	P	融点(℃)	密度(g/cm³)	炎色反応
カルシウム	$_{20}$Ca	2	8	8	2			839	1.6	橙赤
ストロンチウム	$_{38}$Sr	2	8	18	8	2		769	2.5	紅
バリウム	$_{56}$Ba	2	8	18	18	8	2	729	3.6	黄緑

[*1] 同じ2族元素の $_4$Be，$_{12}$Mg はアルカリ土類金属元素に分類されない（→ p.156）。

B　アルカリ土類金属の酸化物・水酸化物

アルカリ土類金属元素の酸化物は塩基性酸化物(→ p.106)であり，水と反応して水酸化物になる((11)式)。また，酸と反応して塩をつくる((12)式)。

$$CaO + H_2O \longrightarrow Ca(OH)_2 \tag{11}$$
$$BaO + 2HCl \longrightarrow BaCl_2 + H_2O \tag{12}$$

アルカリ土類金属元素の水酸化物は強塩基であり，固体や水溶液は二酸化炭素を吸収して炭酸塩になる。

$$Ca(OH)_2 + CO_2 \longrightarrow CaCO_3 + H_2O \tag{13}$$

酸化カルシウム CaO は**生石灰**（せいせっかい）ともいい，石灰石 $CaCO_3$ を焼いてつくられる(→ p.151 の(9)式)。

酸化カルシウムにコークスを混ぜて電気炉で強熱すると，炭化カルシウム(**カーバイド**) CaC_2 が得られる。

$$CaO + 3C \longrightarrow CaC_2 + CO \tag{14}$$

酸化カルシウムは，カーバイドや水酸化カルシウムの製造のほか，脱水剤・乾燥剤などにも用いられる。酸化カルシウムに濃い水酸化ナトリウム水溶液をしみこませ，これを焼いて粒状にしたものを，**ソーダ石灰**といい，二酸化炭素や水分の吸収剤として用いられる。

水酸化カルシウム Ca(OH)$_2$ は**消石灰**ともいい，白色の粉末で，水に少し溶ける(25℃，100 g の水に 0.150 g 溶ける)。水酸化カルシウムの水溶液を**石灰水**といい，石灰水に過剰の水酸化カルシウムを加えた乳状の懸濁液を，**石灰乳**という。水酸化カルシウムを約 600℃に熱すると，水を失って酸化カルシウムになる。

$$Ca(OH)_2 \longrightarrow CaO + H_2O \tag{15}$$

図 4-3　生石灰に水を加えたときの変化
生石灰のかたまりに水をかけると，発熱・膨張して表面が白色粉末状の消石灰になる。

水酸化カルシウムは，酸性土壌の中和剤，さらし粉の製造(→ p.176)，建築材料(しっくい)[*1)]の原料などに使われる。また，実験室でアンモニウム塩からアンモニアを発生させるのに使われる(→ p.168)。

C アルカリ土類金属の炭酸塩

アルカリ土類金属元素の炭酸塩は，いずれも水に溶けにくい[*2)]。したがって，たとえば石灰水に二酸化炭素を通じると，炭酸カルシウムが沈殿する((13)式)。しかし，さらに二酸化炭素を通じ続けると，炭酸水素カルシウムとなって電離し，炭酸カルシウムの沈殿が消える((16)式の正反応)。

$$CaCO_3 + H_2O + CO_2 \rightleftarrows Ca^{2+} + 2HCO_3^- \qquad (16)$$

炭酸水素カルシウムの水溶液を熱すると，(16)式の逆反応が起こって，ふたたび炭酸カルシウムの沈殿ができる(図4-4)。

炭酸カルシウムは，石灰石・大理石などとして天然に多量に存在しているが，これらが分布する地域では，二酸化炭素を含んだ地下水の作用で炭酸カルシウムが溶けて，地下に鍾乳洞ができることがある(図4-5)。

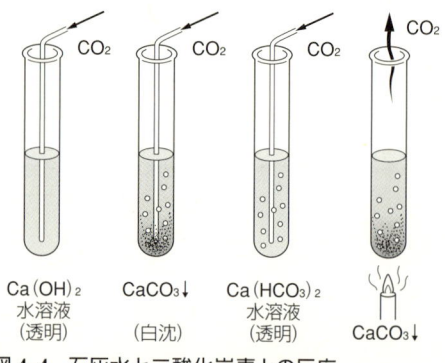

図4-4 石灰水と二酸化炭素との反応

図4-5 鍾乳洞

---

*1) しっくい壁が固まるのは，(13)式のようにして，空気中の二酸化炭素を吸収して炭酸カルシウムを生じるためである。
*2) $CaCO_3$ の溶解度は，25℃で $5.6×10^{-3}$ g/100g 水である。

アルカリ土類金属元素の炭酸塩は，加熱すると分解して二酸化炭素を放ち，酸化物になる（たとえば，p.151 の(9)式）。また，希塩酸に入れると，二酸化炭素を発生して溶ける。

$$CaCO_3 + 2HCl \longrightarrow CaCl_2 + H_2O + CO_2\uparrow \tag{17}$$

問 4. 塩化カルシウム水溶液に二酸化炭素を通じても，炭酸カルシウムの沈殿を生じないのはなぜか。

D｜アルカリ土類金属の硫酸塩

アルカリ土類金属元素の硫酸塩は，いずれも水に溶けにくい[*1]。

硫酸カルシウム $CaSO_4$ は，天然に二水和物 $CaSO_4 \cdot 2H_2O$（セッコウ）または無水塩として産出する。セッコウはセメント（p.165）の原料に用いられている。

セッコウを 120～140 ℃に加熱すると**焼きセッコウ** $CaSO_4 \cdot \frac{1}{2}H_2O$ になるが，焼きセッコウを水で練って放置すると，ふたたび二水和物になって固まる性質があるので（このとき体積が増加する），建築材料・医療用ギプス・工芸品などに使われる。

$$CaSO_4 \cdot \frac{1}{2}H_2O + \frac{3}{2}H_2O \longrightarrow CaSO_4 \cdot 2H_2O \tag{18}$$

硫酸バリウム $BaSO_4$ は，天然に重晶石(じゅうしょうせき)として産出し，水にきわめて溶けにくい。水溶液から沈殿させた硫酸バリウムは，細かい白色粉末で**白色顔料**[*2]に用いられる。また，X 線を通さず，人体で消化されないことから，レントゲン写真をとるときの X 線造影剤にも使われる。

[*1] $CaSO_4$ の溶解度は，25 ℃で 0.21 g/100 g 水である。
[*2] 彩色に利用される水に溶けにくい有色または無色の物質を，顔料という。

> **コラム　にがり**
>
> 　海水を濃縮して，大部分の塩化ナトリウム（食塩）を結晶としてとったあとの残りの水溶液は，にが味を有し，にがりとよばれている。にがりの組成は，製塩法によって異なるが，右表には塩田法のときのにがりの例を示した。
> 　にがりは，とうふの製造に使ったり，マグネシウム・カリウム・臭素などの資源として利用されている。
>
> にがり100gに含まれる塩類
>
> | 塩類 | 質量(g) |
> |---|---|
> | NaCl | 2.0～7.0 |
> | $MgCl_2$ | 14～21 |
> | $MgSO_4$ | 6～8.3 |
> | KCl | 2.4～3.2 |
> | $MgBr_2$ | 0.25～0.36 |

E　マグネシウム（2族元素）

　マグネシウム $_{12}Mg$ は，周期表2族の典型元素であるが，その化合物は炎色反応を示さず，また硫酸塩が水に溶けるなど，アルカリ土類金属元素とは性質が違う。

　単体のマグネシウムは，塩化物の融解塩電解でつくられる。空気中で徐々に表面が酸化されて光沢を失うが，常温の水とはほとんど反応しない（→ p.132）。また，Al，Zn，Mn その他の金属と合金をつくり，航空機・自動車・光学機械その他に広く利用されている。マグネシウム合金は，軽く（密度 1.7～2.0 g/cm³）[*1]，強度が大きい。

　酸化マグネシウム MgO は融点がきわめて高く（約 2800℃），耐火れんが・るつぼなどの製造に使われる。酸化マグネシウムに水を加えると，水に溶けにくい**水酸化マグネシウム** $Mg(OH)_2$ が表面にできる[*2]。

マグネシウムリボンは，白煙と強い光を出して燃える。白煙は，酸化マグネシウムである。
図 4-6　Mg の燃焼

---

*1) 密度が比較的小さい合金を軽合金という。
*2) $Mg(OH)_2$ の溶解度は，25℃で 9.7×10^{-4} g/100g 水である。

F 亜鉛と水銀（12族元素）

亜鉛 $_{30}Zn$，カドミウム $_{48}Cd$ および水銀 $_{80}Hg$ は，周期表12族の典型元素で，それらの原子はいずれも価電子2個をもっていて，二価の陽イオンになることができる[*1]。

亜鉛・カドミウムのイオン化傾向は水素より大きいが，水銀は水素よりイオン化傾向が小さい。

12族元素の単体は，アルカリ土類金属に比べて密度は大きく，融点は比較的低い（表4-7）。

表 4-7　12族元素の単体の融点と密度

元素	融点 (℃)	密度 (g/cm³)
$_{30}Zn$	420	7.1
$_{48}Cd$	321	8.7
$_{80}Hg$	−39	13.5

《亜鉛とその化合物》　単体の亜鉛は希硫酸や希塩酸には水素を発生して溶けるが，水酸化ナトリウムのような強塩基の水溶液にも，水素を発生して溶ける。

$$Zn + H_2SO_4 \longrightarrow ZnSO_4 + H_2 \uparrow \tag{19}$$

$$Zn + 2NaOH + 2H_2O \longrightarrow Na_2[Zn(OH)_4] + H_2 \uparrow \tag{20}$$
テトラヒドロキソ亜鉛（Ⅱ）酸ナトリウム

亜鉛のように，酸とも強塩基の水溶液とも反応して塩をつくるような元素を両性元素という。

単体の亜鉛は電池の負極として用いられたり（→ p.134），鋼板の表面にめっきして（トタンという），鋼がさびるのを防ぐのに用いられる。また，黄銅・洋銀などの合金の原料に使われる（→ p.181）。

単体の亜鉛を空気中で熱すると，白色の酸化亜鉛[*2] ZnO になる。酸化亜鉛は水に溶けにくいが，酸の水溶液や強塩基の水溶液と反応して溶け，それぞれ塩と水を生じる。すなわち，酸化亜鉛は塩基性酸化物としても，酸性酸化物としてもはたらくので，両性酸化物とよばれる。

[*1] Hg は酸化数+Ⅱの水銀(Ⅱ)イオン Hg^{2+} 以外に，酸化数+Ⅰの水銀(Ⅰ)化合物にもなることができる（→ p.158）。

[*2] 酸化亜鉛の粉末は亜鉛華ともよばれ，白色顔料・外用医薬品などに用いられる。

$$ZnO + 2HCl \longrightarrow ZnCl_2 + H_2O \tag{21}$$
$$ZnO + 2NaOH + H_2O \longrightarrow Na_2[Zn(OH)_4] \tag{22}$$

亜鉛イオン Zn^{2+} を含む水溶液に，水酸化ナトリウム水溶液を少量加えると，水に溶けにくい**水酸化亜鉛** $Zn(OH)_2$ が沈殿する。水酸化亜鉛は，過剰の水酸化ナトリウム水溶液にも，酸の水溶液にも，それぞれ塩をつくって溶けるので，**両性水酸化物**とよばれる。

$$Zn(OH)_2 + 2NaOH \longrightarrow Na_2[Zn(OH)_4] \tag{23}$$
$$Zn(OH)_2 + 2HCl \longrightarrow ZnCl_2 + 2H_2O \tag{24}$$

亜鉛イオンはまた，アンモニア水によっても水酸化亜鉛を沈殿するが，アンモニア水を過剰に加えると，Zn^{2+} にアンモニア分子 NH_3 が結合したテトラアンミン亜鉛(Ⅱ)イオン $[Zn(NH_3)_4]^{2+}$ (→ p.184)を生じて，沈殿は溶解する。

$$Zn(OH)_2 + 4NH_3 \longrightarrow [Zn(NH_3)_4]^{2+} + 2OH^- \tag{25}$$

問5. 亜鉛粉末を希塩酸に溶かし，これに希水酸化ナトリウム水溶液を少しずつ加えていったときの変化を，化学反応式を使って説明せよ。

《**水銀とその化合物**》 単体の水銀は，常温で唯一の液体の金属である。水銀の蒸気圧は，20℃で 0.16 Pa と小さいが，絶えず吸い込んでいるときわめて有毒である。

水銀は，鉄・ニッケル以外の金属と合金をつくりやすく，水銀と他の金属との合金を**アマルガム**という。

塩化水銀(Ⅰ) Hg_2Cl_2 は**甘コウ**ともよばれ，水に溶けにくい白色粉末である。**塩化水銀(Ⅱ)** $HgCl_2$ は**昇コウ**ともよばれ，水に溶け，きわめて有毒である。水溶液はタンパク質を凝固させる性質がある。

4 アルミニウム

A 単体

アルミニウム $_{13}$Al は，周期表13族の典型元素である。アルミニウム原子は価電子3個をもち，それを放って三価の陽イオンになるが，アルカリ金属やアルカリ土類金属に比べると，イオン化傾向はやや小さい。

12	13	14
	$_5$B	$_6$C
	$_{13}$Al	$_{14}$Si
$_{30}$Zn	$_{31}$Ga	$_{32}$Ge
$_{48}$Cd	$_{49}$In	$_{50}$Sn
$_{80}$Hg	$_{81}$Tl	$_{82}$Pb

問6. 表4-6（→ p.152）にならって，Al原子の電子配置を書け。

単体のアルミニウムは，ボーキサイト（主成分は $Al_2O_3 \cdot nH_2O$）からつくった純粋な酸化アルミニウム Al_2O_3 を融解塩電解して製造される（→ p.141）。単体のアルミニウムは，銀白色の軽い（密度 $2.7 \, g/cm^3$）金属で，空気中に放置すると，表面にち密な酸化物の膜ができる[*1)]。また，濃硝酸や濃硫酸には溶けにくい。それは，表面にち密な酸化被膜ができるためで，このような状態を不動態という。

アルミニウムは両性元素で，単体は酸の水溶液にも強塩基の水溶液にも，水素を発生して溶ける（次ページ図4-7）。

$$2Al + 6HCl \longrightarrow 2AlCl_3 + 3H_2 \uparrow \tag{26}$$

$$2Al + 2NaOH + 6H_2O \longrightarrow 2Na[Al(OH)_4]^{*2)} + 3H_2 \uparrow \tag{27}$$
　　　　　　　　　　　　　　　　テトラヒドロキソアルミン酸
　　　　　　　　　　　　　　　　ナトリウム

アルミニウムは，家庭用品・建築材料や，ジュラルミン[*3)]のような軽合金をつくるのに多量に用いられる。

---

*1) アルミニウム製品の表面を人工的に酸化させて，酸化アルミニウムの被膜をつくったものをアルマイトといい，わが国で発明された（1923年）。

*2) $[Al(OH)_4]^-$ はアルミン酸イオンともよばれ，AlO_2^- のように書かれることがある。

*3) ジュラルミンの代表的な組成は，Alを主成分とし，Cu 4%，Mg 0.5%，Mn 0.5% などで，軽くて強度が大きく，航空機の機体その他に広く使われている。

B 化合物

酸化アルミニウム Al_2O_3 は両性酸化物で，水には溶けないが，酸や強塩基の水溶液に溶ける[*1)]。

$$Al_2O_3 + 6HCl \longrightarrow 2AlCl_3 + 3H_2O \tag{28}$$

$$Al_2O_3 + 2NaOH + 3H_2O \longrightarrow 2Na[Al(OH)_4] \tag{29}$$

アルミニウムイオン Al^{3+} を含む水溶液にアンモニア水または少量の水酸化ナトリウム水溶液を加えると，ゲル状の白い**水酸化アルミニウム** $Al(OH)_3$ が沈殿する。

水酸化アルミニウムはアンモニア水には溶けないが，両性酸化物であり，酸の水溶液や強塩基の水溶液に溶ける(図 4-7)。

$$Al(OH)_3 + 3HCl \longrightarrow AlCl_3 + 3H_2O \tag{30}$$

$$Al(OH)_3 + NaOH \longrightarrow Na[Al(OH)_4] \tag{31}$$

硫酸アルミニウム $Al_2(SO_4)_3$ と硫酸カリウム K_2SO_4 の混合溶液を濃

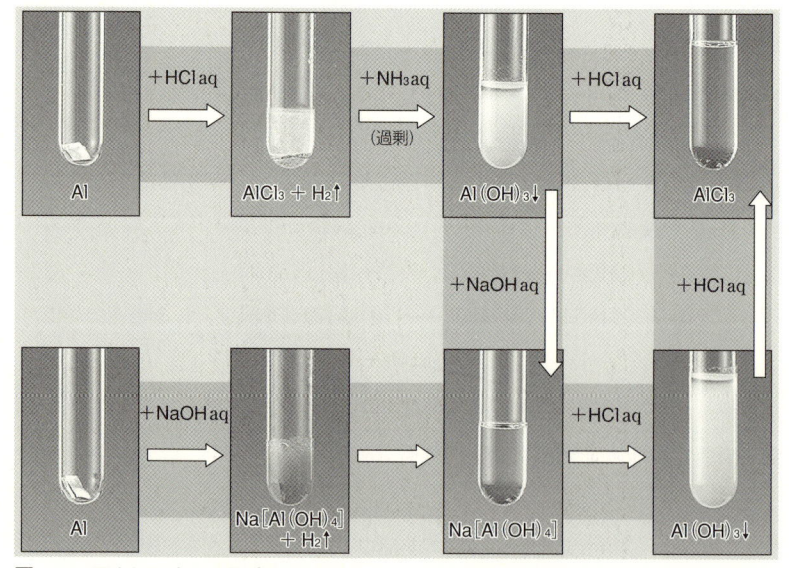

図 4-7　アルミニウムの反応

*1) 天然に産するルビーやサファイアなどの主成分は Al_2O_3 であるが，酸や強塩基の水溶液に溶けにくい。

縮すると，ミョウバン(硫酸カリウムアルミニウム・12水 $AlK(SO_4)_2 \cdot 12H_2O$)とよばれる結晶が得られる[*1]。

ミョウバンの水溶液には，次式のように，硫酸アルミニウムと硫酸カリウムの混合水溶液と同じ種類のイオンが含まれている。このような塩を複塩という。

$$AlK(SO_4)_2 \cdot 12H_2O \longrightarrow Al^{3+} + K^+ + 2SO_4^{2-} + 12H_2O \quad (32)$$

ミョウバンの水溶液は，加水分解(→ p.119)の結果，酸性を示す。

問7. ミョウバン水溶液に，(ア) $BaCl_2$ 水溶液，(イ) NaOH 水溶液，(ウ) アンモニア水をそれぞれ加えたときの変化を説明せよ。

5 | 14族典型元素とその化合物

A | 炭素とケイ素

炭素とケイ素[*2]は，ともに周期表14族に属する典型元素で，それらの原子はいずれも価電子4個をもち，他の原子と共有結合をして化合物をつくり，単原子イオンになりにくい。

《炭素C》 単体には，ダイヤモンド・黒鉛(→ p.29)のような結晶状の炭素のほか，木炭・カーボンブラックなどのように，はっきりした結晶状の外観を示さない無定形炭素がある。無定形炭素は，黒鉛の微小結晶が不規則に配列したものである。

13	14	15
$_5B$	$_6C$	$_7N$
$_{13}Al$	$_{14}Si$	$_{15}P$
$_{31}Ga$	$_{32}Ge$	$_{33}As$
$_{49}In$	$_{50}Sn$	$_{51}Sb$
$_{81}Tl$	$_{82}Pb$	$_{83}Bi$

表4-8 炭素とケイ素

元素名	原子	電子配置		
		K	L	M
炭　素	$_6C$	2	*4*	
ケイ素	$_{14}Si$	2	8	*4*

[*1] この結晶の組成式は，$Al_2(SO_4)_3 \cdot K_2SO_4 \cdot 24H_2O$ と書かれることがある。混合水溶液中の K_2SO_4 と $Al_2(SO_4)_3$ の物質量比が1:1でなくても，析出する結晶中の K_2SO_4 と $Al_2(SO_4)_3$ の物質量比は1:1である。

[*2] 地殻を構成する元素の質量百分率は Si が O に次いで2番目に大きい。

《ケイ素 Si》 単体は，ダイヤモンド型の共有結合の結晶(→ p.29)をしていて，融点が高い(融点 1410℃)。結晶状のケイ素は灰色で，硬くてもろい。純粋なケイ素は，半導体の原料として用いられる。

B 炭素の酸化物

《一酸化炭素 CO》 石油のような炭素の化合物や単体の炭素が空気中で不完全燃焼したり，二酸化炭素 CO_2 が高温の炭素に触れたときに生成する。

$$CO_2 + C \rightleftarrows 2CO \tag{33}$$

(33)式の反応は可逆反応で，一定圧力の下では，高温になるほど，平衡状態のときの一酸化炭素の割合が多くなる(表 4-9)。

表 4-9　1 atm 下における $CO_2 + C \rightleftarrows 2CO$ の平衡

温度(℃)	400	500	600	800	1000	1200
COの割合(体積%)	0.94	6.52	25.1	83.8	98.7	99.9

一酸化炭素は無色・無臭の，きわめて有毒な気体で，水に溶けにくい。また，二酸化炭素と異なり，水酸化ナトリウム水溶液に吸収されない。空気中で点火すると，青白い炎を出して燃え，二酸化炭素になる。

《二酸化炭素 CO_2》 石灰石(主成分は $CaCO_3$)を強熱して，工業的につくられる(→ p.151 の (9) 式)。

実験室では，大理石(主成分は $CaCO_3$)に希塩酸を加えて発生させる。

$$CaCO_3 + 2HCl \longrightarrow CaCl_2 + CO_2\uparrow + H_2O \tag{34}$$

二酸化炭素は無色・無臭の気体で，31℃[*1)]以下で圧力を加えると液化するので，ボンベに入れて液体二酸化炭素として貯蔵・運搬される。

ボンベの中の液体二酸化炭素を大気中にふき出させると，急激に蒸発して温度が下がり，一部固体になる。これを固めたものがドライアイスで，1 atm の下では−78℃で昇華する。二酸化炭素は，水にいくらか溶け，

---

*1) 31℃以上では，いくら圧縮しても液化しない。31℃を CO_2 の臨界温度という。

水溶液は弱い酸性を示す(→ p.105)。また，水酸化ナトリウム水溶液に吸収されて，炭酸ナトリウムを生じる。

$$CO_2 + 2NaOH \longrightarrow Na_2CO_3 + H_2O \tag{35}$$

C 二酸化ケイ素とケイ酸塩

《二酸化ケイ素 SiO_2》　二酸化ケイ素は，石英・水晶・けい砂などとして天然に存在している。これらは，SiO_2 の単位構造が三次元的に繰り返し結合した共有結合の結晶である(→ p.30)(図 4-8)。Si と O の共有結合はきわめて強いので，結晶は硬く，融点も高い(水晶の融点 1550℃)。

《ケイ酸・ケイ酸塩》　二酸化ケイ素は酸性酸化物であり(→ p.105)，炭酸ナトリウムまたは水酸化ナトリウムのような塩基と高温で融解すると，ケイ酸ナトリウム Na_2SiO_3 ができる。

$$SiO_2 + Na_2CO_3 \longrightarrow Na_2SiO_3 + CO_2\uparrow \tag{36}$$

問8. SiO_2 と NaOH とを融解させるときの化学反応式を書け。

ケイ酸ナトリウムは，右のように，SiO_3^{2-} の構造が鎖状に連結した骨格をもつケイ酸イオンとナトリウムイオンとからできている。

ケイ酸ナトリウムに水を加えて煮沸すると，**水ガラス**とよばれる粘性の大きな液体が得られる。水ガラスの水溶液に酸を加えると，ケイ酸ナトリウムの $-Si-O^-Na^+$ のところが $-Si-OH$ になると同時に，一部

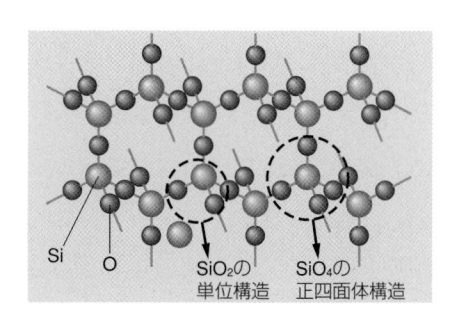

図 4-8　二酸化ケイ素の構造の例
1 個の Si 原子には 4 個の O 原子が結合して正四面体構造をとっている。

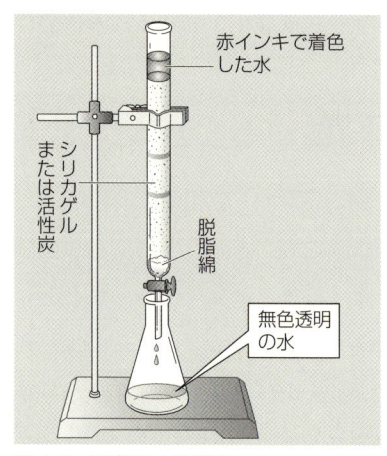

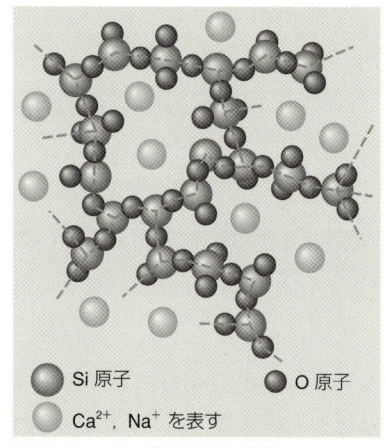

図 4-9　吸着による脱色　　図 4-10　ソーダガラスの構造

　-Si-OH と -Si-OH の間で H_2O が取れて結合して，立体的に網目構造になった**ケイ酸** $SiO_2 \cdot nH_2O$[*1)] が析出する。ケイ酸を乾燥させたものを，**シリカゲル**という。

　シリカゲルや活性炭などは，小さな粒子の中に微細な空間が多数あって，単位質量に対する表面積がきわめて大きく[*2)]，表面に気体や色素などが強く結合する。このように，固体の表面に他の物質が結合して集まる現象を**吸着**という。シリカゲルや活性炭は，吸着剤として脱臭・脱色などに広く使われている(図 4-9)。シリカゲルはまた，表面に親水性のヒドロキシ基 -OH の構造があるので，水蒸気を吸着する力が強く，吸湿剤・乾燥剤としても用途が広い。

　地殻を構成している岩石の主成分は**ケイ酸塩**である[*3)]。SiO_4 の正四面体が鎖状(一次元的)に連結したケイ酸イオンからなるものに石綿(アスベスト)[*4)]がある。また，層状(二次元的)に連結したケイ酸イオンからなるものに雲母や滑石などがあり，石英のように立体的(三次元的)に

[*1)] 組成式中の n は，不確定な数を示す。
[*2)] シリカゲルや活性炭の表面積は，1g あたり 500〜数千 m^2 である。
[*3)] 地殻全体の約 55％は，ケイ酸塩である。
[*4)] 石綿や滑石は Ca や Mg を含んでいる。

連結したケイ酸イオンからなるものには長石や沸石（ゼオライト）などがある。

粘土は，ケイ酸塩の Si の一部が Al に置き換わったような物質で，良質のものは陶土とよばれている[*1)]。

《ケイ酸塩工業》　ガラス・耐火れんが・セメント・陶磁器などは，けい砂や陶土を原料として製造される。このような工業をケイ酸塩工業という。

ソーダガラスはふつうのガラスで，けい砂・石灰石および炭酸ナトリウムの粉末を混合して，高温で融解してつくられる。SiO_4 の正四面体が立体的に，しかも不規則な網目状に連結したケイ酸イオンの骨格に，Na^+ や Ca^{2+} が結合した構造をもっている（図 4-10）。

ガラスには，上に述べたソーダガラスのほかに，ケイ酸イオンの骨格に K^+ や Ca^{2+} が結合しているカリガラス，K^+ や Pb^{2+} が結合している鉛ガラスなど，多くの種類がある。

粘土と石灰石を高温で焼いてできたかたまりに，少量のセッコウ $CaSO_4 \cdot 2H_2O$ を加えて粉にしたものがポルトランドセメント（ふつうのセメント）であり，陶土や粘土を水で練って形をつくり，乾燥後焼いたものが陶磁器や瓦などである。

D　スズと鉛の単体

スズ $_{50}Sn$ と鉛 $_{82}Pb$ は，周期表14族に属する典型元素である。

《ス　ズ》　単体は，空気中で安定であるが，熱すると二酸化ス

表 4-10　スズと鉛

元素名	原子	電子配置					
		K	L	M	N	O	P
スズ	$_{50}Sn$	2	8	18	18	**4**	
鉛	$_{82}Pb$	2	8	18	32	18	**4**

[*1)] 粘土は，陶土に Fe_2O_3 その他が不純物として入っている。長石・陶土などは，一般にアルミノケイ酸塩といわれる。

ズ SnO_2 になる。スズは，水素よりイオン化傾向が大きく，希塩酸・希硫酸などと反応して水素を発生して溶け，スズ(Ⅱ)イオン Sn^{2+} になる。スズは，ブリキ(鋼板の表面にめっきしたもの)をつくったり，はんだなどいろいろな金属と合金にして使われる[*1]。

《鉛》 単体は，密度が大きく($11.4 g/cm^3$)，軟らかい金属で，新しい面は金属光沢があるが，ふつうは表面が酸化されて暗灰色である。

鉛は，水素よりイオン化傾向が大きいが，常温では希塩酸や希硫酸に溶けにくい。これは，低温の水に溶けにくい塩化鉛(Ⅱ) $PbCl_2$ や硫酸鉛(Ⅱ) $PbSO_4$ などができて鉛の表面をおおうからである。鉛は，鉛管・鉛板・鉛蓄電池やその他の合金の材料に使われる。

E スズ・鉛の化合物

いずれも酸化数+Ⅱの化合物と+Ⅳの化合物をつくるが，スズは+Ⅳの化合物のほうが安定で，鉛は+Ⅱの化合物のほうが安定である。スズ(Ⅱ)化合物には還元性があり，鉛(Ⅳ)化合物には酸化性がある。

塩化スズ(Ⅱ)二水和物 $SnCl_2 \cdot 2H_2O$ の無色の結晶が，スズを塩酸に溶かした溶液から得られる。塩化スズ(Ⅱ)は強い還元性をもっている。たとえば，塩化水銀(Ⅱ)の希塩酸溶液に塩化スズ(Ⅱ)水溶液を少しずつ加えていくと，まず塩化水銀(Ⅰ)の白色沈殿が生じ，これがさらに還元されて，単体の水銀が細かい粒子になって生成し，黒くなる。

$$2HgCl_2 + SnCl_2 \longrightarrow Hg_2Cl_2 + SnCl_4 \quad (37)$$

$$Hg_2Cl_2 + SnCl_2 \longrightarrow 2Hg + SnCl_4 \quad (38)$$

鉛の化合物は水に溶けにくいものが多いが，**硝酸鉛(Ⅱ)** $Pb(NO_3)_2$ や**酢酸鉛(Ⅱ)** $(CH_3COO)_2Pb$ は水に溶ける。鉛(Ⅱ)イオンを含む水溶液に硫化水素を通じると，黒色の**硫化鉛(Ⅱ)** PbS が沈殿する。

$$Pb^{2+} + H_2S \longrightarrow PbS\downarrow + 2H^+ \quad (39)$$

二酸化鉛 PbO_2 は褐色で，鉛蓄電池の正極物質である(→ p.136)。

[*1] 以前のはんだはスズと鉛を成分としていたが，環境への配慮のため鉛は使われなくなった。青銅はスズと銅の合金である。

6 | 窒素とリン

A | 単体

　窒素とリンは，ともに周期表15族に属する典型元素で，それらの原子はいずれも価電子5個をもち，他の原子と共有結合をつくる。

《**窒素 N_2**》　単体の窒素は，空気の成分（体積で約78％）で，液体空気から多量につくられる。無色・無臭の気体で，常温では化学反応を起こしにくいが，高温では化学反応をしていろいろな化合物をつくる。たとえば，酸素と化合してNOやNO₂を生じ，水素と化合してNH₃になる。

	14	15	16
	₆C	₇N	₈O
	₁₄Si	₁₅P	₁₆S

表4-11　窒素とリン

元素名	原子	電子配置 K	L	M
窒　素	₇N	2	5	
リ　ン	₁₅P	2	8	5

《**リン P**》　単体のリンは，リン酸カルシウム $Ca_3(PO_4)_2$ を主成分とするリンの鉱物に，けい砂（主成分 SiO_2 → p.163）とコークスとを混ぜて電気炉中で強熱してつくられる。このとき得られるリンは**黄リン**とよばれ，常温ではろう状の固体で，空気中で発火することがあるので，水中にたくわえられる。黄リンはきわめて有毒で，また，皮膚につくとひどい傷害を起こすので，直接手でさわってはいけない。

　黄リンを窒素中で250℃付近に数時間熱すると，赤褐色の粉末になる。これを**赤リン**という。赤リンは毒性が少なく，マッチの摩擦面に使われる。黄リンと赤リンはたがいにリンの同素体（→前見返し）で，空気中で燃やすと，いずれも吸湿性の強い白色粉末状の**十酸化四リン P_4O_{10}**[*1)]を生じる。

$$4P + 5O_2 \longrightarrow P_4O_{10}$$

　十酸化四リンに水を加えて煮沸すると**リン酸 H_3PO_4** になる（→p.169）。

---

*1) 組成式 P_2O_5 で表すことがあり，五酸化二リンといわれることも多く，五酸化リンまたは酸化リン(V)ともいう。

B 化合物

《アンモニア NH₃》 工業的に水素と窒素から直接つくられるが（→ p.100），実験室では，塩化アンモニウムと水酸化カルシウムの混合物を温めて発生させる。

$$2NH_4Cl + Ca(OH)_2 \longrightarrow 2NH_3\uparrow + CaCl_2 + 2H_2O \quad (41)$$

アンモニアは刺激臭のある無色の気体で，水に溶けやすく，水溶液（アンモニア水）は弱いアルカリ性を示す（→ p.103）。

アンモニアは，二酸化炭素と反応させて（高温・高圧），尿素 $CO(NH_2)_2$ をつくったり（(42)式），アンモニウム塩や硝酸などをつくる原料として多量に使われる。

$$CO_2 + 2NH_3 \longrightarrow CO(NH_2)_2 + H_2O \quad (42)$$

《硝酸 HNO₃》 アンモニアは，白金を触媒として 800～900℃で空気中の酸素と反応させると，一酸化窒素 NO（無色）になる。一酸化窒素をさらに空気中の酸素と反応させて二酸化窒素 NO_2（赤褐色）にし，これを水に吸収させて硝酸が製造される[*1]（図 4-11）。

$$4NH_3 + 5O_2 \longrightarrow 4NO + 6H_2O \quad (43)$$
$$2NO + O_2 \longrightarrow 2NO_2 \quad (44)$$
$$3NO_2 + H_2O \longrightarrow 2HNO_3 + NO \quad (45)$$

問 9. (43)～(45)式の反応を利用して，1.7 kg のアンモニアをすべて硝酸にするとき，70 % 硝酸は何 kg 得られるか。

硝酸は酸化力の強い酸で，水素よりもイオン化傾向の小さい銅・水銀・銀などと反応する（→ p.132）。たとえば，銅は(46)，(47)式のように酸化されて硝酸銅（Ⅱ）になって溶け，このとき硝酸は還元されて，一酸化窒素 NO や二酸化窒素 NO_2 が発生する。

$$8HNO_3(希) + 3Cu \longrightarrow 3Cu(NO_3)_2 + 2NO\uparrow + 4H_2O \quad (46)$$
$$4HNO_3(濃) + Cu \longrightarrow Cu(NO_3)_2 + 2NO_2\uparrow + 2H_2O \quad (47)$$

[*1] この方法は，オストワルトが発明したもの（1902年）で，オストワルト法という。

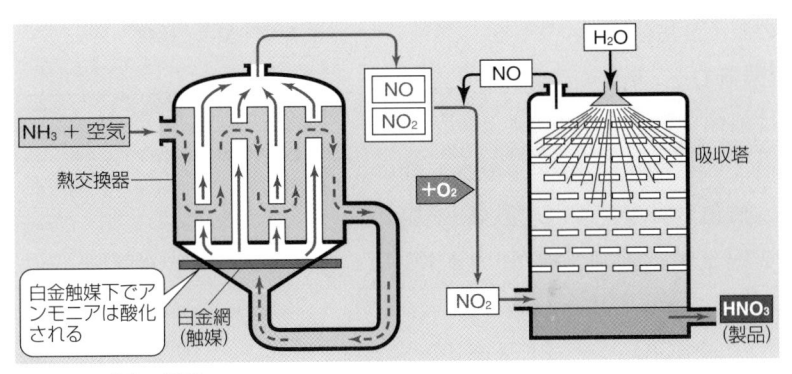

図 4-11 硝酸の製造

硝酸は，火薬の製造のほか，染料・医薬品，その他の有機化合物（→ p.191〜261）の合成に広く使われる。

《リン酸 H_3PO_4》 十酸化四リン P_4O_{10} を水に溶かして煮沸すると，リン酸ができる。

$$P_4O_{10} + 6H_2O \longrightarrow 4H_3PO_4 \tag{48}$$

リン酸塩は植物の生育にとって重要なものであるが，リン鉱石の主成分であるリン酸カルシウム $Ca_3(PO_4)_2$ は水に溶けにくいので，硫酸で処理して可溶性のリン酸二水素カルシウム $Ca(H_2PO_4)_2$ と硫酸カルシウムの混合物（**過リン酸石灰**という）にし，肥料に用いられる。

$$Ca_3(PO_4)_2 + 2H_2SO_4 \longrightarrow Ca(H_2PO_4)_2 + 2CaSO_4 \tag{49}$$

7 | 酸素と硫黄

A | 単体

酸素と硫黄は，周期表16族に属する典型元素で，それらの原子はいずれも価電子6個をもち，電子2個を取り入れて二価の陰イオンになりやすいが，他

の原子と共有結合もつくる。

表 4-12　酸素と硫黄

元素名	元素	電子配置		
		K	L	M
酸　素	$_8$O	2	6	
硫　黄	$_{16}$S	2	8	6

《酸素 O_2》　単体の酸素は，工業的には液体空気からつくられるが，実験室では過酸化水素 H_2O_2 の水溶液に二酸化マンガン MnO_2（触媒）を加える（→ p.92）か，塩素酸カリウム $KClO_3$ に二酸化マンガン（触媒）を混ぜ，加熱して発生させる。

$$2KClO_3 \longrightarrow 2KCl + 3O_2 \qquad (50)$$

単体の酸素は無色・無臭の気体で，いろいろな物質と反応しやすく，製鉄（→ p.180），酸素溶接，酸素吸入などに使われる。

《オゾン O_3》　オゾンは酸素 O_2 の同素体で，単体の酸素または空気の中で放電を行ったり，紫外線を当てたり[*1)]すると，O_2 の一部は O_3 になる。オゾンは特有の悪臭をもつ気体で，分解して O_2 に変わりやすく（(51)式），このとき酸化作用を示す。たとえば，ヨウ化カリウム水溶液にオゾンを通じると，I^- が酸化されて I_2 になる（(52)式）。

$$O_3 + 2H^+ + 2e^- \longrightarrow H_2O + O_2 \qquad (51)$$
$$2KI + O_3 + H_2O \longrightarrow I_2 + 2KOH + O_2 \qquad (52)$$

《硫黄 S》　単体の硫黄には，斜方硫黄，単斜硫黄，ゴム状硫黄などの同素体がある（前見返し参照）。室温では，斜方硫黄（融点 113℃）が最も安定している。単斜硫黄（融点 119℃）は，120℃付近に加熱した液体硫黄を冷やすときに得られる。また，液体硫黄の温度を上げていくと次第に

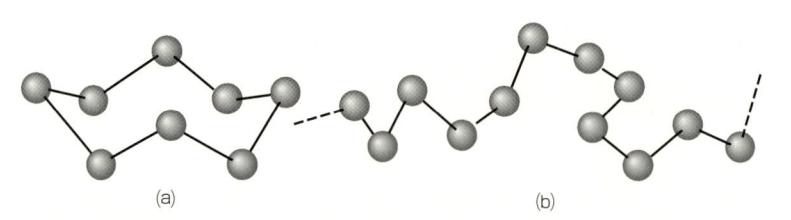

(a)は結晶の硫黄分子 S_8，(b)はゴム状硫黄の分子 S_x の一部を示したもので，大きいものは $x=(5〜8)×10^5$ もある。

図 4-12　硫黄分子の模型

*1)　地上約 20km 付近の希薄な大気には，$3×10^{-4}$ ％程度のオゾンが含まれている。

粘性を増すが，250℃付近に加熱した液体硫黄を水中に注いで急激に冷却すると，ゴム状硫黄になる。

　結晶の硫黄や，120℃付近の液体硫黄は，環状の硫黄分子 S_8 からできているが，ゴム状硫黄では，環が開いたものがつながりあって長い形の分子になっている(図4-12)。硫黄は，空気中で点火すると，青い炎をあげて燃え，有毒な二酸化硫黄 SO_2 を生じる。

$$S + O_2 \longrightarrow SO_2 \tag{53}$$

B　硫黄の化合物

《硫化水素 H_2S》　硫化鉄(Ⅱ)FeS に，希硫酸または希塩酸を加えると，硫化水素が発生する。

$$FeS + H_2SO_4 \longrightarrow FeSO_4 + H_2S\uparrow \tag{54}$$

　硫化水素は，無色の悪臭のある有毒な気体で，水に少し溶け，水溶液(硫化水素水という)は弱い酸性を示す。金属イオンを含む水溶液に硫化水素を通じると，水に溶けにくい金属元素の硫化物が沈殿

表4-13　硫化水素による金属イオンの沈殿

沈殿の化学式(色)	沈殿の条件
FeS(黒)，NiS(黒) ZnS(白)	アルカリ性〜中性溶液から沈殿する
Ag_2S(黒)，CuS(黒) PbS(黒)，CdS(黄)	溶液のpHに関係なく沈殿する

することが多いので，金属イオンを検出するのに利用される(表4-13)。

《二酸化硫黄 SO_2》　単体の硫黄や，黄鉄鉱(主成分は FeS_2)その他の硫化物を燃やして得られる。実験室では，硫酸を亜硫酸水素ナトリウム $NaHSO_3$ に作用させるか，銅に濃硫酸を加えて熱してつくられる。

$$2NaHSO_3 + H_2SO_4 \longrightarrow Na_2SO_4 + 2H_2O + 2SO_2\uparrow \tag{55}$$

$$Cu + 2H_2SO_4 \longrightarrow CuSO_4 + 2H_2O + SO_2\uparrow \tag{56}$$

　二酸化硫黄は，刺激臭のある有毒な無色の気体で，水に溶け，その水溶液は酸性を示す。二酸化硫黄は，硫酸製造の原料として多量に用いられる。また，漂白剤・殺虫剤・医薬品などの原料にも用いられる。

《硫酸 H_2SO_4》 五酸化二バナジウム V_2O_5 を触媒として，二酸化硫黄を空気中の酸素と反応させると，三酸化硫黄 SO_3 になる。

$$2SO_2 + O_2 \rightleftarrows 2SO_3 \tag{57}$$

三酸化硫黄を 98～99％の濃硫酸に吸収させ，その中の水と反応させて硫酸 H_2SO_4 にする。これを**接触式硫酸製造法**という(図4-13)。

$$SO_3 + H_2O(濃硫酸中の水) \longrightarrow H_2SO_4 \tag{58}$$

市販の濃硫酸は，95％以上の H_2SO_4 を含み，無色・油状の粘性の大きい液体(密度約 1.83 g/mL)である。濃硫酸は吸湿性が強いので，乾燥剤として使われる。濃硫酸を水でうすめると，多量の熱を出す[*1)]。

問10. 硫黄 3.2kg を全部硫酸にしたとすると，70％硫酸何 kg が得られるか。

濃硫酸は，ヒドロキシ基 −OH をもつ有機化合物から水を脱離させるはたらき(脱水作用)が強い。たとえば，エタノール C_2H_5-OH を濃硫酸と約170℃に加熱すると，エチレン C_2H_4 を生成する(→ p.204)。

熱濃硫酸は酸化力が強く，銅・水銀・炭素などの金属や非金属を酸化し，このとき硫酸は還元されて二酸化硫黄になる(→ p.128 表3-10)。

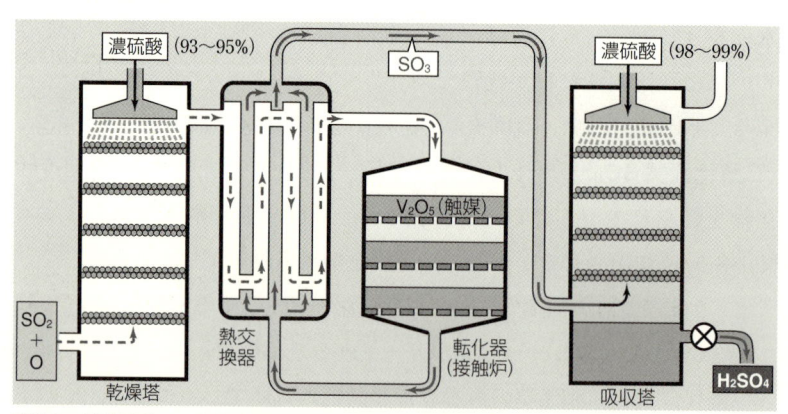

原料の二酸化硫黄は，単体硫黄または黄鉄鉱その他の硫化鉱を焼いてつくる。
図4-13 接触式硫酸の製造

[*1)] 濃硫酸に水を注ぐと，溶解熱のため水が沸騰してはねるので危険である。水をかき混ぜながら，濃硫酸を少しずつ注いで，希硫酸をつくる。

$$C + 2H_2SO_4 \longrightarrow 2H_2O + 2SO_2\uparrow + CO_2\uparrow \tag{59}$$

硫酸は不揮発性であるから，揮発性の酸の塩とともに加熱すると，揮発性の酸が遊離してくる。たとえば，塩化ナトリウムと濃硫酸の混合物を熱すると，塩化水素が発生する[*1)]。

$$NaCl + H_2SO_4 \longrightarrow NaHSO_4 + HCl\uparrow \tag{60}$$

希硫酸は，イオン化傾向が水素より大きい金属と反応して，水素を発生する($\rightarrow$ p.132)。また，亜硫酸塩や炭酸塩など，弱酸の塩と反応して，弱酸を遊離させる((55)式)。

硫酸は，鉛蓄電池($\rightarrow$ p.136)や，金属精錬，紡織，製紙，食品工業，薬品の製造など，化学工業における用途はきわめて多い。

問11. 濃硫酸と希硫酸の性質は，どのように違うか。

8 | ハロゲン元素

A | 単体

周期表17族の典型元素を**ハロゲン**[*2)]元素という。ハロゲンの原子は価電子7個をもち，電子1個を取り入れて一価の陰イオンになりやすい。

ハロゲンは，いずれも二原子分子からなり，他の物質から電子を奪う力が大きいので，酸化力が強い。

ハロゲンがハロゲン化物イオンになる傾向の強さ(酸化力の強さ)は，$F_2>Cl_2>Br_2>I_2$ の順になっている。たとえば，(61)式の反応は起こるが，

	16	17	18	
			$_2$He	1
	$_8$O	$_9$F	$_{10}$Ne	2
	$_{16}$S	$_{17}$Cl	$_{18}$Ar	3
	$_{34}$Se	$_{35}$Br	$_{36}$Kr	4
	$_{52}$Te	$_{53}$I	$_{54}$Xe	5
	$_{84}$Po	$_{85}$At	$_{86}$Rn	6

表4-14 ハロゲン元素

元素名	原子	電子殻 K	L	M	N	O
フッ素	$_9$F	2	7			
塩素	$_{17}$Cl	2	8	7		
臭素	$_{35}$Br	2	8	18	7	
ヨウ素	$_{53}$I	2	8	18	18	7

---

*1) (60)式の反応は，実験室で HCl をつくるのに利用される。
*2) ハロゲンは「塩をつくる」という意味で，金属元素と化合して塩をつくりやすい。

その逆反応(右辺から左辺へ進む反応)は起こらない。

$$2KI + Cl_2 \longrightarrow 2KCl + I_2 \tag{61}$$

ハロゲンの性質を, 表 4-15 に比較して示した。

《塩素 Cl_2》 単体の塩素は, 塩化ナトリウム水溶液を電気分解するとき, 陽極から発生する(→ p.139)。また, 二酸化マンガンに濃塩酸を加えて熱したり((62)式, 図 4-14), さらし粉(→ p.176)に塩酸を作用させても((63)式)発生する[*1)]。

$$4HCl + MnO_2 \longrightarrow MnCl_2 + 2H_2O + Cl_2 \uparrow \tag{62}$$

$$\underset{\text{さらし粉}}{CaCl(ClO)\cdot H_2O} + 2HCl \longrightarrow CaCl_2 + 2H_2O + Cl_2 \uparrow \tag{63}$$

単体の塩素は刺激臭のある黄緑色の気体で, 水に少し溶ける。塩素の水溶液を**塩素水**という。塩素水では, 溶けた Cl_2 の一部が水と反応して, 次の化学平衡が成立している。

$$Cl_2 + H_2O \rightleftarrows HCl + \underset{\text{次亜塩素酸}}{HClO} \tag{64}$$

塩素水に含まれている**次亜塩素酸** $HClO$ は分解しやすく, 酸化作用が強い((65)式)。そのため, 塩素水は漂白・殺菌用に使われる。

$$HClO + H^+ + 2e^- \longrightarrow H_2O + Cl^- \tag{65}$$

問12. (64), (65)式を参照して, 塩素の酸化数の変化から, 塩素水の酸化作用を説明せよ。

表 4-15 ハロゲンの性質の比較

分子式	F_2	Cl_2	Br_2	I_2
常温の状態	気体(淡黄色)	気体(黄緑色)	液体(赤褐色)	固体(黒紫色)
沸点(℃)	-188	-34	59	184
水素との反応	低温, 暗所でも爆発的に反応する	常温で光によって爆発的に反応する	高温で反応する	高温で反応するが, 逆反応も起こりやすい
水との反応	はげしく反応して, 酸素を発生する[*2)]	水に少し溶け, その一部が水と反応((64)式)	塩素よりも弱い反応を示す	水に溶けにくく, 反応しにくい

[*1)] (62), (63)式の反応は, 実験室で Cl_2 をつくるのに利用される。
[*2)] $2F_2 + 2H_2O \longrightarrow 4HF + O_2$

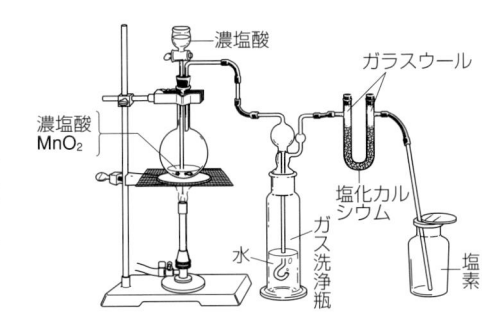

塩素とともに出てくる塩化水素を除くため，まず水の中を通す。塩素を乾燥するには，塩化カルシウムの代わりに濃硫酸の中を通してもよい。

図 4-14 塩素の発生

《**臭素 Br_2**》 単体の臭素は，希硫酸中で臭化カリウム KBr を二酸化マンガンで酸化すると得られる[*1]。

単体の臭素は赤褐色の重い液体で(密度は 25℃で 3.1 g/mL)，強い刺激臭をもつ赤褐色の有毒な蒸気を出す。水に少し溶け(20℃で水 100 g に約 3.6 g)，赤褐色の溶液を生じる。この水溶液を**臭素水**という。

《**ヨウ素 I_2**》 単体のヨウ素は，黒紫色の昇華性の結晶で(→ p.47)，水に溶けにくいが，エタノールやヨウ化カリウム水溶液には溶けて，褐色の溶液になる。

デンプン水溶液にヨウ素の溶液を加えると，青色になる。この反応は，**ヨウ素デンプン反応**とよばれ，ヨウ素やデンプンの検出に利用される(→ p.240)。

[*1] 単体の塩素やヨウ素も同じようにしてつくられる。このときの化学反応式は次のように書かれる。この式で X はハロゲン元素を表し，X＝Cl，Br，I のとき，それぞれ Cl_2，Br_2，I_2 の生成を表す。

$$2KX + MnO_2 + 2H_2SO_4 \longrightarrow K_2SO_4 + MnSO_4 + 2H_2O + X_2$$

B 化合物

《ハロゲン化水素》

(1) **フッ化水素 HF**[*1)] は，白金または鉛製の容器の中で，蛍石(主成分はフッ化カルシウム CaF_2)の粉末に濃硫酸を加えて熱してつくられる。

$$CaF_2 + H_2SO_4 \longrightarrow CaSO_4 + 2HF\uparrow \tag{66}$$

フッ化水素の水溶液すなわち**フッ化水素酸**は，他のハロゲン化水素の水溶液と異なり，電離度は小さく，弱酸である。

フッ化水素酸は，石英 SiO_2 やガラス(→ p.165)の成分の SiO_2 を溶かす[*2)]。

$$\underset{\text{二酸化ケイ素}}{SiO_2} + 6HF \longrightarrow \underset{\text{ヘキサフルオロケイ酸}}{H_2SiF_6} + 2H_2O \tag{67}$$

(2) **塩化水素 HCl** は，単体の塩素と水素を化合させて工業的につくられるが，実験室では，塩化ナトリウムに濃硫酸を加え，加熱して発生させる(→ p.173)。塩化水素の水溶液を**塩酸**という。

(3) **臭化水素 HBr** や**ヨウ化水素 HI** は，塩化水素によく似た性質をもち，その水溶液(臭化水素酸，ヨウ化水素酸という)は強い酸性を示す。

《さらし粉》

塩素を水酸化カルシウムに吸収させると，さらし粉ができる。さらし粉の主成分は $CaCl(ClO)\cdot H_2O$ で表され，塩化カルシウムと次亜塩素酸カルシウム $Ca(ClO)_2$ の複塩(→ p.161)と考えられる。

$$Cl_2 + Ca(OH)_2 \longrightarrow CaCl(ClO)\cdot H_2O \tag{68}$$

さらし粉は，酸化剤・漂白剤・殺菌剤として広く用いられる。

[*1)] フッ化水素の分子式は，90℃以上では HF であるが，常温付近ではだいたい H_2F_2 に相当する。本書では，これを簡単に組成式 HF で表してある。

[*2)] フッ化水素を用いるときは，$SiO_2 + 4HF \longrightarrow SiF_4\uparrow + 2H_2O$ の反応が起こる。

◢ I章のまとめ ◣

❶ 1, 2, 12, 13 族典型金属元素

① 1族(アルカリ金属元素) Li, Na, K など。イオン化傾向大で, Li^+, Na^+, K^+ になりやすい。単体は常温で水と反応。$2Na + 2H_2O \longrightarrow 2NaOH + H_2\uparrow$。化合物は特有の炎色反応。

② 2族 Ca, Sr, Ba などはアルカリ土類金属元素。イオン化傾向大で, Ca^{2+}, Sr^{2+}, Ba^{2+} などになりやすい。単体は常温で水と反応。$Ca + 2H_2O \longrightarrow Ca(OH)_2 + H_2\uparrow$。化合物は炎色反応。

③ Zn, Al 両性元素で, 酸や強塩基の水溶液に溶ける。

$$Zn^{2+} \xrightarrow{OH^-} Zn(OH)_2\downarrow \xrightarrow{NaOH} [Zn(OH)_4]^{2-} \text{ (溶解)}$$
$$\xrightarrow{NH_3} [Zn(NH_3)_4]^{2+} \text{ (溶解)}$$

$$Al^{3+} \xrightarrow{OH^-} Al(OH)_3\downarrow \xrightarrow{NaOH} [Al(OH)_4]^- \text{ (溶解)}$$

❷ 14〜17 族典型元素

① 同素体 C(ダイヤモンド・黒鉛), P(黄リン・赤リン), O(O_2, O_3), S(単斜・斜方・ゴム状)

② HNO_3 の工業的製造(オストワルト法) $NH_3 \xrightarrow[Pt]{O_2} NO \xrightarrow{O_2} NO_2 \xrightarrow{H_2O} HNO_3$

③ H_2SO_4 の工業的製造(接触法) $S \xrightarrow{O_2} SO_2 \xrightarrow[V_2O_5]{O_2} SO_3 \xrightarrow{H_2O} H_2SO_4$

④ ハロゲン元素 F, Cl, Br, I など。F^-, Cl^-, Br^-, I^- になりやすい。酸化力(化学反応性)は $F_2 > Cl_2 > Br_2 > I_2$

⑤ CO_2(弱酸), NO_2, N_2O_5(強酸), P_4O_{10}, SO_2(中程度の酸), SO_3(強酸), H_2S(弱酸), HCl(強酸), NH_3(弱塩基)。

◢ I章の問題 ◣

1. アルカリ金属元素とアルカリ土類金属元素の炭酸塩の性質を比較せよ。

2. Mg の性質が, Ca, Sr, Ba などの性質と違う点を述べよ。

3. (ア)塩化水素, (イ)アルミニウム粉末, (ウ)塩素, (エ)塩化アンモニウム それぞれと水酸化ナトリウム水溶液との反応を述べよ。

4. いままでに学んだ同素体の例を整理してみよ。

5. 次のそれぞれの組の物質の性質を比較せよ。
 (ア) Zn^{2+} と Al^{3+} (イ) 濃硫酸と希硫酸 (ウ) フッ化水素と塩化水素
 (エ) 酸素とオゾン (オ) 希塩酸と希硝酸

第II章
遷移元素とその化合物

遷移元素は，これまで学んできた典型元素とは違って，横に並んだ元素どうしの性質もたがいに似ている場合が多く，遷移元素に特有ないろいろの性質をもっている。遷移元素はすべて金属元素であるが，代表的な遷移元素について，それらの単体や化合物の性質，イオンの反応などを学んでいこう。

溶鉱炉(外観)

1 遷移元素の特色

A 遷移元素

周期表の3～11族の元素を**遷移元素**という(→ p.146)。

遷移元素の原子では，原子番号が増加しても，最外電子殻より内側の電子殻に電子が入っていくため，最外電子殻の電子の数は増加せず，たいてい2(まれに1)のものが多い(表4-16)。

このため遷移元素では，原子番号が1だけ違っても，それら元素の性質は，典型元素の場合のように大きく変わらない。すなわち，周期表で

表4-16 第4周期遷移元素の電子配置(後見返し表参照)

族 元素→ 電子殻*↓	3 $_{21}$Sc	4 $_{22}$Ti	5 $_{23}$V	6 $_{24}$Cr	7 $_{25}$Mn	8 $_{26}$Fe	9 $_{27}$Co	10 $_{28}$Ni	11 $_{29}$Cu
K(2)	2	2	2	2	2	2	2	2	2
L(8)	8	8	8	8	8	8	8	8	8
M(18)	9	10	11	13	13	14	15	16	18
N(32)	2	2	2	1	2	2	2	2	1

*かっこ内の数字は，それぞれの電子殻に入ることができる電子の最大数。

横に並んだ元素どうしの性質もよく似ている場合が少なくない。たとえば，鉄 $_{26}$Fe，コバルト $_{27}$Co，ニッケル $_{28}$Ni などの性質は，たがいによく似ている。

遷移元素が化合物をつくる場合，同じ１つの遷移元素でも，酸化数の違ういろいろな化合物が知られている場合が多い。たとえば，マンガンの化合物と酸化数の例を，表 4-17 に示した。

表 4-17　マンガンの化合物と酸化数

化合物		酸化数
過マンガン酸カリウム	$KMnO_4$	＋Ⅶ
マンガン酸カリウム	K_2MnO_4	＋Ⅵ
二酸化マンガン	MnO_2	＋Ⅳ
三酸化二マンガン	Mn_2O_3	＋Ⅲ
四酸化三マンガン	Mn_3O_4	＋Ⅲ，＋Ⅱ
二塩化マンガン	$MnCl_2$	＋Ⅱ

B　単体

遷移元素の単体は，すべて金属なので，遷移元素はしばしば遷移金属ともいわれる。

遷移金属は一般に融点が高く，また，硬度や密度も大きい（表 4-18）。したがって，遷移金属における金属結合の強さは，典型元素の金属の場合より一般に大きいと考えられる。

遷移金属どうしは，合金をつくりやすい[1]。

《クロム $_{24}$Cr》　単体のクロムは，酸化クロム(Ⅲ) Cr_2O_3 をアルミニウムで還元したり（→ p.123），硫酸クロム(Ⅲ) $Cr_2(SO_4)_3$ の希硫酸溶液を電気分解してつくられる。

表 4-18　遷移元素単体の融点と密度の例

元　素	$_{24}$Cr	$_{25}$Mn	$_{26}$Fe	$_{28}$Ni	$_{29}$Cu	$_{47}$Ag	$_{79}$Au
族	6	7	8	10	11	11	11
周期	4	4	4	4	4	5	6
融点（℃）	1860	1244	1535	1453	1083	952	1064
密度（g/cm³）	7.2	7.4	7.9	8.9	9.0	10.5	19.3

---

[1] たとえば，ステンレス鋼(Fe, Cr, Ni, C)，高速度鋼(Fe, Cr, W, C)，ニクロム(Ni, Cr)，MK 磁石鋼(Ni, Al, Co, Fe) などの特殊鋼や，貨幣合金(銀貨 Ag, Cu) など。

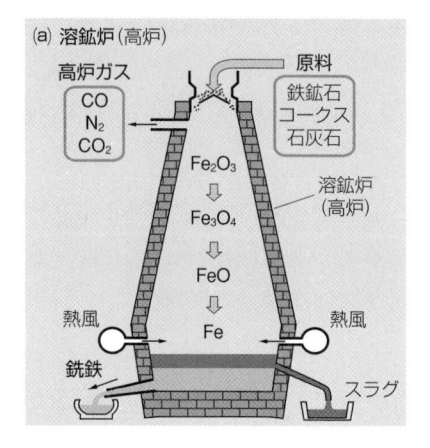

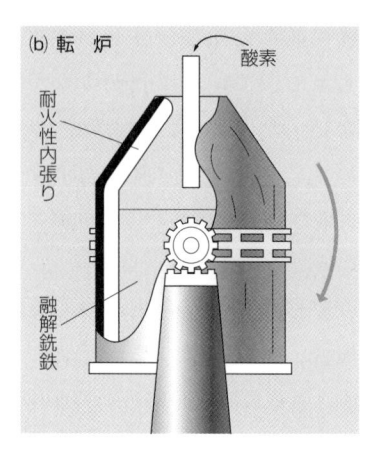

(a) 溶鉱炉（高炉）

高炉ガス
CO
N_2
CO_2

原料
鉄鉱石
コークス
石灰石

Fe_2O_3
⇩
Fe_3O_4
⇩
FeO
⇩
Fe

溶鉱炉（高炉）

熱風　　熱風
銑鉄　　　　スラグ

(b) 転炉
酸素
耐火性内張り
融解銑鉄

(a) 原料(赤鉄鉱 Fe_2O_3 その他の鉄鉱石, コークス C, 石灰石 $CaCO_3$)を上から入れ, 空気に酸素を混ぜた熱風を下から吹きこむと, 鉄鉱石は, たとえばコークスから生じた CO によって $Fe_2O_3 + 3CO \longrightarrow 2Fe + 3CO_2$ のようにして還元され, 鉄が得られる。これを銑鉄(炭素を約4％含む)という。銑鉄の上に浮かぶケイ酸塩(→ p.163)はスラグとよばれ, 建築材料その他に用いられる。
(b) 銑鉄中の不純物や余分の炭素を除き, 鋼(炭素量 0.02〜2％)にする。

図 4-15　鉄の製造

　銀白色の光沢をもつ金属で, 比較的イオン化傾向は大きいが, 空気中で酸化物のじょうぶな膜ができる。不動態(→ p.159)をつくりやすく, クロムめっき用として用いられたり, 合金の材料に使われる(→ p.179)。酸化数＋Ⅲ, ＋Ⅵの化合物がよく知られている。

《マンガン $_{25}$Mn》　酸化物(たとえば MnO_2)を Al と加熱して還元するか(→ p.123), 塩化マンガン(Ⅱ) $MnCl_2$ の融解塩電解によって得られる。

　銀白色の金属で, 鉄よりもイオン化傾向が大きく, 空気中で表面が酸化される。また, 酸の水溶液に溶けて水素を発生する。

《鉄 $_{26}$Fe》　主として酸化物を溶鉱炉でコークスと加熱し, 還元してつくられる(図 4-15)。

　純粋な鉄は, 灰白色の光沢をもった金属で, 比較的イオン化傾向が大きく, 希酸と反応して水素を発生して溶けるが, 濃硝酸には不動態になる。

　酸化数＋Ⅱ, ＋Ⅲの化合物をつくる。

《ニッケル ₂₈Ni》 銀白色の金属で，イオン化傾向は鉄よりもやや小さく，ふつう酸化数＋Ⅱの化合物をつくる。水素付加の触媒(→ p.204)に用いられたり，各種合金(→ p.179)に用いられる。

《銅 ₂₉Cu》 主として黄銅鉱(主成分 $CuFeS_2$)からつくられる。

赤色光沢のある金属で，電気・熱の良導体である。乾燥した空気中では，常温で変化しにくいが，湿気のある空気中では酸化されて緑青(→ p.89)を生じる。酸化数＋Ⅰと＋Ⅱの化合物をつくる。

貨幣合金(→ p.179)，黄銅・洋銀[1]などの合金の原料や，電気材料として広く用いられる。

《銀 ₄₇Ag》 輝銀鉱(主成分 Ag_2S)・角銀鉱(主成分 AgCl)などとして産出するが，単体の銀として産出することもある。

銀白色の比較的軟らかい金属で，電気・熱の良導体である(全金属中最大)。酸化力のない酸には溶けないが，硝酸や熱濃硫酸には反応して溶ける(→ p.168)。空気中で熱しても酸化されないが，常温でも硫黄や硫化水素により，黒色の硫化銀 Ag_2S ができる。ふつう，酸化数＋Ⅰの化合物をつくる。

装飾品・貨幣・写真材料(口絵1)などに用いられる。

《金 ₇₉Au》 主として単体(砂金)として産出する。

黄金色の美しい光沢をもつ金属で，人類にとって最も古くから貴重な金属として知られていた。電気・熱の良導体で，金属の中で最も展性・延性に富んでいる。イオン化傾向が小さく，硝酸や熱濃硫酸にも溶けないが，王水(→ p.132)に溶ける。酸化数＋Ⅰ，＋Ⅲの化合物が知られている。

---

[1] 黄銅は，しんちゅうともよばれ，Cu(60～95％)と Zn の合金である。洋銀は，洋白ともよばれ，Cu(52～80％)，Zn(10～35％)，Ni(5～35％)の合金である。

21 遷移元素を含む化合物やイオン

A クロム酸塩

クロム酸カリウム K_2CrO_4 は黄色の結晶であり，その水溶液も黄色であるが，これはクロム酸イオン CrO_4^{2-} の色である。CrO_4^{2-} は鉛(Ⅱ)イオン Pb^{2+}，銀イオン Ag^+，バリウムイオン Ba^{2+} などと難溶性のクロム酸塩をつくるから，これらのイオンの検出に用いられる(口絵7参照)。

$$Pb^{2+} + CrO_4^{2-} \longrightarrow PbCrO_4\downarrow (黄) \tag{69}$$
クロム酸鉛(Ⅱ)

$$2Ag^+ + CrO_4^{2-} \longrightarrow Ag_2CrO_4\downarrow (赤褐) \tag{70}$$
クロム酸銀

$$Ba^{2+} + CrO_4^{2-} \longrightarrow BaCrO_4\downarrow (黄) \tag{71}$$
クロム酸バリウム

クロム酸イオンを含む水溶液に酸を加えると，CrO_4^{2-} が**二クロム酸イオン** $Cr_2O_7^{2-}$ になるため，黄色の溶液は赤橙色になる。これをアルカリ性にすると，ふたたび CrO_4^{2-} になって，溶液は黄色になる。

$$2CrO_4^{2-} + 2H^+ \longrightarrow Cr_2O_7^{2-} + H_2O \tag{72}$$

$$Cr_2O_7^{2-} + 2OH^- \longrightarrow 2CrO_4^{2-} + H_2O \tag{73}$$

クロム酸塩および二クロム酸塩の中の Cr の酸化数は $+Ⅵ$ であるが，これらは酸性溶液中で酸化数 $+Ⅲ$ の Cr になる傾向が大きいので，強い酸化作用をもっている(→ p.128 表 3-10)。

$$Cr_2O_7^{2-} + 14H^+ + 6e^- \longrightarrow 2Cr^{3+} + 7H_2O \tag{74}$$

B 銅(Ⅱ)イオン

硫酸銅(Ⅱ)五水和物 $CuSO_4\cdot 5H_2O$ の結晶やその水溶液は青色をしているが，これはテトラアクア銅(Ⅱ)イオン $[Cu(H_2O)_4]^{2+}$ の色である[*1]。

[*1] $CuSO_4\cdot 5H_2O$ の水和水のうち，4個の H_2O は $[Cu(H_2O)_4]^{2+}$ として，他の1個の H_2O は SO_4^{2-} に水和しているので，$[Cu(H_2O)_4][SO_4(H_2O)]$ のように書くこともできる。

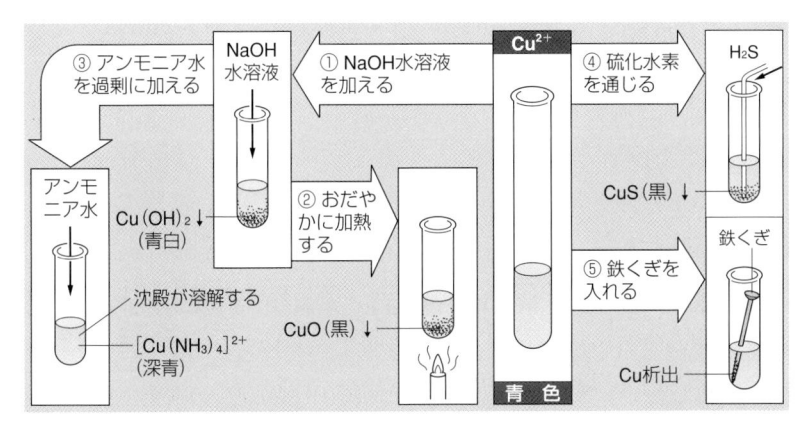

図 4-16　銅(Ⅱ)イオンの反応

　$CuSO_4 \cdot 5H_2O$ を加熱すると，水和水がとれて白色の粉末になる[*1)]。

　銅(Ⅱ)イオン Cu^{2+} を含む水溶液に水酸化ナトリウム水溶液または少量のアンモニア水を加えると，青白色の水酸化銅(Ⅱ)[*2)] $Cu(OH)_2$ の沈殿ができる(図 4-16 ①)。水酸化銅(Ⅱ)の沈殿を含むこの水溶液を温めると，沈殿は黒色の酸化銅(Ⅱ) CuO に変化する(同図②)。

$$Cu^{2+} + 2OH^- \longrightarrow Cu(OH)_2 \downarrow \tag{75}$$

$$Cu(OH)_2 \longrightarrow CuO + H_2O \tag{76}$$

　水酸化銅(Ⅱ)の沈殿を含む上記の水溶液に，過剰のアンモニア水を加えると，沈殿は溶けて深青色の溶液になる(同図③)。これは，水に溶けるテトラアンミン銅(Ⅱ)イオン(銅アンモニアイオン) $[Cu(NH_3)_4]^{2+}$ ができるからである(口絵 7 参照)。

$$Cu(OH)_2 + 4NH_3 \longrightarrow [Cu(NH_3)_4]^{2+} + 2OH^- \tag{77}$$

　銅(Ⅱ)イオンを含む水溶液に硫化水素 H_2S を通じると，黒色の硫化銅(Ⅱ) CuS の沈殿ができる(同図④，p.171 表 4-13)。

$$Cu^{2+} + S^{2-} \longrightarrow CuS \downarrow \tag{78}$$

[*1)] この白色粉末は，水を吸収して青色の五水和物になるので，水の検出に利用される。
[*2)] アンモニア水を加えたとき生じる沈殿は複雑な組成をもった塩基性塩(→ p.118)であるが，本書では簡単に $Cu(OH)_2$ として表した。

問13. 硫酸銅(Ⅱ)水溶液に水酸化ナトリウム水溶液を加える場合と，アンモニア水を少しずつ加えていく場合の変化の違いについて，両者を比較して説明せよ。

C 錯イオン

硫酸銅(Ⅱ) $CuSO_4$ 水溶液中の銅(Ⅱ)イオンは，4個の H_2O 分子がそれぞれ水分子の中の O 原子の非共有電子対を使って Cu^{2+} に配位結合 (→ p.26) したテトラアクア銅(Ⅱ)イオン $[Cu(H_2O)_4]^{2+}$ の構造になっている。これにアンモニア水を過剰に加えると，配位結合していた H_2O 分子が NH_3 分子に置換されて，テトラアンミン銅(Ⅱ)イオン $[Cu(NH_3)_4]^{2+}$（深青色）というイオンになる。

$$\begin{bmatrix} & H_2O & \\ H_2O- & Cu & -OH_2 \\ & H_2O & \end{bmatrix}^{2+} + 4NH_3 \longrightarrow \begin{bmatrix} & NH_3 & \\ H_3N- & Cu & -NH_3 \\ & NH_3 & \end{bmatrix}^{2+} + 4H_2O \quad (79)$$

また，硫酸鉄(Ⅱ) $FeSO_4$ 水溶液に過剰のシアン化カリウム KCN 水溶液を加えると，鉄(Ⅱ)イオン Fe^{2+} に 6 個のシアン化物イオン CN^- が配位結合して，ヘキサシアノ鉄(Ⅱ)酸イオン[*1] $[Fe(CN)_6]^{4-}$ というイオンになる。

表 4-19 錯イオンの例

金属イオン	錯イオン	名　称	配位子	配位数
Ag^+	$[Ag(NH_3)_2]^+$	ジアンミン銀(Ⅰ)イオン	NH_3	2
Cu^{2+}	$[Cu(NH_3)_4]^{2+}$	テトラアンミン銅(Ⅱ)イオン	NH_3	4
Zn^{2+}	$[Zn(NH_3)_4]^{2+}$	テトラアンミン亜鉛(Ⅱ)イオン	NH_3	4
Fe^{2+}	$[Fe(CN)_6]^{4-}$	ヘキサシアノ鉄(Ⅱ)酸イオン	CN^-	6
Fe^{3+}	$[Fe(CN)_6]^{3-}$	ヘキサシアノ鉄(Ⅲ)酸イオン	CN^-	6

[*1] 錯イオンが陰イオンのときは，「──酸イオン」という (→ p.267)。

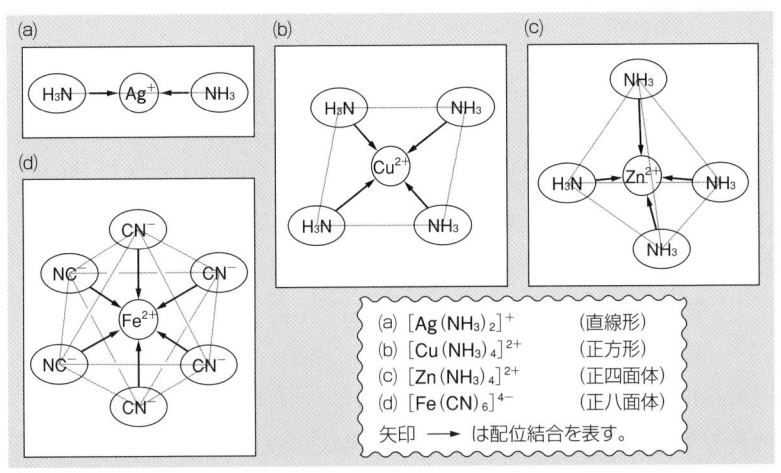

図 4-17　錯イオンの形

(a) $[Ag(NH_3)_2]^+$　　（直線形）
(b) $[Cu(NH_3)_4]^{2+}$　（正方形）
(c) $[Zn(NH_3)_4]^{2+}$　（正四面体）
(d) $[Fe(CN)_6]^{4-}$　　（正八面体）
矢印 ⟶ は配位結合を表す。

以上の例のように，NH_3 や CN^- のような非共有電子対をもった分子や陰イオンが，金属イオンに配位結合すると，**錯イオン**[*1)] とよばれる複雑な組成のイオンを生じる。錯イオンの中の配位結合している分子やイオンを**配位子**といい，配位子の数を**配位数**という（表 4-19）。また，錯イオンを含む塩を**錯塩**という。

錯イオンの性質は，H_2O だけが配位している金属イオン（水和イオン）とは，いろいろな点で違っている。

問 14. 水溶液中の銅（Ⅱ）イオンとテトラアンミン銅（Ⅱ）イオンに，それぞれ水酸化ナトリウム水溶液を少しずつ加えていった。このときの変化の違いについて述べよ。

錯イオンは，中心の金属イオンの種類や配位数によって，直線，正方形，四面体，八面体など，定まった形をとっている（図 4-17）。

---

*1) $[Cu(H_2O)_4]^{2+}$ のように，H_2O だけが金属イオンに配位結合したイオンは，水和イオンといって，錯イオンといわないことが多い。

D 銀イオン

銀イオン Ag^+ は無色である。Ag^+ を含む水溶液に水酸化ナトリウム水溶液またはアンモニア水を少量加えると，褐色の酸化銀 Ag_2O が沈殿する(図4-18①)。この沈殿は，過剰のアンモニア水にジアンミン銀(I)イオン(銀アンモニアイオン) $[Ag(NH_3)_2]^+$ とよばれる錯イオンを生じて溶ける(同図②)。

$$2Ag^+ + 2OH^- \longrightarrow Ag_2O\downarrow + H_2O \tag{80}$$

$$Ag_2O + 4NH_3 + H_2O \longrightarrow 2[Ag(NH_3)_2]^+ + 2OH^- \tag{81}$$

Ag^+ を含む水溶液にハロゲン化物イオンを加えると，ハロゲン化銀の沈殿を生じる[*1](同図③)。ハロゲン化銀[*2]のうち，塩化銀 $AgCl$ (白色)はアンモニア水に溶けるが(同図④)，臭化銀 $AgBr$ (淡黄色)はわずかしか溶けず，ヨウ化銀 AgI (黄色)はほとんど溶けない。

$$AgCl + 2NH_3 \longrightarrow [Ag(NH_3)_2]^+ + Cl^- \tag{82}$$

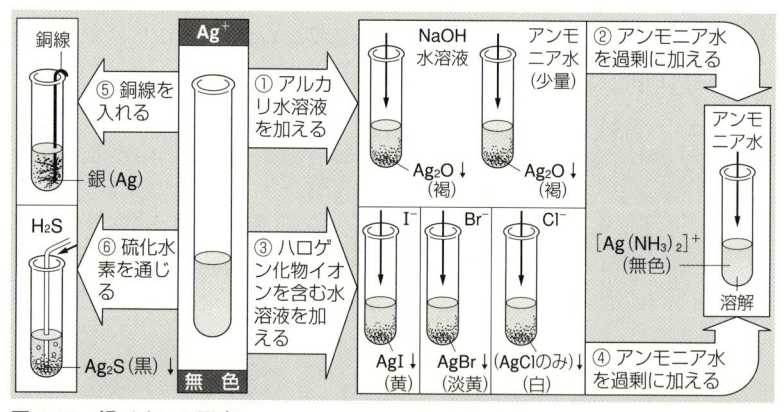

図4-18 銀イオンの反応

[*1] フッ化銀 AgF は水に溶けるので(0℃で86g/100g水)，沈殿しない。

[*2] ハロゲン化銀は，シアン化カリウム KCN 水溶液やチオ硫酸ナトリウム $Na_2S_2O_3$ 水溶液に，それぞれ錯イオンを生じて溶ける。これらの反応は，次のようなイオン反応式で表される。

$AgCl + 2CN^- \longrightarrow Cl^- + [Ag(CN)_2]^-$ (ジシアノ銀(I)酸イオン)

$AgBr + 2S_2O_3^{2-} \longrightarrow Br^- + [Ag(S_2O_3)_2]^{3-}$ (ビス(チオスルファト)銀(I)酸イオン)

$[Ag(CN)_2]^-$ を含む水溶液は，銀めっきに用いられる。また，チオ硫酸ナトリウムとの反応は，写真の定着に利用される。

Ag^+ を含む水溶液に銅線を浸すと，銅が溶けて水溶液が青色になるとともに，Ag が樹枝状に析出する（銀樹）（→同図⑤，口絵 6）。

Ag^+ を含む水溶液に硫化水素を通じると，黒色の硫化銀 Ag_2S の沈殿を生じる（同図⑥，p.171 表 4-13）。

$$2Ag^+ + S^{2-} \longrightarrow Ag_2S \downarrow \tag{83}$$

E 鉄(Ⅱ)イオンと鉄(Ⅲ)イオン

希硫酸の中に鉄を入れて反応させた溶液は，淡緑色の鉄(Ⅱ)イオン Fe^{2+} を含んでいて，この溶液を濃縮すると，硫酸鉄(Ⅱ)七水和物 $FeSO_4 \cdot 7H_2O$ の結晶が得られる。

$$Fe + H_2SO_4 \longrightarrow FeSO_4 + H_2 \uparrow \tag{84}$$

鉄(Ⅱ)イオン Fe^{2+} は酸化されやすく，空気中の酸素によっても徐々に酸化されて，鉄(Ⅲ)イオン Fe^{3+} になる。

Fe^{2+} や Fe^{3+} を含む水溶液に，アンモニア水または水酸化ナトリウム水溶液を加えると，それぞれ水酸化鉄(Ⅱ) $Fe(OH)_2$（緑白色）や水酸化鉄(Ⅲ) $Fe(OH)_3$（赤褐色）の沈殿を生じる（口絵 7）。

$$Fe^{2+} + 2OH^- \longrightarrow Fe(OH)_2 \downarrow \tag{85}$$

$$Fe^{3+} + 3OH^- \longrightarrow Fe(OH)_3 \downarrow \tag{86}$$

溶液中の Fe^{2+} は，ヘキサシアノ鉄(Ⅲ)酸カリウム $K_3[Fe(CN)_6]$ 水溶液を加えると濃青色の沈殿を生じ，Fe^{3+} はヘキサシアノ鉄(Ⅱ)酸カリウム $K_4[Fe(CN)_6]$ 水溶液を加えると同じ濃青色の沈殿を生じる[*1]。

[*1] $K_3[Fe(CN)_6]$ はヘキサシアノ鉄(Ⅲ)酸カリウムとよばれる赤色の結晶で，その水溶液と Fe^{2+} とから生じる沈殿は，ターンブル青とよばれる。$K_4[Fe(CN)_6] \cdot 3H_2O$ はヘキサシアノ鉄(Ⅱ)酸カリウム・三水和物とよばれる黄色の結晶で，その水溶液と Fe^{3+} とから生じる沈殿は，ベルリン青，紺青などとよばれる。これらの沈殿は，いずれも $KFe[Fe(CN)_6]$ で表され，区別することができない。

F　イオンや沈殿の色

遷移元素の単原子水和イオンや多原子水和イオンには，色をもったものが多い。また，特有の色の錯イオンをつくったり，他のイオンと反応して特有の色の沈殿を生成するものが多い（表 4-20，口絵 p.8 参照）。

表 4-20　遷移元素を含むイオンや沈殿の色

水溶液中のイオンの色	Cu^{2+}（青），Fe^{2+}（淡緑），Fe^{3+}（黄褐），Mn^{2+}（淡桃），Cr^{3+}（緑），Ni^{2+}（緑）（以上，いずれも希塩酸溶液中の色） $[Cu(NH_3)_4]^{2+}$（深青），$[Fe(CN)_6]^{4-}$（淡黄），$[Fe(CN)_6]^{3-}$（黄） CrO_4^{2-}（黄），$Cr_2O_7^{2-}$（赤橙），MnO_4^{-}（赤紫）
沈殿の色	CuS（黒），HgS（黒）[*1)]，Ag_2S（黒），PbS（黒），$AgCl$（白），$AgBr$（淡黄），AgI（黄），$Cu(OH)_2$（青白），$Fe(OH)_3$（赤褐），Ag_2CrO_4（赤褐），$PbCrO_4$（黄），$BaCrO_4$（黄）， $Cu_2[Fe(CN)_6]$（赤褐）（→ p.73 ヘキサシアノ鉄（Ⅱ）酸銅（Ⅱ）） $Fe^{2+} + [Fe(CN)_6]^{3-}$ ⎫ $Fe^{3+} + [Fe(CN)_6]^{4-}$ ⎭ →濃青色沈殿

G　金属イオンの分離と確認

水溶液が 2 種類以上の金属イオンを含む場合，これに特定の試薬を加えて，あるイオンだけを不溶性の化合物にして沈殿させる。沈殿を沪別し，沪液に別の試薬を加えて，他のイオンを沈殿として分離する。このようにして沪別した沈殿や沪液をそれぞれ調べて，初めの水溶液にどのようなイオンが含まれていたかを知ることができる。

たとえば，ある水溶液に塩酸をじゅうぶんに加えたとき，白色の沈殿を生じたとすると，この水溶液中には銀イオン Ag^+ か鉛（Ⅱ）イオン Pb^{2+}，またはその両方が含まれている可能性がある。

$$Ag^+ + Cl^- \longrightarrow AgCl \downarrow \tag{87}$$

$$Pb^{2+} + 2Cl^- \longrightarrow PbCl_2 \downarrow \tag{88}$$

[*1)] 黒色の HgS を加熱して昇華させると，赤色の HgS が得られる。これは朱（顔料）として用いられる。

この沈殿を沪別して，Ag^+ または Pb^{2+} を他のイオンから分離する。$PbCl_2$ は熱水に溶けるので[*1]，沈殿を熱水で洗い，洗液にクロム酸カリウム K_2CrO_4 水溶液を加えて $PbCrO_4$ の黄色沈殿ができれば，Pb^{2+} の存在が確認されたことになる。また，熱水に溶けない沈殿が残るときは，$AgCl$ であることが推定されるが，これにアンモニア水を注ぐと沈殿が溶けることから，最終的に Ag^+ の存在が確認される。

混合溶液として，Cu^{2+}，Zn^{2+} および Ba^{2+} を含む水溶液から，各イオンを分離・確認する方法の例を，図 4-19 に示した。

問15. Ag^+ と Al^{3+} を含む水溶液から，これらのイオンをそれぞれ分離・確認する方法を説明せよ。

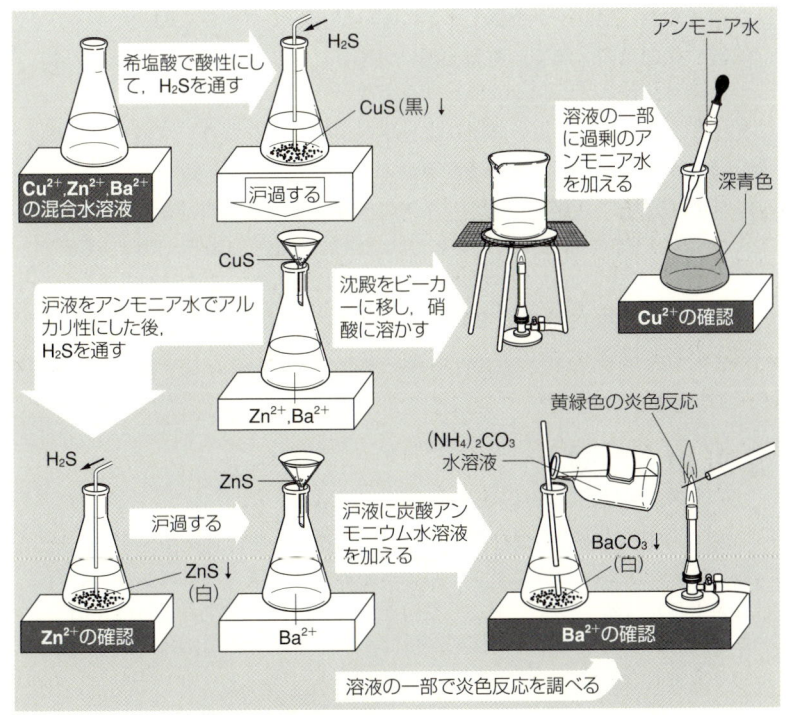

図 4-19 Cu^{2+}, Zn^{2+}, Ba^{2+} の分離・確認

*1) $PbCl_2$ は $100g$ の水に，$0℃$ で $0.7g$，$50℃$ で $1.7g$，$100℃$ で $3.3g$ 溶ける。

■ II 章のまとめ

1 遷移元素の特色
① 遷移元素の最外電子殻の電子は2個(まれに1個)で，すべて金属元素。
② 一般に融点が高く，硬度や密度大。
③ 合金をつくるものが多い。
④ 有色のイオンが多く，錯イオンをつくりやすい。
⑤ 酸化数の違ういろいろな化合物をつくる。

2 遷移元素の単体・化合物・イオン
① **クロム・マンガン** いずれも銀白色の金属。$K_2Cr_2O_7$，$KMnO_4$，MnO_2 は酸化剤。
② **鉄** 灰白色の金属。鋼として広く利用される。イオンは Fe^{2+} と Fe^{3+} がある。Fe^{2+} は酸化されて Fe^{3+} になりやすい(還元剤)。
③ **銅** 赤色光沢のある金属。銅(II)イオンは青色で，過剰のアンモニア水により錯イオン $[Cu(NH_3)_4]^{2+}$ を生成。
④ **錯イオン** 配位子が金属イオンに配位結合してできたもの。
⑤ **銀** 銀白色の金属で，電気・熱の良導体。Ag^+ は過剰のアンモニア水により，錯イオン $[Ag(NH_3)_2]^+$ を生成。
⑥ **イオンの反応** 特定の試薬により呈色反応を示したり，沈殿を生じることから，イオンを分離できる。
〔Cl^- で沈殿〕：Pb^{2+}，Ag^+ 〔アンモニア水で沈殿〕：Fe^{3+}，Al^{3+}
〔溶液の pH に関係なく S^{2-} により沈殿〕：Ag^+，Cu^{2+}，Pb^{2+}，Cd^{2+}
〔中性またはアルカリ性で S^{2-} により沈殿〕：Fe^{2+}，Zn^{2+}，Ni^{2+}
〔CO_3^{2-} で沈殿〕：Ca^{2+}，Ba^{2+} 〔沈殿を生じないもの〕：Na^+，K^+

■ II 章の問題

1. 次の文の(ア)～(エ)の中に化学式を記入せよ。
　Ag^+，Al^{3+}，Ca^{2+} を含む水溶液に塩酸をじゅうぶん加えて，生じた沈殿(ア)を沪別し，沪液にアンモニア水を加えてアルカリ性にした。このとき生じた沈殿(イ)を沪別し，その沪液に炭酸ナトリウム水溶液を加えたら，沈殿(ウ)を生じた。沈殿(ア)は，アンモニア水に溶けて錯イオン(エ)を生じた。

2. Cu^{2+}，Al^{3+}，Fe^{3+} を含む水溶液から，各イオンを分離・確認する方法を考えよ。

第5編
物質の性質 (2)

19世紀初めまでは，生物体から得られた炭素の化合物は有機化合物とよばれ，それらは生命の力によってつくられ，人工的にはつくれないものと考えられていた。そして有機化合物以外の化合物は無機化合物とよばれた。しかし1828年ウェーラーは，当時有機化合物に分類されていた尿素 $H_2N-CO-NH_2$ が無機化合物であるシアン酸アンモニウム NH_4OCN から人工的につくられることを発見した。

$$NH_4OCN \longrightarrow H_2N-CO-NH_2$$

その後，いろいろな有機化合物が次々に人工的につくられるようになり，生命力の仮説は否定されたが，有機化合物の構造や化学的性質には，無機化合物とは違った特徴があるので，現在でも無機化合物と区別して扱われることが多い。本編では，有機化合物の構造と性質との関係や，有機化合物とわれわれの生活とのかかわりなどについて学んでいく。

第 I 章
有機化合物の分類と分析

われわれの身のまわりには，いろいろな種類の有機化合物がある。われわれのからだや食物・衣料品なども，大部分が複雑な有機化合物からできているし，日用品・医薬品などにも有機化合物が多い。この章では，まず有機化合物の特徴と，有機化合物の分類のしかた，および有機化合物の分子式を決める手順などを学ぶ。

海底油田の採掘（ランドン油田）

1｜有機化合物の特徴と分類

A｜有機化合物の特徴

　有機化合物を構成している元素の種類は，炭素のほか水素・酸素・窒素・硫黄・ハロゲンなど，比較的少数である。

　炭素原子には価電子が 4 個あり，炭素原子どうしでも，また，窒素原子や酸素原子その他の非金属原子とも，共有結合によって次々に結合して，鎖状や環状の分子を形づくる。また，その共有結合は，単結合だけでなく，二重結合や三重結合の場合もある。このため，有機化合物の種類はきわめて多い。

　有機化合物はたいてい分子[*1)]からできていて，融点や沸点は比較的低い（→ p.48）が，タンパク質やデンプンなど，加熱したとき，とける前に分解するものもある。有機化合物は，空気中で加熱すると燃えるものが多く，燃えると二酸化炭素や水，その他の簡単な物質を生じる。

---

*1) 酢酸ナトリウムのような塩は，イオンからできている。

B 有機化合物の分類と官能基

有機化合物は，その分子の骨組み構造の形によって，**鎖式化合物**（**脂肪族化合物**ともいう）と**環式化合物**に分類される。

また，炭素原子どうしがすべて単結合で結合している**飽和化合物**と，炭素原子間の結合に不飽和結合（二重結合や三重結合）を含む**不飽和化合物**に分類される。

不飽和化合物の中で，ベンゼン C_6H_6（→ p.225）のように6個の炭素原子からなる特別な環の構造を含むものを，**芳香族化合物**という。

炭素と水素だけからなる化合物を**炭化水素**というが，炭化水素の分類例を表5-1に示した。

表 5-1 炭化水素の分類と化合物の例

	飽和炭化水素		不飽和炭化水素		
鎖式炭化水素	CH_3-CH_3 エタン（→ p.198） $CH_3-CH_2-CH_2-CH_3$ ブタン（→ p.199）	（二重結合）	$CH_2=CH_2$ エチレン（→ p.204） $CH_3-CH=CH_2$ プロペン（→ p.204）	（三重結合）	$CH≡CH$ アセチレン（→ p.207） $CH_3-C≡CH$ プロピン（→ p.207）
環式炭化水素	（脂環式）シクロヘキサン（→ p.202）	（脂環式）	シクロヘキセン（→ p.206）	（芳香族）	ベンゼン（→ p.225）

炭化水素分子の中の水素原子を，ヒドロキシ基 $-O-H$，アルデヒド基 $-C{<}^H_O$，カルボキシ基 $-C{<}^{O-H}_O$，アミノ基 $-N{<}^H_H$ などで置き換えると，それぞれの基に特有な性質をもつ化合物群ができる。このような基を**官能基**という。同じ官能基をもった化合物どうしは，性質がよく似ている。次ページの表5-2に，官能基とその官能基をもった化合物の例を示した。

表5-2 官能基による有機化合物の分類と化合物の例

官　能　基		化合物群の名称	化合物の例
ヒドロキシ基　-OH （水酸基）		アルコール	C_2H_5-OH エタノール（→ p.212）
		フェノール類	C_6H_5-OH フェノール（→ p.229）
カルボ ニル基 $\supset C=O$	アルデヒド基 $-C{\underset{O}{\overset{H}{\lessgtr}}}$	アルデヒド	CH_3-CHO アセトアルデヒド（→ p.214）
	ケトン基　$\supset C=O$	ケトン	$CH_3-CO-CH_3$ アセトン（→ p.214）
カルボキシ基　$-C{\underset{O}{\overset{O-H}{\lessgtr}}}$		カルボン酸	CH_3-COOH 酢酸（→ p.215）
ニトロ基　$-NO_2$		ニトロ化合物	$C_6H_5-NO_2$ ニトロベンゼン（→ p.227）
スルホ基　$-SO_3H$		スルホン酸	$C_6H_5-SO_3H$ ベンゼンスルホン酸（→ p.226）
アミノ基　$-NH_2$		アミン （アミノ化合物）	$C_6H_5-NH_2$ アニリン（→ p.231）

　官能基を分けて書いた C_2H_5-OH または C_2H_5OH のような化学式を，**示性式**という。

2 有機化合物の分析

A 成分元素の検出

(1) **炭素・水素**　有機化合物に酸化銅(Ⅱ) CuO をよく混ぜ合わせて熱すると，CuO が酸化剤としてはたらいて，有機化合物の成分元素であるCは酸化されて CO_2 になり，Hは酸化されて H_2O になる。CO_2 は石灰水によって検出し(→ p.154)，H_2O は硫酸銅(Ⅱ)無水塩によって検出する(→ p.183)。

(2) **窒素**　成分元素としてNを含む有機化合物を，水酸化ナトリウムの固体とよく混ぜ合わせて加熱すると，アンモニアが発生する。湿らせた赤色リトマス紙が青色に変化することや，濃塩酸を近づけると

白煙(NH_4Cl の微粉末)を生じることで、そのアンモニアを検出する（→ p.104）。

(3) **硫黄** 成分元素として S を含む有機化合物に、単体のナトリウムの小片を加えて融解すると、硫化ナトリウム Na_2S が生成する。この融解物に水を加えて沪過し、沪液に酢酸を加えて酸性にしてから酢酸鉛(II)$(CH_3COO)_2Pb$ 水溶液を加えると、黒色の硫化鉛(II) PbS が生成することで検出する。

(4) **塩素** 成分元素として Cl を含む有機化合物を、黒く焼いた銅線の先につけて燃やすと、塩化銅(II)$CuCl_2$ が生成して、青緑色の炎色反応が現れることで検出する。

B 元素分析

精密に質量をはかった試料を完全に燃焼させ、試料の成分元素である C をすべて CO_2 に、H をすべて H_2O にし、塩化カルシウム管およびソーダ石灰管に、この燃焼気体を順次通す(図 5-1)。これら吸収管の質量の増加から、燃焼によって生じた H_2O と CO_2 の質量をそれぞれ求め、これから水素と炭素の質量を計算する。成分元素が炭素・水素および酸素だけの場合は、試料の質量から炭素と水素の質量を引けば、酸素の質量が求められる。

このように、成分元素の含有量を求める操作を、**元素分析**という。

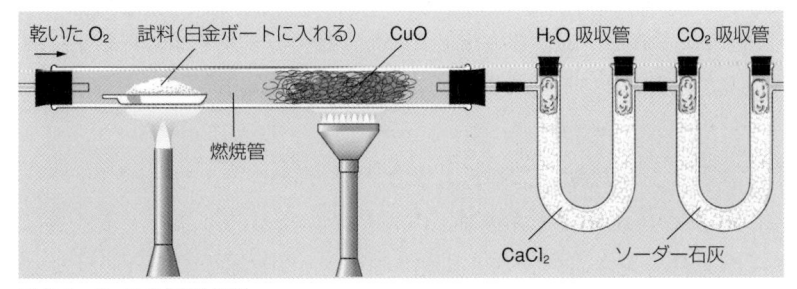

図 5-1 C, H の元素分析

例題 1. C, H, O だけからなる化合物を 36.0 mg とり，元素分析したところ，H_2O 21.6 mg と CO_2 52.8 mg が生成した。この化合物の成分元素 C, H, O の各質量と組成式を求めよ。

解 試料中の C の質量は，生成した CO_2 中の C の質量に等しいから，

$$C の質量 = 52.8\,\text{mg} \times \frac{C}{CO_2} = 52.8\,\text{mg} \times \frac{12}{44} = 14.4\,\text{mg} \quad \text{答} \quad 14.4\,\text{mg}$$

試料中の H の質量は，生成した H_2O 中の H の質量に等しいから，

$$H の質量 = 21.6\,\text{mg} \times \frac{2H}{H_2O} = 21.6\,\text{mg} \times \frac{2.0}{18} = 2.40\,\text{mg} \quad \text{答} \quad 2.40\,\text{mg}$$

試料中の O の質量は，試料の質量 − (C の質量) − (H の質量) であるから，

$$O の質量 = 36.0\,\text{mg} - 14.4\,\text{mg} - 2.40\,\text{mg} = 19.2\,\text{mg} \quad \text{答} \quad 19.2\,\text{mg}$$

試料化合物の組成式を $C_xH_yO_z$ とすると，C, H, O の質量の比は

$$C の質量 : H の質量 : O の質量 = 12x : y : 16z$$

ゆえに
$$x : y : z = \frac{C の質量}{12} : \frac{H の質量}{1.0} : \frac{O の質量}{16}$$

$$= \frac{14.4}{12} : \frac{2.4}{1.0} : \frac{19.2}{16} = 1.2 : 2.4 : 1.2 = 1 : 2 : 1$$

したがって，試料化合物の組成式は CH_2O となる。　　答　CH_2O

〔注〕C, H, O の質量百分率からも，次のように $x : y : z$ が求められる。

$$x : y : z = \frac{C の \%}{12} : \frac{H の \%}{1.0} : \frac{O の \%}{16}$$

練習 1. ある有機化合物の成分元素の質量は，C 2.3 mg, H 0.38 mg, Br 15.3 mg であった。この化合物の組成式を求めよ。

C 分子式の決定

組成式は**実験式**ともよばれ，分子式中の各元素の原子の数を最も簡単な整数比で表した式である。したがって，たとえば実験式 CH_2O で表される化合物の分子式は，実験式の整数倍であり，一般に $(CH_2O)_n$（n は整数）で表される。適切な方法でこの化合物の分子量を求めた結果，60 であることがわかったとすると，次の関係式から n が求められる。

$$(CH_2O)_n = 実験式量 \times n = 30n = 60 \qquad ゆえに n = 2$$

すなわち，分子式は $C_2H_4O_2$ となる。

一方，適当な方法で官能基 −COOH の存在がわかると，示性式は CH_3COOH となる。

▰ Ⅰ 章のまとめ ▰

1 有機化合物の特徴
①成分元素はCのほか，H，O，N，Sなど，比較的種類が少ない。
②分子からなる物質が多く，融点・沸点は比較的低い。
③C原子は共有結合によって鎖状や環状の分子をつくるので，有機化合物の種類はきわめて多い。
④完全に燃やすと CO_2，H_2O など簡単な分子を生じる。

2 有機化合物の分類
鎖式化合物と環式化合物，飽和化合物と不飽和化合物，脂肪族化合物と芳香族化合物などの分類のほか，官能基によってそれぞれの化合物群に分類される。

3 成分元素の検出
- C　燃焼により生じる CO_2 を石灰水で検出(白濁)。
- H　燃焼により生じる H_2O を $CuSO_4$ 無水塩(白色)で検出(青変)。
- N　NaOHと加熱し，生じる NH_3 を赤色リトマス紙で検出(青変)。
- S　Naと融解し，酢酸酸性にしてから酢酸鉛(Ⅱ)溶液を加える(黒変)。
- Cl　黒く焼いた銅線につけ，炎に入れると銅の炎色反応(青緑色)を示す。

4 分子式の決定
試料(質量 m)を完全燃焼させて生じる CO_2 の質量 m_{CO_2} と H_2O の質量 m_{H_2O} から，それぞれCの質量 m_C とHの質量 m_H を求める。
$m_{CO_2} \times \dfrac{12}{44} = m_C$，$m_{H_2O} \times \dfrac{2.0}{18} = m_H$　よってOの質量 $m_O = m - (m_C + m_H)$
実験式を $C_xH_yO_z$ とすると，$\dfrac{m_C}{12} : \dfrac{m_H}{1.0} : \dfrac{m_O}{16} = x : y : z$
実験式×整数＝分子式

▰ Ⅰ 章の問題 ▰

1. ある炭化水素を完全に燃焼させたとき，生成した CO_2 と H_2O の物質量の比は 2：3 であった。この炭化水素の組成式を書け。

2. C，H，O だけからできている化合物 4.5 mg をとって元素分析を行ったところ，H_2O 2.7 mg，CO_2 6.6 mg が得られた。また，この化合物の分子量を測定したところ，180 であった。この化合物の分子式を求めよ。

第Ⅱ章
脂肪族炭化水素

分子の中に，炭素原子からなる環の構造を含まない炭化水素は，脂肪族炭化水素，鎖式炭化水素，または非環式炭化水素とよばれる。この章では，脂肪族炭化水素を，飽和炭化水素と不飽和炭化水素とに分けて学び，環の構造を含みながら，その性質が脂肪族炭化水素に似ている脂環式炭化水素についても学ぶ。

原油の備蓄基地

1 飽和炭化水素

A アルカン

メタン CH_4，エタン C_2H_6，プロパン C_3H_8 などの炭化水素の分子式は，一般式 C_nH_{2n+2} で表され，**アルカン**と総称される(表5-3)。アルカンは，**メタン系炭化水素**または**パラフィン**ともよばれる。

表5-3 アルカン*の例

名称	分子式	沸点(℃)	名称	分子式	沸点(℃)
メタン	CH_4	−161	ノナン	C_9H_{20}	151
エタン	C_2H_6	−89	デカン	$C_{10}H_{22}$	174
プロパン	C_3H_8	−42	ウンデカン	$C_{11}H_{24}$	196
ブタン	C_4H_{10}	−0.5	ドデカン	$C_{12}H_{26}$	216
ペンタン	C_5H_{12}	36			融点(℃)
ヘキサン	C_6H_{14}	69	ペンタデカン	$C_{15}H_{32}$	10
ヘプタン	C_7H_{16}	98	ヘキサデカン	$C_{16}H_{34}$	18
オクタン	C_8H_{18}	126	ヘプタデカン	$C_{17}H_{36}$	22

*炭素原子どうしが，C-C-…-Cのように結合したもの(直鎖構造)について記した。

アルカンのように，同じ1つの一般式で表される化合物で，分子式がCH_2ずつ違う一群の化合物を**同族体**という。同族体はたがいに化学的性質がよく似ているが，一般式のnが大きくなるに従って，融点・沸点などはある程度規則的に少しずつ変化している。

一般式のnが3までのアルカンは，それぞれ1種類ずつしか存在しないが，$n=4$のC_4H_{10}には，ブタンとイソブタン（2-メチルプロパン[*1]）の2種類が存在する。

$$CH_3-CH_2-CH_2-CH_3 \qquad CH_3-\underset{\underset{CH_3}{|}}{CH}-CH_3$$
ブタン（沸点 −0.5℃）　　　　イソブタン（沸点 −12℃）

ブタンとイソブタンのように，分子式は同じであるが，分子の構造が違い，したがって性質も違う化合物どうしを，たがいに**構造異性体**という。構造異性体では，原子の結合の順が違っている。

アルカンの一般式で，nが5より大きくなると，構造異性体の種類は急激に増えてくる。

問 1. 分子式C_5H_{12}で表される炭化水素には3種類の構造異性体がある。これらの構造式を書いてみよ。

炭化水素の分子から水素原子をいくつか除いた原子団（基）を，**炭化水素基**（表5-4）といい，アルカンの分子から水素原子1個を除いた一価の基を，**アルキル基**という。アルキル基は，一般式$C_nH_{2n+1}-$で表される。

表5-4　炭化水素基の例

化学式	名称	
CH_3-	メチル基	⎫
C_2H_5-	エチル基	⎬ アルキル基
$CH_3-CH_2-CH_2-$	プロピル基	⎪
CH_3-CH- 　　　$|$ 　　CH_3	イソプロピル基	⎭
CH_2	メチレン基	
$CH_2=CH-$	ビニル基	

[*1] プロパンの端から2番目のCにメチル基$-CH_3$が結合している（→ p.268）。

B アルカンの立体構造

　メタン CH_4 の分子は，正四面体の形をしている（→ p.24）。すなわち，CH_4 の C 原子を正四面体の中心に置いたとき，4個の H 原子はそれぞれ正四面体の頂点の方向に1個ずつ位置している。また，エタン CH_3-CH_3 の分子は，メタン分子の正四面体が2個連結した形に相当する立体構造をしている（図5-2）。

　エタンよりさらに炭素原子の数が多いアルカンの分子も，メタンの正四面体の形が次々に鎖状に連結した立体構造をしている。そして，分子の中の C–C の単結合は，それを軸として回転することができるので，たとえばペンタン $CH_3-CH_2-CH_2-CH_2-CH_3$ の分子は，メタン分子の正四面体構造を保ったまま，立体的にいろいろな形をとることができる。しかし構造式では，これらの立体的な形を区別して書き表しているわけではない。

問2. ジクロロメタン CH_2Cl_2 の構造式として，右のどちらの式を用いてもよい理由を，メタン分子の正四面体構造から考えて説明せよ。

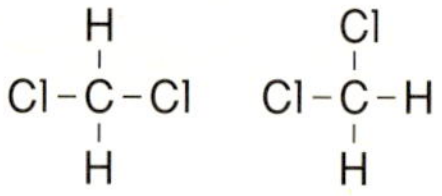

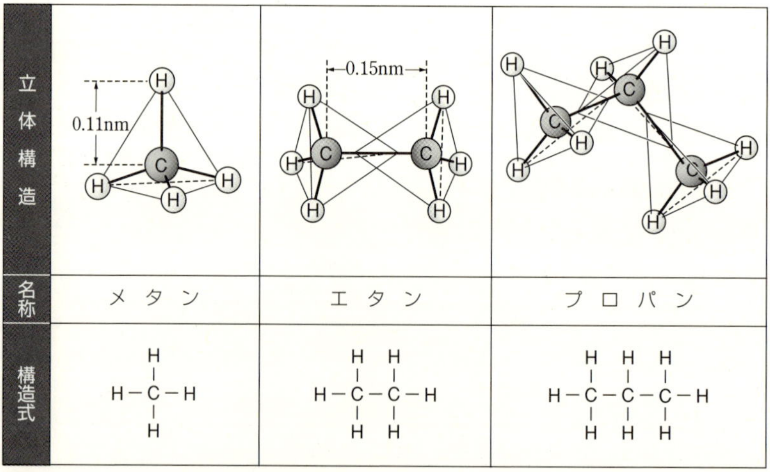

$$\begin{array}{c} H \\ | \\ Cl-C-Cl \\ | \\ H \end{array} \qquad \begin{array}{c} Cl \\ | \\ Cl-C-H \\ | \\ H \end{array}$$

立体構造			
名称	メタン	エタン	プロパン
構造式	$\begin{array}{c}H\\|\\H-C-H\\|\\H\end{array}$	$\begin{array}{c}H\ \ H\\|\ \ \ \ |\\H-C-C-H\\|\ \ \ \ |\\H\ \ H\end{array}$	$\begin{array}{c}H\ \ H\ \ H\\|\ \ \ \ |\ \ \ \ |\\H-C-C-C-H\\|\ \ \ \ |\ \ \ \ |\\H\ \ H\ \ H\end{array}$

図 5-2　アルカンの立体構造と構造式

C アルカンの性質

一般式の n が 4 までのアルカンは，常温で気体，$n=5〜15$ は液体，$n=16$ 以上は固体である(→ p.198 表 5-3)。アルカンは水に溶けにくいが，ジエチルエーテル(→ p.213)やベンゼン(→ p.225)などに溶ける[*1]。可燃性で，燃料に用いられる。n が大きくなると，燃焼のとき，不完全燃焼しやすく，CO やすすを出す。

問 3. プロパン 1L を燃焼させるのに必要な空気は，メタン 1L を燃焼させるのに必要な空気の何倍か。

アルカンは，常温付近では安定していて，たいていの薬品とは反応しにくいが，光が存在するときは，塩素と反応する。たとえば，メタンと塩素との混合気体は，弱い光によってメタン分子の水素原子が次々に塩素原子で置き換わったクロロメタン(塩化メチル) CH_3Cl，ジクロロメタン(塩化メチレン) CH_2Cl_2，トリクロロメタン(クロロホルム) $CHCl_3$，テトラクロロメタン(四塩化炭素) CCl_4 などになり，このとき同時に塩化水素を生じる。

$$CH_4 + Cl_2 \longrightarrow CH_3Cl + HCl \tag{1}$$

このように，分子中の原子が他の原子や基で置き換わる反応を**置換反応**といい，置換反応の生成物を，もとの化合物の**置換体**という。

ジクロロメタン，トリクロロメタン，テトラクロロメタンなどはいずれも，水に溶けにくい無色の液体で，水よりも重い[*2]ので，水の中に入れると水と分かれて下層になる。これらはいろいろな有機化合物を溶かすので，**溶媒**[*1]として用いられる。また，トリクロロメタンには麻酔作用がある。

問 4. CH_3Cl と Cl_2 とから CH_2Cl_2 が生じる反応の化学反応式を書け。

[*1) 溶媒として用いられる液体の有機化合物を，有機溶媒という。
[*2) 20℃における密度(g/mL)は，CH_2Cl_2 1.33，$CHCl_3$ 1.49，CCl_4 1.59。

D │ シクロアルカン

シクロペンタン・シクロヘキサンなどは，一般式 C_nH_{2n} で表される飽和炭化水素で，分子の中に炭素原子からなる環の構造をもち，**シクロアルカン**または**シクロパラフィン**と総称される[*1]。

シクロペンタン・シクロヘキサンなどのシクロアルカンの性質は，ペンタン・ヘキサンなどのアルカンに似ている。

シクロヘキサンは，ベンゼンからつくられる(→ p.228)。

シクロペンタン
(沸点 49℃)

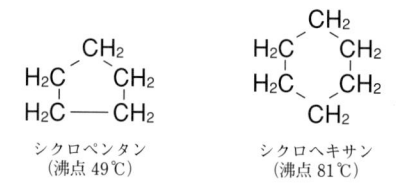

シクロヘキサン
(沸点 81℃)

E │ 石油

メタンは天然ガスの主成分であり，また，いろいろなアルカンが石油[*2]の中に含まれている。原油を蒸留すると，ナフサ(粗製ガソリン)・灯油・軽油など，沸点の違う数種類の留出物が得られる(図5-3)。このような操作を**分留**または**精留**という。実際に原油を分留するには，精留塔が使われる。

ナフサは，さらに精製して直留ガソリンとしたり，触媒を用い加熱して改質ガソリンをつくったり，熱分解(ナフサ分解)してエチレン・プロペン(→ p.204)などをつくったりするのに用いられる。

灯油はおもに家庭用燃料として用いられるほか，エンジンの燃料や溶剤などにも使われる。軽油は，精製してディーゼルエンジンの燃料にしたり，蒸留残油と調合して各種品質の重油をつくるのに使われる。重油

[*1] シクロは「環」を意味する。シクロアルカンやシクロアルケン(→ p.206)は，脂肪族炭化水素に性質がよく似た環式炭化水素なので，脂環式炭化水素とよばれる。これらは脂肪族炭化水素ではないが，便宜的にこの章で学ぶことにした。

[*2] 産地により，アルカンのほかシクロアルカンや芳香族炭化水素(p.225)を含む石油もある。地下から産出したままの未精製の石油は，原油ともよばれる。

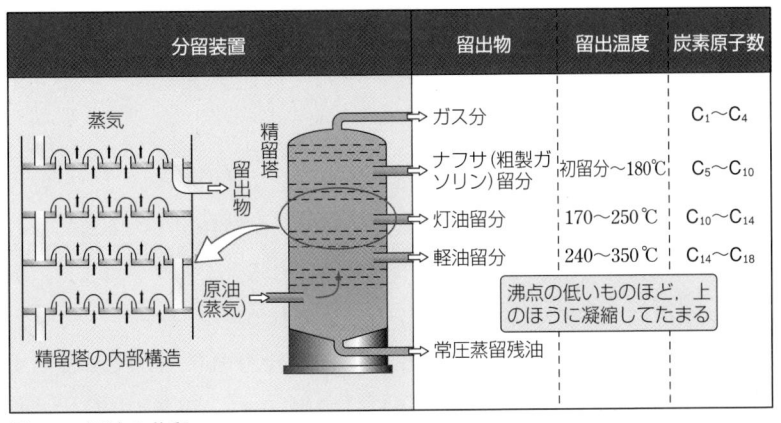

分留装置	留出物	留出温度	炭素原子数
	ガス分		$C_1 \sim C_4$
	ナフサ(粗製ガソリン)留分	初留分〜180℃	$C_5 \sim C_{10}$
	灯油留分	170〜250℃	$C_{10} \sim C_{14}$
	軽油留分	240〜350℃	$C_{14} \sim C_{18}$
	常圧蒸留残油		

沸点の低いものほど，上のほうに凝縮してたまる

図 5-3　原油の分留

は，ボイラーやディーゼルエンジンの燃料に用いられる。

　軽油や重油は，触媒を用い熱分解して接触分解ガソリンがつくられる。接触分解ガソリンは，改質ガソリンや直留ガソリンと調合して，品質のよいガソリンをつくるのに用いられる。

　常圧蒸留残油は，精留塔の底部に残った油で，接触分解ガソリンの原料や，潤滑油・重油・アスファルトなどの原料になる。

> **コラム　天然ガスと液化石油ガス**
>
> 　世界の天然ガスの埋蔵量は 1.9×10^{14} kL(常温，1 atm)に達するといわれる。天然ガスの主成分はメタンであり，冷却圧縮して液化したものを液化天然ガス LNG(Liquefied Natural Gas)という。LNG は専用タンカーで海上輸送して輸入され，都市ガス用や化学工業の原料に使われる。
>
> 　油田地方から出るガス(油井ガス)には，メタンのほかにエタン・プロパン・ブタンなども混じっている。このうち，プロパン・ブタンなどは圧縮すると常温でも液化するので，耐圧容器につめて運搬・貯蔵される。これを液化石油ガスや LPG(Liquefied Petroleum Gas)といい，家庭用や工業用の燃料に用いられる。

2 | 不飽和炭化水素

A | アルケン

　エチレン C_2H_4，プロペン（プロピレン）C_3H_6 などの分子式は，一般式 C_nH_{2n} で表され[*1]，分子の中に炭素原子間の二重結合が1つある。このような不飽和炭化水素は，**アルケン**と総称される。アルケンはまた，**エチレン系炭化水素**または**オレフィン**ともよばれる。

　エチレンは，エタノールと濃硫酸との混合物を 160～170℃ に加熱すると発生する無色の気体（沸点 −104℃）で（図 5-4），工業的にはナフサを熱分解してつくられる（→ p.202）。

$$\underset{\text{エタノール}}{H-\overset{H}{\underset{H}{C}}-\overset{\boxed{OH}}{\underset{H}{C}}-H} \longrightarrow \underset{\text{エチレン}}{\overset{H}{\underset{H}{C}}=\overset{H}{\underset{H}{C}}} + H_2O \qquad (2)$$

　エチレンに，白金やニッケルを触媒にして水素を作用させると，二重結合の炭素原子にそれぞれ水素原子が結合して，エタンになる。また，エチレンを臭素水に通じると，二重結合の炭素原子にそれぞれ臭素

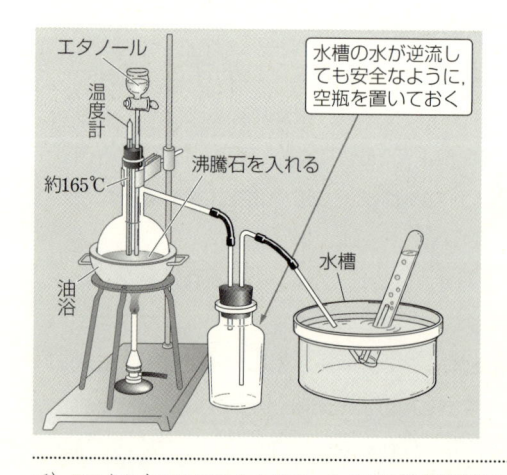

図 5-4　エチレンの発生
フラスコの中に濃硫酸 30g を入れて，約 165℃ に加熱する。滴下漏斗（先端は液中に浸るようにする）から，エタノール 5g を少しずつ加える。発生するエチレンを，水上置換で試験管に集める。このエチレンには，少量の SO_2 が含まれているので，希水酸化ナトリウム水溶液と振り混ぜた後，水中で他の試験管に移す。試験管の中に臭素水を入れて振ると，臭素水の赤褐色は消える。

[*1] アルケンとシクロアルカンは，たがいに構造異性体の関係にある。

原子が結合して, 無色の 1,2-ジブロモエタン[*1] (沸点 131℃) が生成して, 臭素水の赤褐色は消える.

$$\begin{array}{c}H\\H\end{array}C=C\begin{array}{c}H\\H\end{array} + H-H \longrightarrow H-\underset{H}{\overset{H}{C}}-\underset{H}{\overset{H}{C}}-H \quad (3)$$

$$\begin{array}{c}H\\H\end{array}C=C\begin{array}{c}H\\H\end{array} + Br-Br \longrightarrow H-\underset{Br}{\overset{H}{C}}-\underset{Br}{\overset{H}{C}}-H \quad (4)$$

1,2-ジブロモエタン (二臭化エチレン)

これらのように, 不飽和結合の原子に他の原子が結合する反応を, 付加反応という. 付加反応によって, 二重結合は単結合になる.

エチレンやプロペンは, 適当な温度・圧力の下で触媒のはたらきによって, 多数の分子の間で付加反応が起こり, ポリエチレンやポリプロピレンになる (→ p.256). このように, 次々に付加反応が起こって重合体 (→ p.251) が生じる反応を, 付加重合という.

B アルケンの立体構造

二重結合で結合している 2 個の C 原子と, その C 原子に結合している 2 個ずつの原子 (合計 6 個の原子) は, 同一平面内にある (次ページ 図 5-5). しかも二重結合は, 常温ではそれを軸にして回転できないので, たとえば 2-ブテン $CH_3-CH=CH-CH_3$ では, 同じ原子または基が同図 (c) のように二重結合をはさんで同じ側にある cis-2-ブテンと, (d) のように反対側にある trans-2-ブテンの 2 つの異性体が存在する[*2]. このような異性体を, **幾何異性体**または**シス-トランス異性体**という.

[*1] エタンの 2 個の C に 1 および 2 の番号を付けると, これらの C に Br が 1 個ずつ結合していることを表す. 1,1-ジブロモエタン CH_3-CHBr_2 は, その異性体である.

[*2] cis はシス, trans はトランスと読む. 一般に, $\begin{array}{c}R^1\\R^2\end{array}C=C\begin{array}{c}R^3\\R^4\end{array}$ のとき, $R^1 \neq R^2$ で, かつ $R^3 \neq R^4$ ならば, 1 組の幾何異性体が存在する. したがって, たとえば $R^3=R^4=H$ の 1-ブテン $CH_3-CH_2-CH=CH_2$ には, 幾何異性体がない.

(a) エチレン　(b) プロペン

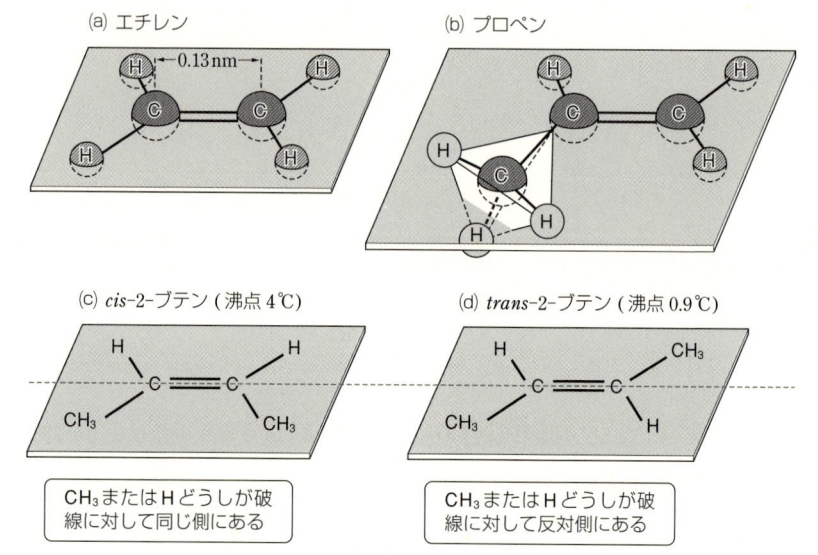

(c) cis-2-ブテン（沸点 4℃）　(d) trans-2-ブテン（沸点 0.9℃）

CH₃ または H どうしが破線に対して同じ側にある

CH₃ または H どうしが破線に対して反対側にある

(a)エチレンと(b)プロペンでは，斜線をつけた C 原子と H 原子が，同一平面内にある。メチル基の C 原子と二重結合の C 原子との間の単結合は，それを軸にして回転できるので，メチル基の H 原子は必ずしも他の原子と同一平面内にあるとは限らない。

図 5-5　アルケンの立体構造

C　シクロアルケン

　シクロアルカン分子の中の炭素原子間の結合の1つが二重結合になった炭化水素を，**シクロアルケン**という。シクロアルケンは，アルケンに似た性質をもち，その二重結合の炭素原子には付加反応が起こりやすい。たとえば，シクロヘキセン C_6H_{10} は水素や臭素を付加しやすい。

$$\begin{array}{c}CH=CH\\H_2C\diagdown\quad\diagdown CH_2\\CH_2-CH_2\end{array} + H_2 \longrightarrow \begin{array}{c}CH_2-CH_2\\H_2C\diagdown\quad\diagdown CH_2\\CH_2-CH_2\end{array} \quad (5)$$

シクロヘキセン　　　　　　　　シクロヘキサン

$$\begin{array}{c}CH=CH\\H_2C\diagdown\quad\diagdown CH_2\\CH_2-CH_2\end{array} + Br_2 \longrightarrow \begin{array}{c}Br\ \ Br\\CH-CH\\H_2C\diagdown\quad\diagdown CH_2\\CH_2-CH_2\end{array} \quad (6)$$

1, 2-ジブロモシクロヘキサン

D アルキン

アセチレン C_2H_2，プロピン C_3H_4 などの分子式は，一般式 C_nH_{2n-2} で表され，分子の中に炭素原子間の三重結合が1つある。このような不飽和炭化水素はアルキンと総称される。アルキンは，**アセチレン系炭化水素**ともよばれる。

アセチレンは，炭化カルシウム[*1]（カーバイド）に水を作用させてつくられるだけでなく，メタンの熱分解によってもつくられている。

$$CaC_2 + 2H_2O \longrightarrow C_2H_2\uparrow + Ca(OH)_2 \tag{7}$$
炭化カルシウム　　　　　　アセチレン

$$2CH_4 \longrightarrow C_2H_2 + 3H_2 \tag{8}$$

三重結合の炭素原子には，付加反応が起こりやすい。たとえば，触媒の存在でアセチレンに水素を作用させると，エチレンを経てエタンが生成する。また，アセチレンを臭素水に通じると，アセチレンに臭素が付加して，臭素水の赤褐色が消える。

触媒として硫酸水銀(Ⅱ) $HgSO_4$ を溶かした希硫酸の中へ，アセチレンを通じると，次式のようにアセチレンに水が付加してビニルアルコールが生成するが，ビニルアルコールは不安定で，すぐ異性体のアセトアルデヒド CH_3-CHO になる。

$$H-C\equiv C-H + H_2O \longrightarrow \left(\begin{array}{c}H\\H\end{array}C=C\begin{array}{c}OH\\H\end{array}\right) \longrightarrow H-\underset{H}{\overset{H}{C}}-C\overset{O}{\underset{H}{\diagup}} \tag{9}$$
　　アセチレン　　　　　　　　　　ビニルアルコール　　　　　　アセトアルデヒド

また，塩化水銀(Ⅱ) $HgCl_2$ を触媒にしてアセチレンに塩化水素を付加させると，塩化ビニル $CH_2=CHCl$ が生じ[*2]，酢酸亜鉛を触媒にしてアセチレンに酢酸を付加させると，酢酸ビニル $CH_2=CH-OCOCH_3$ が得られる。

[*1] 炭化カルシウムは，酸化カルシウムとコークスからつくられる（→ p.153）。
[*2] 最近では，アセトアルデヒド・塩化ビニルなどは，水銀塩を使わないで，エチレンを原料として製造する方法が用いられている。

$$\text{H-C≡C-H} + \text{HCl} \longrightarrow \underset{\text{塩化ビニル}}{\text{H}_2\text{C=CHCl}} \tag{10}$$

$$\text{H-C≡C-H} + \text{H-O-}\underset{\text{O}}{\overset{\parallel}{\text{C}}}\text{-CH}_3 \longrightarrow \underset{\text{酢酸ビニル}}{\text{H}_2\text{C=CH-O-}\underset{\text{O}}{\overset{\parallel}{\text{C}}}\text{-CH}_3} \tag{11}$$

塩化ビニルや酢酸ビニルのようにビニル基 $CH_2=CH-$ (→ p.199 表5-4)を含む化合物は，エチレンと同じように，適当な温度・圧力の下で適当な触媒を用いて付加重合させると，それぞれポリ塩化ビニル，ポリ酢酸ビニルになる(→ p.253)。

ポリ塩化ビニルは主として合成樹脂として用いられ，ポリ酢酸ビニルは合成繊維をつくる原料として用いられるほか，塗料・接着剤としても用いられている(→ p.254，256)。

適当な触媒の存在でアセチレンを加熱すると，アセチレン3分子が結合してベンゼン C_6H_6 (→ p.225)になる。

$$3\,\text{HC≡CH} \longrightarrow \underset{\text{ベンゼン}}{C_6H_6} \tag{12}$$

E アルキンの立体構造

三重結合の2個のC原子と，そのC原子に結合している1個ずつの原子(合計4個の原子)は，一直線上にある(図5-6)。

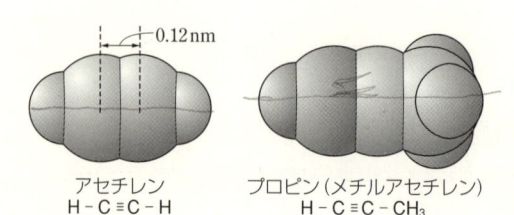

図5-6 アルキンの分子模型
アセチレンの4個の原子はすべて一直線上にある。プロピンでは，メチル基のH原子以外の4原子は一直線上にある。

アセチレン $H-C≡C-H$ ／ プロピン(メチルアセチレン) $H-C≡C-CH_3$ ／ 0.12 nm

◤ II章のまとめ ◢

1 飽和炭化水素

① **アルカン** C_nH_{2n+2}　C, C間は単結合で, Cの四面体構造が連結した鎖式炭化水素。$n=4$以上のアルカンには, 構造異性体がある。光のもとでCl_2により置換反応。

② **シクロアルカン** C_nH_{2n}　C, C間は単結合で, Cの四面体構造が連結した環式炭化水素。アルケンの構造異性体。性質はアルカンに似る。

2 不飽和炭化水素（芳香族炭化水素は→ p.225）

① **アルケン** C_nH_{2n}　二重結合1個をもつ鎖式炭化水素。エチレンは平面分子。条件によって

$$\begin{array}{c}R^1\\H\end{array}\!\!\!C=C\!\!\!\begin{array}{c}R^2\\H\end{array}(シス)と\begin{array}{c}R^1\\H\end{array}\!\!\!C=C\!\!\!\begin{array}{c}H\\R^2\end{array}(トランス)の幾何異性体がある。$$

付加反応を起こしやすい。ビニル基をもつ化合物は付加重合しやすい。

② **シクロアルケン** C_nH_{2n-2}　二重結合1個をもつ環式炭化水素。

③ **アルキン** C_nH_{2n-2}　三重結合1個をもつ鎖式炭化水素。付加反応を起こして, 三重結合は二重結合になり, さらに単結合になる。ビニル化合物の原料。三重結合には, H_2, HCl, H_2O, CH_3COOH などが付加し, 生成した $CH_2=CH_2$, $CH_2=CHCl$, $CH_2=CHOCOCH_3$ などは付加重合しやすい。

3 石油

いろいろな炭化水素の複雑な混合物。分留・精製して, ナフサ・灯油・軽油・重油などにし, 各種用途に用いられる。

◤ II章の問題 ◢

1. 次の(ア)～(エ)は, アルカン・シクロアルカン・アルケン・シクロアルケン・アルキンのいずれと考えられるか。該当するものをすべて記せ。
   (ア) C_2H_2　(イ) C_3H_6　(ウ) C_3H_8　(エ) C_6H_{10}

2. 分子式C_4H_8について, 考えられるすべての異性体の構造式を書け。

3. プロペン2.1gに付加しうる臭素は, 何molか。また, それは何gか。

4. アセチレンから, 次の物質をつくるときの反応を, 化学反応式で記せ。
   (ア) アセトアルデヒド　(イ) ベンゼン　(ウ) 酢酸ビニル　(エ) エチレン

第III章 アルコールと関連化合物

アルコールとエーテル，アルコールを酸化して得られるアルデヒド・ケトン・カルボン酸，およびカルボン酸とアルコールとから得られるエステルなどについて，構造と性質との関連を理解する。また，自然界に広く存在する油脂について学び，最後にセッケンや合成洗剤のはたらきを考える。

アルコール飲料製造工場（内部）

1 アルコールとエーテル

A アルコール

　炭化水素分子のH原子がヒドロキシ基 -OH で置き換わった構造の化合物[*1)]をアルコールという。分子の中のヒドロキシ基の数によって，一価アルコール・二価アルコール・三価アルコール…などといい，二価以上のアルコールを多価アルコールという。表5-5のドデカノールのように分子量の大きなアルコールを，高級アルコールという[*2)]。

　一般式 $C_nH_{2n+1}OH$ で表される一価アルコールでは，n が1および2のときにはそれぞれ1種類のアルコールしか存在しないが，n が3以上になると，構造異性体のアルコールが存在する。たとえば，示性式 C_4H_9OH で表されるアルコールには，表5-6に示すように，4種類の構造異性体が存在する。

[*1)] p.229で学ぶフェノール類は，アルコールには含めない。
[*2)] 「高級」とは，炭素原子の数が多い（分子量が大きい）という意味である。CH_3OH や C_2H_5OH のように，炭素原子の数が少ないアルコールを，低級アルコールという。

表 5-5 アルコールの例

	示性式	名称[*1]	沸点(℃)	水に対する溶解度
一価	CH_3-OH	メタノール(メチルアルコール)	65	∞
	CH_3-CH_2-OH	エタノール(エチルアルコール)	78	∞
	$CH_3-(CH_2)_2-OH$	1-プロパノール(プロピルアルコール)	97	∞
	$CH_3-(CH_2)_3-OH$	1-ブタノール(ブチルアルコール)	117	7.36g/100g 水
	$CH_3-(CH_2)_{11}-OH$	1-ドデカノール	融点24℃	不溶
二価	CH_2-OH $\vert$ CH_2-OH	1,2-エタンジオール (エチレングリコール)	198	∞
三価	$OH\ OH\ OH$ $\vert\ \ \vert\ \ \vert$ $CH_2-CH-CH_2$	1,2,3-プロパントリオール (グリセリン)	154 (7×10^2 Pa)	∞

OH 基が結合している C 原子が，何個の C 原子と結合しているかによってアルコールを分類することがある。すなわち，0 および 1 個の場合を第一級アルコール，2 個の場合を第二級アルコール，3 個の場合を第三級アルコールという(表 5-6)。

表 5-6 C_4H_9OH で表されるアルコール (R, R′, R″ はともに炭化水素基を表す)

分類	構造	示性式	名称[*1]
第一級アルコール	H $\vert$ R−C−OH $\vert$ H	$CH_3-CH_2-CH_2-CH_2-OH$ CH_3 $\ \ \ \ \ \ \ \ \diagdown$ $\ \ \ \ \ \ \ \ \ \ CH-CH_2-OH$ $\ \ \ \ \ \ \ \ \diagup$ CH_3	1-ブタノール (ブチルアルコール) 2-メチル-1-プロパノール (イソブチルアルコール)
第二級アルコール	R $\ \diagdown$ $\ \ \ CH-OH$ $\ \diagup$ R′	$CH_3-CH-CH_2-CH_3$ $\ \ \ \ \ \ \ \ \vert$ $\ \ \ \ \ \ \ CH_3$	2-ブタノール (s-ブチルアルコール)[*2]
第三級アルコール	R $\vert$ R′−C−OH $\vert$ R″	CH_3 $\vert$ CH_3-C-OH $\vert$ CH_3	2-メチル-2-プロパノール (t-ブチルアルコール)[*2]

[*1] これらの名称については，有機化合物命名法(→ p.268)参照。
[*2] s- は第二級(secondary)，t- は第三級(tertiary)の略記号。

B アルコールの性質

アルコールは中性の物質であるが，単体のナトリウムを入れると，ヒドロキシ基 –OH の H は Na で置換されて水素 H_2 が発生する。たとえば，エタノールは水素を発生してナトリウムエトキシド[*1]になる。

$$2C_2H_5\text{-}OH + 2Na \longrightarrow 2C_2H_5\text{-}ONa + H_2\uparrow \qquad (13)$$
（エタノール）　　　　　　　（ナトリウムエトキシド）

適当な酸化剤，たとえば二クロム酸カリウム $K_2Cr_2O_7$ の希硫酸溶液に入れて温めると，アルコールのヒドロキシ基がついている炭素原子が酸化されて，カルボニル基 $\text{\textbackslash}C=O$（→ p.194）になる。すなわち，第一級アルコールはアルデヒド（→ p.213）になり，第二級アルコールはケトン（→ p.214）になる。第三級アルコールは酸化されにくい。

$$CH_3\text{-}CH_2\text{-}OH + (O) \longrightarrow CH_3\text{-}CHO + H_2O \qquad (14)$$
（エタノール）　　　　　　　　　　（アセトアルデヒド）

$$\begin{matrix}CH_3\text{\textbackslash}\\CH_3\end{matrix}CH\text{-}OH + (O) \longrightarrow \begin{matrix}CH_3\text{\textbackslash}\\CH_3\end{matrix}C=O + H_2O \qquad (15)$$
（2-プロパノール）　　　　　　　（アセトン）

問5. メタノールに単体のナトリウムを加えたとき，およびメタノールが完全燃焼したときの化学反応式を書け。

C メタノールとエタノール

メタノール CH_3-OH は，一酸化炭素と水素とから（250℃，100 atm）工業的に製造されている。

$$CO + 2H_2 \longrightarrow CH_3\text{-}OH \qquad (16)$$

エタノール C_2H_5-OH は，リン酸を触媒に用いて，エチレンに水を付加させて（300℃，70 atm）工業的に製造されている[*3]。

[*1] ナトリウムエチラートともいい，イオン結合の物質（$C_2H_5O^-Na^+$）である。
[*2] 酸化剤によって与えられる酸素原子を (O) で示した。
[*3] エチレンを濃硫酸に吸収させた後，加水分解してつくる方法もある。
　　$CH_2=CH_2 + H_2SO_4 \longrightarrow CH_3\text{-}CH_2\text{-}OSO_3H$
　　$CH_3\text{-}CH_2\text{-}OSO_3H + H_2O \longrightarrow CH_3\text{-}CH_2\text{-}OH + H_2SO_4$

$$CH_2=CH_2 + H-OH \longrightarrow CH_3-CH_2-OH \qquad (17)$$

エタノールはまた,デンプンや糖蜜を原料として,糖類のアルコール発酵によってもつくられる(→ p.238)。

D | エーテル

2個の炭化水素基 R,R′ が酸素原子をはさんで結合した構造をもつ化合物 R-O-R′ を**エーテル**という。エーテルは,一価アルコールと構造異性体の関係にある[*1]。

CH_3-O-CH_3　　　$C_2H_5-O-CH_3$　　　$C_2H_5-O-C_2H_5$
ジメチルエーテル　　エチルメチルエーテル　　ジエチルエーテル
(沸点 −25℃)　　　(沸点 7℃)　　　(沸点 34℃)

エタノールに濃硫酸を加えて,約130℃に熱すると,**ジエチルエーテル**が生成する。

$$2C_2H_5-OH \longrightarrow C_2H_5-O-C_2H_5 + H_2O \qquad (18)$$
　エタノール　　　　ジエチルエーテル

ジエチルエーテルは,単にエーテルともよばれ,引火しやすい揮発性の液体で,麻酔作用がある。単体のナトリウムと反応せず,また,水にわずかしか溶けない。油脂その他の溶剤に用いられる。

問6. 分子式 $C_4H_{10}O$ の化合物がある。単体のナトリウムと反応しなかった。この化合物に考えられるすべての構造異性体の構造式を書け。

21 | アルデヒドとケトン

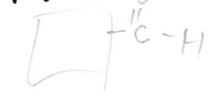

A | アルデヒド

アルデヒド基 −CHO をもっている化合物をアルデヒドといい,第一級アルコールを酸化すると得られる(→ p.212(14)式)。ホルムアルデヒド H-CHO やアセトアルデヒド CH_3-CHO は,加熱した銅を触媒にして,

---

[*1] たとえばジエチルエーテル $(C_2H_5)_2O$ は,ブタノール C_4H_9-OH の構造異性体である。

メタノールやエタノールの蒸気を空気中の酸素で酸化しても生成する。

アルデヒドは，酸化されてカルボン酸になりやすいので，還元性を示す((19)式)。アルデヒドの還元性は，銀鏡反応[*1]やフェーリング液に対する反応[*2]によって調べることができる(→口絵8)。

$$CH_3-C{\overset{H}{\underset{O}{=}}} + (O) \longrightarrow CH_3-C{\overset{OH}{\underset{O}{=}}} \qquad (19)$$
　　　アセトアルデヒド　　　　　　　　酢酸

ホルムアルデヒド(沸点−19℃)やアセトアルデヒド(沸点20℃)は，水に溶けやすい[*3]。ホルムアルデヒドは，フェノール樹脂・尿素樹脂(→p.255)の製造や消毒用などに，多量に用いられる。

B ケトン

ケトン基 $>C=O$ をもつ化合物をケトンといい，一般式 $R-CO-R'$ (R および R' は炭化水素基)で表される。ケトンは，第二級アルコールを酸化すると生成する。

アセトン $CH_3-CO-CH_3$ は，酢酸カルシウムを乾留[*4]すると生成する。

$$(CH_3-COO)_2Ca \longrightarrow CH_3-CO-CH_3 + CaCO_3 \qquad (20)$$
　　酢酸カルシウム　　　　　　　アセトン

アセトンは，プロペンを直接酸化するか，プロペンに水を付加させて2-プロパノールをつくり，これを酸化(→p.212(15)式)してもつくられる。また，クメン法でフェノールをつくるとき，フェノールと同時に得られる(→p.230)。

アセトンは，芳香のある液体(沸点56℃)で，水とよく混じり合う。有機溶媒として重要である。同数の炭素原子をもつケトンとアルデヒドは，たがいに構造異性体の関係にある。

[*1) ジアンミン銀(I)イオン $[Ag(NH_3)_2]^+$ を含む溶液から，銀が還元されて析出する反応。
[*2) 硫酸銅(II)と酒石酸ナトリウムカリウム(→p.216)からできる銅(II)錯イオンが還元され，酸化銅(I) Cu_2O(赤色沈殿)を生成する反応。
[*3) 市販のホルマリンは，ホルムアルデヒドを37%以上含んだ水溶液である。
[*4) 空気を断ち，加熱して分解する操作を乾留という。

アセトンに水酸化ナトリウムまたは炭酸ナトリウム水溶液とヨウ素 I_2 を加えて温めると，特有のにおいをもったヨードホルム CHI_3 の黄色結晶が生成する[*1]。この反応を**ヨードホルム反応**という。アセトン，エタノール，2-プロパノール，アセトアルデヒドなどは，$CH_3-CH(OH)-$ または CH_3-CO- の構造をもち，いずれもヨードホルム反応を示す。

3 | カルボン酸と酸無水物

A | カルボン酸

カルボキシ基 $-COOH$ をもつ化合物を**カルボン酸**といい，カルボキシ基の数により一価カルボン酸(モノカルボン酸)，二価カルボン酸(ジカルボン酸)，三価カルボン酸(トリカルボン酸)などという。脂肪族一価カルボン酸 $R-COOH$ (R は H または鎖式炭化水素基)は，とくに**脂肪酸**とよばれる。次ページの表 5-7 に，カルボン酸を分類して，それぞれの例を示した。

カルボン酸は，一般に弱酸[*2]である(→ p.108)。

B | ギ酸と酢酸

ギ酸 $H-COOH$ は，刺激臭のある無色の液体(沸点101℃)で，その分子にはアルデヒド基があるので，還元性を示す。

酢酸 CH_3-COOH は，刺激臭のある無色の液体(融点17℃)で，水分含有量の少ない酢酸は低温で凝固しやすいので，**氷酢酸**という。

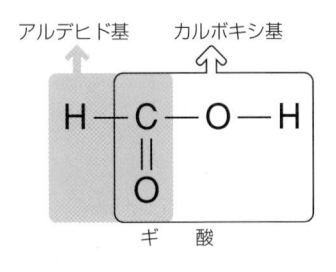

アルデヒド基　カルボキシ基

H—C—O—H
　‖
　O
ギ酸

[*1] このときの反応は，次式で示される。
　　$CH_3COCH_3 + 4NaOH + 3I_2 \longrightarrow CHI_3 + CH_3COONa + 3NaI + 3H_2O$
[*2] カルボン酸の酸性は，二酸化炭素 CO_2 の水溶液よりも強い。したがって，炭酸水素ナトリウム $NaHCO_3$ 水溶液にカルボン酸を加えると，二酸化炭素が発生する。

表5-7 カルボン酸の分類

分類	名称	示性式	融点(℃)	その他
飽和一価カルボン酸	ギ酸	H-COOH	8	蟻の体内で発見された。
	酢酸	CH_3-COOH	17	食酢の主成分。
	パルミチン酸	CH_3-$(CH_2)_{14}$-COOH	63	油脂中にグリセリンエステルとして存在。
	ステアリン酸	CH_3-$(CH_2)_{16}$-COOH	71	
不飽和一価カルボン酸	アクリル酸	CH_2=CH-COOH	14	合成樹脂の原料 (→ p.256)。
	メタクリル酸	CH_2=C(CH_3)-COOH	16	
	オレイン酸	$C_{17}H_{33}$-COOH	13	C,C間の二重結合1個。
	リノール酸	$C_{17}H_{31}$-COOH	-5	C,C間の二重結合2個。
	リノレン酸	$C_{17}H_{29}$-COOH	-11	C,C間の二重結合3個。
飽和二価カルボン酸	シュウ酸	COOH | COOH	182(分解)	還元性をもつ。二水和物は、無色の結晶。
	アジピン酸	CH_2-CH_2-COOH | CH_2-CH_2-COOH	153	ナイロンの原料 (→ p.251)。
不飽和二価カルボン酸	マレイン酸	CH-COOH || CH-COOH	133(シス)	幾何異性体
	フマル酸		300(トランス)	
ヒドロキシ酸	乳酸	CH_3 | CH(OH)-COOH	17	発酵・酸敗した牛乳に含まれ、食品に利用される。
	酒石酸	CH(OH)-COOH *1) | CH(OH)-COOH	170	ブドウの果実中にある。

酢酸は、酢酸ビニル(→ p.208)・酢酸エチル(→ p.219)・染料・医薬品・繊維(→ p.243)などの重要な原料である。

問7. 酢酸水溶液に炭酸ナトリウムを加えたときの反応を、化学反応式で表せ。

C マレイン酸とフマル酸

HOOC-CH=CH-COOHで表される不飽和二価カルボン酸には、2個のカルボキシ基が二重結合に対して同じ側(シス)にあるマレイン酸と、二重結合に対して反対側(トランス)にあるフマル酸があり、これらはたがいに幾何異性体である(→ p.205)。

---

*1) 酒石酸ナトリウムカリウム CH(OH)-COOK
　　　　　　　　　　　　　\|
　　　　　　　　　　　　CH(OH)-COONa は、フェーリング液(→ p.214)をつくるのに用いられる。

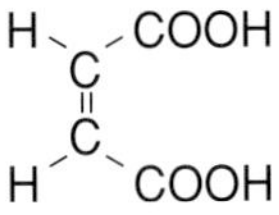

マレイン酸(融点133℃) 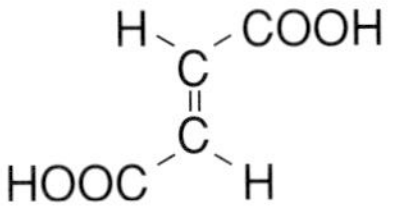 フマル酸(封管中での融点300℃)

マレイン酸を約160℃に急熱すると，分子の中のカルボキシ基2個から水分子1個がとれて，無水マレイン酸(融点53℃)とよばれる酸無水物(次の項参照)が生じる[*1]。

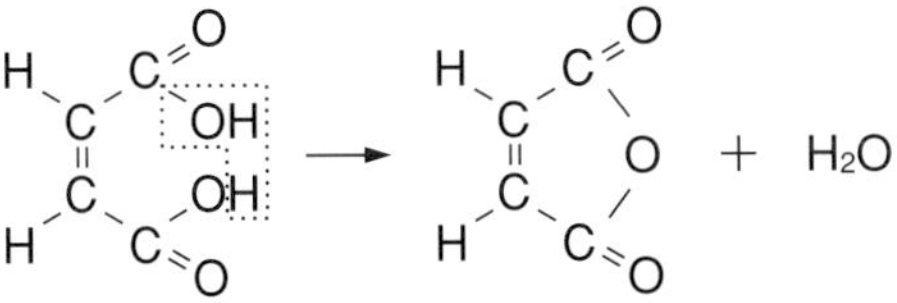

$$\text{マレイン酸} \longrightarrow \text{無水マレイン酸} + H_2O \tag{21}$$

しかし，フマル酸では加熱しても昇華するだけで，酸無水物を生じない。フマル酸分子の中では，2個のカルボキシ基がたがいに離れているためである。

D 酸無水物

無水マレイン酸のように，2個のカルボキシ基から水分子1個がとれて結合した $-\underset{\underset{O}{\|}}{C}-O-\underset{\underset{O}{\|}}{C}-$ の構造をもつ化合物を，**酸無水物**または**カルボン酸無水物**という。酢酸2分子から水1分子がとれて生じた**無水酢酸**は，代表的な酸無水物である。

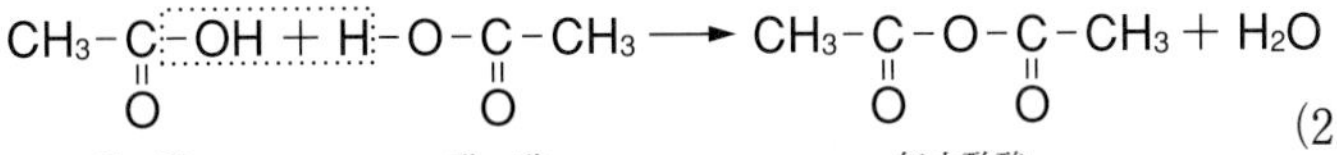

$$CH_3-\underset{\underset{O}{\|}}{C}-OH + H-O-\underset{\underset{O}{\|}}{C}-CH_3 \longrightarrow CH_3-\underset{\underset{O}{\|}}{C}-O-\underset{\underset{O}{\|}}{C}-CH_3 + H_2O \tag{22}$$

酢酸　　酢酸　　無水酢酸

[*1] マレイン酸に無水酢酸を加えて熱しても，無水マレイン酸が生じる。

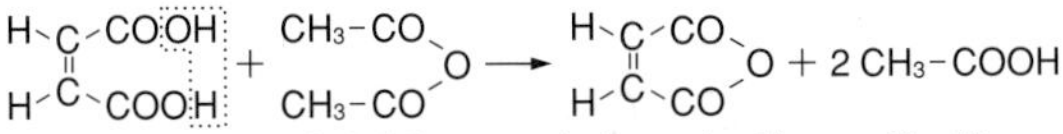

マレイン酸 + 無水酢酸 → 無水マレイン酸 + 2 CH_3-COOH

無水酢酸は刺激臭のある無色の液体(沸点140℃)で,水に溶けにくい。アセテート(→ p.243)の製造に用いられるほか,医薬品・染料などの原料として重要である。

問8. 無水酢酸に水を加えて温めると,酢酸になる。このときの化学反応式を書け。

E 光学異性体

乳酸 $CH_3-\overset{*}{C}H(OH)-COOH$ の分子の中で,＊印をつけた炭素原子には,たがいに違う4個の原子や原子団が結合している。このような炭素原子を**不斉炭素原子**という。不斉炭素原子を四面体の中心に置いて,乳酸分子の模型をつくってみると,図5-7(a)と(b)の2種類の形ができる。(a)と(b)は,不斉炭素原子のまわりの原子や原子団の立体配置が違い,実物と鏡の像との関係に相当する。これら2種類の乳酸は,実際にも知られている。

このように,1個の不斉炭素原子をもつ化合物には,立体的な構造の違う1対の異性体が存在する。これらの異性体の化学的性質や物理的性質はほとんど同じであるが[*1)],平面偏光[*2)]に対する性質が違うので,**光学異性体**[*3)]とよばれる。

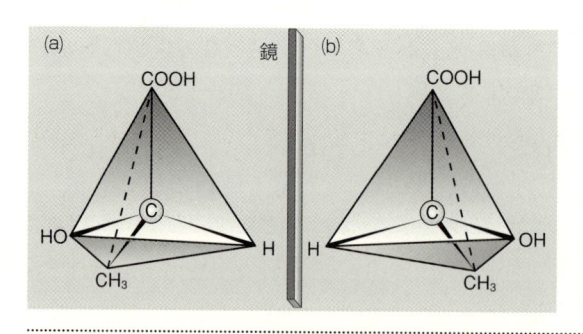

図5-7 乳酸の光学異性体
1対の光学異性体は,鏡像異性体ともよばれる。

[*1)] におい・味,その他の性質が違う場合もある。
[*2)] ある一平面内だけで振動する光を平面偏光という。
[*3)] 光学異性体や幾何異性体(→ p.205)は,原子の結合の順が同じで立体構造だけが違う異性体なので,構造異性体(→ p.199)に対して立体異性体とよばれる。

4 エステルと油脂

A エステル化と加水分解

カルボン酸とアルコールの分子間で水がとれて結合すると,**エステル**とよばれる化合物が生成する[*1]。たとえば,酢酸とエタノールの混合物に濃硫酸を加えて温めると,**酢酸エチル**とよばれるエステルが生じる。

$$\text{CH}_3\text{-C(=O)-OH} + \text{H-O-C}_2\text{H}_5 \rightleftharpoons \text{CH}_3\text{-C(=O)-O-C}_2\text{H}_5 + \text{H}_2\text{O} \quad (23)$$

　　　酢酸　　　　　　エタノール　　　　　酢酸エチル

エステルを生成する反応を**エステル化**といい,硫酸から生じる H^+ がエステル化の触媒としてはたらく。また,生成する H_2O が硫酸に水和するので,(23)式の化学平衡は右辺にかたよる。

エステル化のように,分子と分子との間から,水のような簡単な分子がとれて2分子が結合する反応を,**縮合**(しゅくごう)という。

酢酸エチルは,果実のような芳香をもつ揮発性の液体(沸点77℃)で,水に少ししか溶けない。酢酸エチルのように分子量が比較的小さなエステルは,一般に芳香をもつ液体で,香料や溶媒として用いられる。

エステルに希塩酸または希硫酸を加えて加熱すると,H^+ が触媒としてはたらいて,(23)式の化学平衡が左辺へ移動し,酸とアルコールが生成する(エステル化の逆反応)。この反応をエステルの**加水分解**という。また,エステルにアルカリを加えて温めると,カルボン酸の塩とアルコールになる。この反応を**けん化**という。

$$\text{CH}_3\text{-COO-C}_2\text{H}_5 + \text{NaOH} \longrightarrow \text{CH}_3\text{-COONa} + \text{C}_2\text{H}_5\text{-OH} \quad (24)$$

　酢酸エチル　　　水酸化ナトリウム　　酢酸ナトリウム　　エタノール

[*1] 硝酸・リン酸・硫酸なども,カルボン酸と同じようにエステルをつくる。たとえば,グリセリンに濃硫酸と濃硝酸の混合溶液を作用させると,ニトログリセリンとよばれるグリセリンの硝酸エステルが生成する。

$$\begin{array}{l}\text{CH}_2\text{-OH} \\ \text{CH -OH} \\ \text{CH}_2\text{-OH}\end{array} + \begin{array}{l}\text{HO-NO}_2 \\ \text{HO-NO}_2 \\ \text{HO-NO}_2\end{array} \longrightarrow \begin{array}{l}\text{CH}_2\text{-O-NO}_2 \\ \text{CH-O-NO}_2 \\ \text{CH}_2\text{-O-NO}_2\end{array} + 3\text{H}_2\text{O}$$

　　グリセリン　　　硝　酸　　　　　ニトログリセリン

問9. 構造異性体の関係にあるエステルとカルボン酸の例を2つ示せ。

B 油脂

グリセリン $C_3H_5(OH)_3$ と脂肪酸とからできたエステルは**油脂**とよばれ，植物や動物の体内に存在している。パルミチン酸やステアリン酸のような高級飽和脂肪酸のグリセリンエステルを多く含む油脂は，常温で固体（**脂肪**という）であり，低級飽和脂肪酸またはオレイン酸やリノール酸のような高級不飽和脂肪酸のグリセリンエステルを多く含む油脂は，常温で液体（**脂肪油**という）である。

不飽和脂肪酸のグリセリンエステル（不飽和油脂）には，炭素原子間に二重結合の構造があるので，ハロゲンや水素を付加する。

ニッケルを触媒として，脂肪油に水素を付加させると，油脂の融点が高くなって常温で固体になる。これを**硬化油**という。硬化油は，セッケンやマーガリン[*1)]などの原料に用いられている。

C けん化価とヨウ素価

油脂に水酸化ナトリウム水溶液を加えて加熱すると，けん化されてグリセリンと脂肪酸ナトリウム（セッケン）が得られる[*2)]。

$$\begin{array}{l} CH_2\text{-}O\text{-}CO\text{-}R \\ CH\text{-}O\text{-}CO\text{-}R \\ CH_2\text{-}O\text{-}CO\text{-}R \end{array} + 3\,NaOH \longrightarrow \begin{array}{l} CH_2\text{-}OH \\ CH\text{-}OH \\ CH_2\text{-}OH \end{array} + 3\,R\text{-}COONa \quad (25)$$

油脂[*3)] グリセリン 脂肪酸ナトリウム

油脂1 mol を水酸化カリウム水溶液でけん化するとき，KOH 3 mol が消費される。油脂1 g をけん化するとき，消費された水酸化カリウムの

---

*1) マーガリンの原料には，おもに植物油から得られる硬化油が用いられる。
*2) 脂肪酸を水酸化ナトリウムで中和しても，セッケンが得られる。
*3) (25)式では，油脂の構成脂肪酸を RCOOH で表してある。天然に存在する実際の油脂では，Rがいろいろ違うものが混じっている。

表 5-8 油脂のけん化価・ヨウ素価と構成脂肪酸の組成(%)の例

油脂	けん化価	ヨウ素価	飽和脂肪酸	不飽和脂肪酸		
				オレイン酸	リノール酸	リノレン酸
ひまわり油	188〜192	115〜142	10	30	60	—
大豆油	189〜195	117〜141	16	25	51	8
綿実油	189〜198	99〜115	30	18	51	—
ごま油	187〜193	104〜116	17	42	40	0.4
米ぬか油	179〜190	92〜115	23	38	38	1
オリブ油	190〜196	79〜90	14	76	8	—
牛脂	190〜200	33〜54	59	36	1	—
やし油	246〜264	7.5〜10.5	93	5	2	—

質量(mg 単位)の数値を**けん化価**という。けん化価が大きな油脂は、油脂 1g 中に含まれるグリセリンエステルの物質量が多く、したがって、油脂のみかけの分子量が小さい。すなわち、油脂を構成する脂肪酸の平均分子量が小さい。

　油脂 100g に付加しうるヨウ素の質量(g 単位)の数値を、**ヨウ素価**という。ヨウ素価は、油脂の構造に不飽和結合がどの程度含まれているかの目安になる。ヨウ素価が大きい油脂は、不飽和結合を多く含み、不飽和結合のところが空気中の酸素によって酸化されて固まりやすいので、**乾(かん)性油**という。このように、ヨウ素価から脂肪油の乾性・不乾性が判定できる[*1)](表 5-8)。

問 10. ステアリン酸のグリセリンエステルと水酸化カリウムとのけん化反応を、化学反応式で書け。

例題 2. リノール酸 $C_{17}H_{31}$-COOH のグリセリンエステルについて、ヨウ素価およびけん化価を計算せよ。

解 リノール酸の分子には二重結合が 2 個あるので、グリセリンエステル $C_3H_5(OCOC_{17}H_{31})_3$(分子量 878)には二重結合が 6 個あり、その 1mol はヨウ素 I_2(分子量 254)6mol を付加する。よって、ヨウ素価を x とすると

---

*1) 乾性油のヨウ素価は 130 以上、半乾性油は 100〜130、不乾性油は 100 以下である。

$$\frac{254\times6}{878}=\frac{x}{100} \quad \text{ゆえに} \quad x=174 \qquad \text{答 ヨウ素価 174}$$

グリセリンエステル1molとKOH(式量56)3molが反応するから，けん化価をyとすると，

$$\frac{56\times3}{878}=\frac{y\times10^{-3}}{1.00} \quad \text{ゆえに} \quad y=191 \qquad \text{答 けん化価 191}$$

練習2. ヨウ素価127の油脂1000gから，硬化油が何gできるか。また，けん化価250のやし油のみかけの分子量を求めよ。

D セッケン

ふつうのセッケンは高級脂肪酸のナトリウム塩であり，セッケンの中の脂肪酸イオンは，疎水性の炭化水素基と親水性のイオンの部分とからできている(図5-8(a))。セッケンを水に溶かすと，セッケンの脂肪酸イオンは，疎水性部分を内側に，親水性部分を外側にして，コロイド粒子をつくる。これを**ミセル**という[*1)]（同図(b)）。油脂は水と混じらないが，セッケン水を加えると，油脂は細かい粒子になって，一様な**乳濁液**[*2)]になる。セッケンのこの作用を**乳化作用**という（同図(c)）。また，セッケン

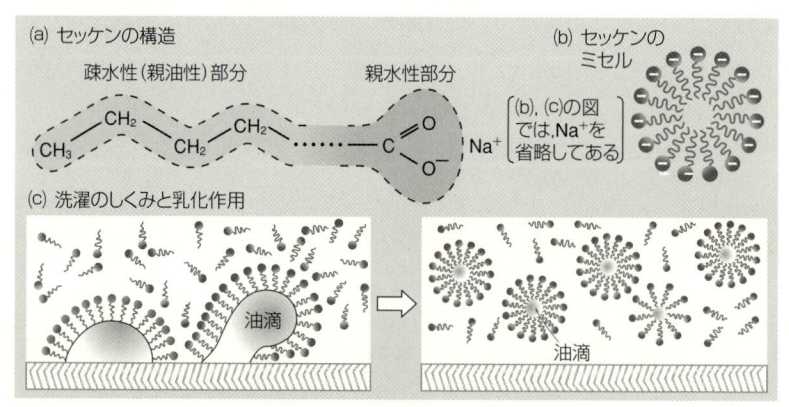

図5-8 セッケンの構造と乳化作用・洗浄作用

[*1)] セッケンのミセルは，負の電荷を帯びたコロイド粒子である。
[*2)] ある液体中に，その液体に溶けない他の液体の粒子が分散したものを乳濁液という。

水の表面では，セッケンの親水性部分は水中に，疎水性部分は空中に向いて並び，水の表面張力は著しく下がる[*1]。このため，セッケン水は繊維などのすき間にしみこみやすい。セッケンは弱酸のナトリウム塩であるから，その水溶液は加水分解のためアルカリ性を示す(→ p.119)。

高級脂肪酸のカルシウム塩やマグネシウム塩は水に溶けにくいので，Ca^{2+} や Mg^{2+} を含む水(硬水)や海水では，セッケンの泡立ちが悪い。

$$2R\text{-}COO^- + M^{2+} \longrightarrow (R\text{-}COO)_2M \downarrow \tag{26}$$
(M は Ca，Mg など)

E 合成洗剤

1-ドデカノール $C_{12}H_{25}\text{-}OH$ (→ p.211)に濃硫酸を作用させて得られる硫酸水素ドデシルのナトリウム塩(アルコール系合成洗剤)や，ベンゼンから得られるアルキルベンゼンスルホン酸のナトリウム塩(石油系合成洗剤)などは，いずれも疎水性の炭化水素基と親水性のイオンの部分からできていて，セッケンと同じように洗浄作用があり，**合成洗剤**とよばれている[*1]。

$$C_{12}H_{25}\text{-}OH \xrightarrow[\text{エステル化}]{H_2SO_4} \underset{\text{硫酸水素ドデシル}}{C_{12}H_{25}\text{-}OSO_3H} \xrightarrow[\text{中和}]{NaOH} \underset{\text{硫酸ドデシルナトリウム}}{C_{12}H_{25}\text{-}OSO_3Na} \tag{27}$$

$$\underset{\text{アルキルベンゼンスルホン酸}}{C_nH_{2n+1}\text{-}\text{C}_6\text{H}_4\text{-}SO_3H} \xrightarrow[\text{中和}]{NaOH} \underset{\text{アルキルベンゼンスルホン酸ナトリウム}}{C_nH_{2n+1}\text{-}\text{C}_6\text{H}_4\text{-}SO_3Na} \tag{28}$$

これらの合成洗剤は，いずれも強酸のナトリウム塩であるから，その水溶液は中性である。また，カルシウム塩やマグネシウム塩も水に溶けるので，これらの合成洗剤は硬水や海水でも使うことができる。

問11. セッケンも合成洗剤も，同じように洗浄作用があるが，その理由を，構造から説明せよ。さらに両者の違う点を述べよ。

[*1] セッケンや合成洗剤のように，水の表面張力を小さくするはたらきをもつ物質を，**界面活性剤**という。

■ III章のまとめ ■

1 アルコール・エーテル・アルデヒドおよびケトン

①第一級アルコール R-CH₂OH（R は H または炭化水素基）の反応（エタノールについての例）

$$CH_2=CH_2 \xleftarrow{脱水} CH_3-CH_2OH \xrightarrow{酸化} CH_3-CHO \xrightarrow{酸化} CH_3-COOH$$
アルケン　　　　　第一級アルコール　　　　アルデヒド　　　　　カルボン酸

$$CH_3-CH_2OH \xrightarrow{Na} CH_3-CH_2ONa$$
$$CH_3-CH_2OH \xrightarrow{縮合} CH_3-CH_2OCH_2-CH_3$$
アルコキシド　　　　エーテル

②第二級アルコール R-CH(OH)-R' は酸化するとケトン R-CO-R' を生じるが、第三級アルコール $\begin{matrix}R\\R'\end{matrix}>C(OH)-R''$ は酸化されにくい（R，R'，R'' はいずれも炭化水素基）。

2 カルボン酸と酸無水物

①カルボン酸　R-COOH　弱酸（H_2CO_3 より強い）。ギ酸は還元性を示す。乳酸 $CH_3-\overset{*}{C}H(OH)-COOH$ の $\overset{*}{C}$ は不斉炭素原子。乳酸には光学異性体あり。マレイン酸とフマル酸はシス-トランス異性体。

②酸無水物　2個のカルボキシ基から H_2O がとれて結合した化合物。無水酢酸，無水マレイン酸など。

3 エステルと油脂

①エステル　R-COOH + R'OH ⟶ R-COOR' + H_2O（エステル化）により生じた化合物。

②油脂　脂肪酸とグリセリンとからなるエステル。

■ III章の問題 ■

1. 第一級アルコールおよび第二級アルコールを酸化した場合の生成物の違いを，例をあげて説明せよ。

2. 次の2物質を，化学反応を用いて簡単に区別する方法を考えよ。
   (1) エタノールとアセトアルデヒド
   (2) エタノールとジエチルエーテル

3. 油脂のけん化価やヨウ素価で，油脂についてどういうことがわかるか。

第Ⅳ章
芳香族化合物

ベンゼン C_6H_6 は環式不飽和炭化水素であるが，アルケン(→ p.204)やシクロアルケン(→ p.206)とは違った独特の性質をもっている。これは，ベンゼン環とよばれる構造に原因するものであり，ベンゼン環の構造をもつ化合物を芳香族化合物という。この章では，いろいろな芳香族化合物について学んでいく。

染料の製造工場(内部)

1 芳香族炭化水素

A 芳香族炭化水素の構造

石炭を加熱したとき得られるコールタールを分留すると，ベンゼン C_6H_6，トルエン C_7H_8，キシレン C_8H_{10}，ナフタレン $C_{10}H_8$ などの炭化水素が得られるが[*1]，これらは分子の中に6個の炭素原子からなる環の構造を含み，**芳香族炭化水素**とよばれている。そして，この環の構造を**ベンゼン環**(ベンゼン核)という。ベンゼンの構造式は図5-9(b)のように表されるが[*2]，ふつう簡単に(c)または(d)のように書く。

キシレン C_8H_{10} は，ベンゼン分子の中の2個の水素原子を，それぞれメチル基で置き換えた構造をしているが，2個のメチル基の相互の位置関係の違いから，o-キシレン，m-キシレン，p-キシレン[*3]の3種類の異性体が存在する。

[*1] ベンゼン・トルエン・キシレンなどは，石油から多量につくられている。
[*2] ベンゼンの構造について，二重結合が1つおきにある六角形の構造を初めて提唱したのは，1865年ドイツの化学者ケクレ(1829〜1896)である。
[*3] o-, m-, p- はそれぞれ，オルト，メタ，パラと読む。

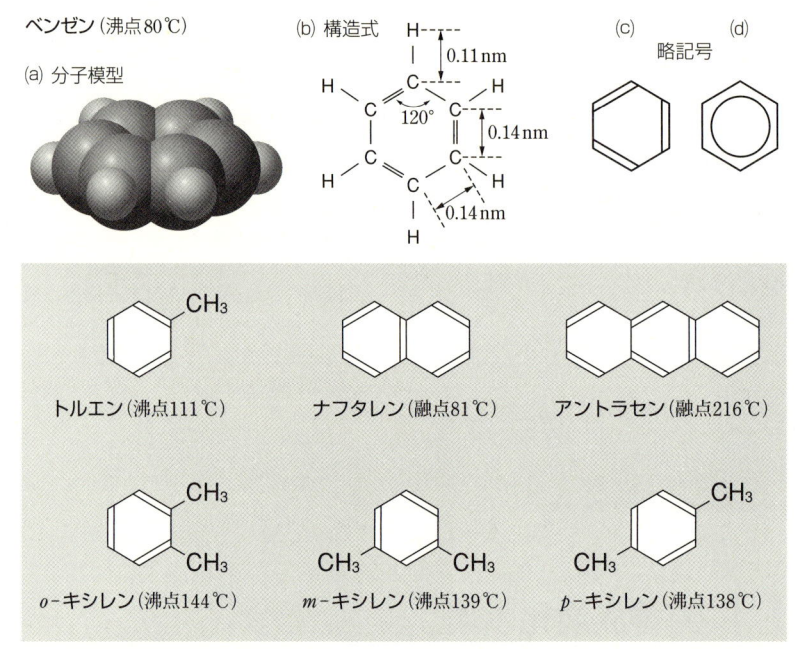

ベンゼン (沸点80℃)
(a) 分子模型
(b) 構造式 0.11nm 120° 0.14nm 0.14nm
(c) 略記号
(d)

トルエン(沸点111℃)
ナフタレン(融点81℃)
アントラセン(融点216℃)

o-キシレン(沸点144℃)
m-キシレン(沸点139℃)
p-キシレン(沸点138℃)

ベンゼン環は正六角形の平面構造をしていて，ベンゼン環の二重結合は，特定の炭素原子間に固定されているのではなく，6個の炭素原子間に均等に分布している。このことを表すため，(c)は(d)のように書かれることがある。

図 5-9 芳香族炭化水素

B 芳香族炭化水素の性質

芳香族炭化水素は，成分炭素の含有率が高いため，空気中で燃やすと，多量のすすを出す。

芳香族炭化水素は不飽和炭化水素であるにもかかわらず，付加反応よりむしろ置換反応(→ p.201)を起こしやすい。

《スルホン化》 ベンゼンを濃硫酸とともに熱すると，ベンゼンスルホン酸 $C_6H_5SO_3H$ になる。

$$\bigcirc + HOSO_3H \longrightarrow \bigcirc\text{-}SO_3H + H_2O \qquad (29)$$

硫酸　　　　ベンゼンスルホン酸

−SO₃H を**スルホ基**といい，スルホン酸を生じる反応を**スルホン化**という。スルホン酸は強酸である。

《**ニトロ化**》 ベンゼンやトルエンに濃硫酸と濃硝酸の混合物(混酸)を作用させると，ベンゼン環の水素原子が**ニトロ基**$-NO_2$ で置換された構造の化合物(ニトロ化合物)ができる。この反応を**ニトロ化**という。

$$\text{C}_6\text{H}_6 + \text{HONO}_2 \longrightarrow \text{C}_6\text{H}_5\text{NO}_2 + \text{H}_2\text{O} \tag{30}$$
硝　酸　　ニトロベンゼン(沸点211℃)

$$\text{C}_6\text{H}_5\text{CH}_3 + \text{HONO}_2 \longrightarrow \text{C}_6\text{H}_4(\text{CH}_3)(\text{NO}_2) + \text{H}_2\text{O} \tag{31}$$
o-ニトロトルエン

ニトロベンゼンは，芳香をもつ中性の液体で，水に溶けにくいが，有機溶媒にはよく溶ける。

トルエンのニトロ化は，トルエンのメチル基に対してオルトやパラの位置で起こりやすく，温度を上げて反応させると，2,4,6-トリニトロトルエン(TNT)[*1] が得られる。TNT は，強力な火薬に用いられる。

問12. トルエンから TNT ができるときの変化を化学反応式で表せ。

《**塩素化**》 ベンゼンに鉄粉と単体の塩素を作用させると，クロロベンゼン(沸点132℃，水に溶けにくい無色の液体)ができる[*2]。

$$\text{C}_6\text{H}_6 + \text{Cl}_2 \xrightarrow{\text{鉄粉}} \text{C}_6\text{H}_5\text{Cl} + \text{HCl} \tag{32}$$
クロロベンゼン

クロロベンゼンをさらに塩素化して得られる p-ジクロロベンゼン

[*1] TNT は，2,4,6-<u>tri</u><u>ni</u><u>tro</u><u>tol</u>uene の略記号であり，2,4,6 には，CH₃− の結合しているベンゼン環の炭素原子を1としたとき，3個の −NO₂ が結合しているベンゼン環の炭素原子の番号(右図)を示している。1に対して，2・6 をオルトの位置(o-)，3・5 をメタの位置(m-)，4 をパラの位置(p-)という。

[*2] 鉄粉と単体の塩素とから生じた塩化鉄(Ⅲ) FeCl₃ が触媒としてはたらく。

Cl–⟨C₆H₄⟩–Cl は，無色の結晶(融点 54℃，沸点 174℃)で，防虫剤として用いられる。

問13. ベンゼンに鉄粉と単体の臭素を作用させると，どんな反応が起こるか。ベンゼンと単体の塩素との反応((32)式)を参考にして考えよ。

《付加反応》 ベンゼン環の炭素原子に付加反応を行わせるには，アルケンやシクロアルケンの場合よりはげしい条件が必要である。

たとえば，塩素水や臭素水にベンゼンを加えても，付加反応は起こらない。紫外線を照射しながらベンゼンにハロゲンを作用させると付加反応が起こる。また，ベンゼンの蒸気と単体の水素とを，熱したニッケルを触媒にして反応させると，シクロヘキサン(→ p.202)になる。

$$C_6H_6 + 3X_2 \longrightarrow C_6H_6X_6 \begin{cases} X=Cl & \text{ヘキサクロロシクロヘキサン} \\ & \text{(ベンゼンヘキサクロリド BHC)} \\ X=H & \text{シクロヘキサン} \end{cases} \quad (33)$$

(ベンゼン)

問14. スチレン ⟨C₆H₅⟩–CH=CH₂ は，アルケンとベンゼン環の両方の構造をもった芳香族炭化水素である。臭素水にスチレンを加えたところ，臭素水の赤褐色が消えた。スチレンと臭素の反応の化学反応式を構造式を用いて示せ。

C ナフタレン・アントラセン

ナフタレン $C_{10}H_8$ (p.226 図 5-9)は昇華性の無色板状結晶で，無水フタル酸(→ p.233)や染料中間体の原料として用いられる。

アントラセン $C_{14}H_{10}$ (図 5-9)は無色の結晶で，アリザリン[*1]染料の原料である。

問15. ニトロナフタレン $C_{10}H_7NO_2$ には，2種類の異性体がある。それらの構造式を書け。

[*1] アリザリンは右のような構造をもち，アカネの根からとれる天然染料である。アントラセンから合成できるが，これは天然染料が初めて人工的に合成された例である(1869年)。

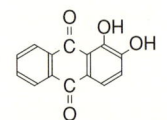

21 | フェノール類と芳香族アミン

A | フェノール類

ベンゼン環の炭素原子にヒドロキシ基 -OH が結合した構造をもつ化合物を，**フェノール類**という。ふつう，フェノール類は弱酸性物質[*1]で，水酸化ナトリウムのような塩基と反応して塩(フェノキシドまたはフェノラートという)をつくる。

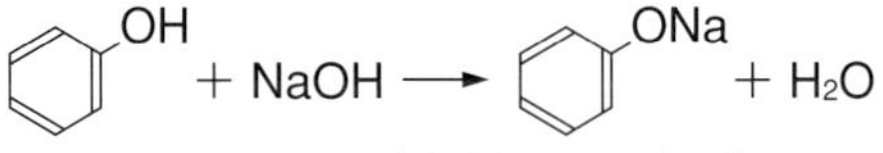

$$\underset{\text{フェノール}}{\text{C}_6\text{H}_5\text{OH}} + \text{NaOH} \longrightarrow \underset{\text{ナトリウムフェノキシド}}{\text{C}_6\text{H}_5\text{ONa}} + \text{H}_2\text{O} \tag{34}$$

表 5-9 フェノール類

フェノール	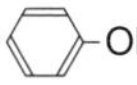 ◯-OH (融点 41℃)
クレゾール	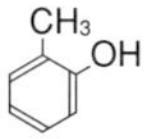 o-クレゾール 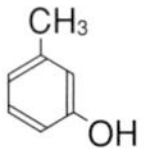 (融点 31℃)　m-クレゾール 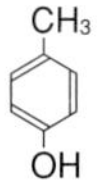 (融点 12℃)　p-クレゾール (融点 35℃)
ナフトール	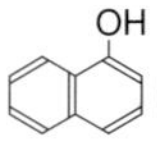 1-ナフトール 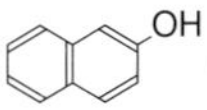 (融点 96℃)　2-ナフトール (融点 122℃)

フェノールは，-OH に対してオルトやパラの位置の水素原子が置換反応を受けやすい。たとえば，フェノールの水溶液に臭素水を加えると，2,4,6-トリブロモフェノールの白色沈殿が生じるし((35)式)，フェノールをニトロ化すると，まず o-ニトロフェノールや p-ニトロフェノールができ，さらにニトロ化が進むと，2,4-ジニトロフェノールを経て**ピクリン酸**(2,4,6-トリニトロフェノール)になる((36)式)。

ピクリン酸は黄色の結晶(融点 123℃)で，火薬として使われる。

[*1] フェノールの酸性は，二酸化炭素の水溶液より弱い。したがって，ナトリウムフェノキシドの水溶液に二酸化炭素を通じると，フェノールが遊離する。

$$\text{C}_6\text{H}_5\text{OH} + 3\text{Br}_2 \longrightarrow \text{2,4,6-トリブロモフェノール} + 3\text{HBr} \qquad (35)$$

$$\text{C}_6\text{H}_5\text{OH} + 3\text{HONO}_2\text{(硝酸)} \longrightarrow \text{ピクリン酸} + 3\text{H}_2\text{O} \qquad (36)$$

フェノール類の水溶液に塩化鉄(Ⅲ)水溶液を加えると,青紫から赤紫の色を呈する[*1]。

フェノールは,工業的にはプロペンとベンゼンから,クメン法とよばれる次のような工程で,アセトンと同時につくられている。

$$\text{プロペン} + \text{ベンゼン} \longrightarrow \text{クメン} \xrightarrow[\text{(酸化)}]{\text{O}_2} \xrightarrow[\text{(分解)}]{\text{硫酸}} \text{フェノール} + \text{アセトン} \qquad (37)$$

フェノールは,ベンゼンから次のような工程でもつくられる。

$$\text{ベンゼン} \xrightarrow{\text{スルホン化}} \text{ベンゼンスルホン酸(SO}_3\text{H)} \xrightarrow[\text{融解}]{\text{NaOH}^{*2)}} \text{ナトリウムフェノキシド(ONa)} \longrightarrow \text{フェノール(OH)} \qquad (38)$$

$$\text{ベンゼン} \xrightarrow[\text{鉄粉}]{\text{Cl}_2} \text{クロロベンゼン(Cl)} \xrightarrow[\text{触媒}]{\text{H}_2\text{O(高温)}} \text{フェノール(OH)} + \text{HCl} \qquad (39)$$

フェノールは,フェノール樹脂(→ p.254)その他の合成樹脂の原料として多量に用いられるほか,農薬・医薬などの重要な原料となる。

問16. ベンゼンスルホン酸に水酸化ナトリウムを加えて融解するときの化学式を書け。

---

*1) ピクリン酸などのように,塩化鉄(Ⅲ)で呈色しないものもある。
*2) 水酸化ナトリウムのような塩基と融解する操作を,アルカリ融解という。

B　芳香族アミン

　アンモニア分子 NH_3 の中の水素原子を炭化水素基で置換した構造の化合物を，**アミン**という。

　アニリン C_6H_5-NH_2 は，ベンゼン環の炭素原子に**アミノ基** -NH_2 が結合した構造のアミンで，代表的な**芳香族アミン**[*1)]である。

　ニトロベンゼン C_6H_5-NO_2(→ p.227)を，スズまたは鉄と塩酸で還元すると，アニリンが得られる[*2)]。

$$\bigcirc\!\!-NO_2 + 6\,(H)^{*3)} \longrightarrow \bigcirc\!\!-NH_2 + 2H_2O \tag{40}$$
　　　ニトロベンゼン　　　　　　　　アニリン

　アニリンは油状の物質(沸点 185 ℃)で，さらし粉水溶液によって赤紫色を呈する(→口絵 8)。水にわずかしか溶けないが，酸の水溶液には塩をつくって溶ける。これは，アニリン分子中のアミノ基 -NH_2 が，アンモニア NH_3 と同じように塩基の性質(→ p.103)をもつためである[*4)]。

　たとえば塩酸とは，次の反応によってアニリン塩酸塩が生じる。

$$\bigcirc\!\!-NH_2 + HCl \longrightarrow \bigcirc\!\!-NH_3{}^+Cl^- \tag{41}$$
　　アニリン　　　　　　　　　アニリン塩酸塩

　アニリンに酢酸を加えて煮沸したり，無水酢酸を作用させると，アミノ基の H が**アセチル基** CH_3-CO- で置換されて塩基性を失い，**アセトアニリド**(融点 115 ℃)が生じる。

$$\bigcirc\!\!-N\genfrac{}{}{0pt}{}{H}{H} + O\genfrac{}{}{0pt}{}{CO-CH_3}{CO-CH_3} \longrightarrow \bigcirc\!\!-N\genfrac{}{}{0pt}{}{}{C=O}\!\!-CH_3 + CH_3\text{-}COOH \tag{42}$$
　　アニリン　　　　　無水酢酸　　　　　　アセトアニリド　　　　　（→アミド結合）

　アセトアニリド分子の中の -NH-CO- の結合を**アミド結合**といい，アミド結合をもつ化合物を**アミド**という。

[*1)] メチルアミン CH_3NH_2，ジメチルアミン $(CH_3)_2NH$ などは，脂肪族アミンである。
[*2)] このときアニリンは，塩酸塩((41)式)になって反応溶液中に溶けている。アニリンはまた，ニッケルを触媒にして，単体の水素でニトロベンゼンを還元しても得られる。
[*3)] 還元剤によって与えられる水素原子を(H)で示した。
[*4)] アニリンは弱塩基なので，アニリン塩酸塩の水溶液に水酸化ナトリウム水溶液を加えると，アニリンが遊離する。

問17. アニリンとフェノールの混合物に，(1)塩酸を加えたとき，(2)水酸化ナトリウム水溶液を加えたときの変化について説明せよ。

C アゾ化合物

アニリンの希塩酸溶液を冷やしながら，亜硝酸ナトリウム水溶液を加えると，塩化ベンゼンジアゾニウム（一般に，ジアゾニウム塩という）の水溶液が得られる。

$$C_6H_5-NH_2 + NaNO_2 + 2HCl \longrightarrow [C_6H_5-N\equiv N]^+Cl^- + NaCl + 2H_2O \quad (43)$$

（アニリン）（亜硝酸ナトリウム）（塩化ベンゼンジアゾニウム）

この反応を**ジアゾ化**という。塩化ベンゼンジアゾニウムの水溶液をナトリウムフェノキシドの水溶液に加えると，橙赤色の化合物 p-フェニルアゾフェノールが生じる。この化合物には**アゾ基** $-N=N-$ があり，**アゾ化合物**とよばれる。

$$C_6H_5-N_2Cl + C_6H_5-ONa \longrightarrow C_6H_5-N=N-C_6H_4-OH + NaCl \quad (44)$$

（塩化ベンゼンジアゾニウム）（ナトリウムフェノキシド）（p-フェニルアゾフェノール）

ジアゾニウム塩からアゾ化合物を生じる反応を，**ジアゾカップリング**という。

芳香族アゾ化合物は，一般に黄～赤色で，染料（アゾ染料）として用いられるものが多い。中和の指示薬として用いられるメチルオレンジ（→ p.116）も，アゾ染料の一種である。

$(CH_3)_2N-C_6H_4-N=N-C_6H_4-SO_3Na$　メチルオレンジ

問18. 塩化ベンゼンジアゾニウムの水溶液を温めると，加水分解して窒素を発生し，フェノールになる。この反応の化学反応式を書け。

3 芳香族カルボン酸

A 安息香酸

過マンガン酸カリウム水溶液にトルエンを加えて煮沸すると，メチル基が酸化されてカルボキシ基 –COOH になり，**安息香酸** C_6H_5–COOH が生じる。

$$\text{C}_6\text{H}_5\text{CH}_3 + 3(\text{O}) \longrightarrow \underset{\text{安息香酸}}{\text{C}_6\text{H}_5\text{COOH}} + \text{H}_2\text{O} \tag{45}$$

この反応のように，ベンゼン環は，過マンガン酸カリウム水溶液のような酸化剤に対して比較的安定で変化しないが，ベンゼン環についた側鎖[*1] は酸化されて，カルボキシ基 –COOH になる。

安息香酸は無色の結晶(融点 123 ℃)で，冷水には溶けにくいが，熱水に溶ける。また，アルカリ水溶液には塩をつくって溶ける。

B フタル酸

ベンゼン分子の 2 個の H をそれぞれ –COOH で置換した構造のジカルボン酸 $C_6H_4(COOH)_2$ には，次の 3 種類の異性体がある。

フタル酸　　　　イソフタル酸　　　　テレフタル酸(→p.252)

フタル酸は，熱すると無水フタル酸(融点 132 ℃)になる[*2]。

$$\underset{\text{フタル酸}}{\text{C}_6\text{H}_4(\text{COOH})_2} \longrightarrow \underset{\text{無水フタル酸}}{\text{C}_6\text{H}_4(\text{CO})_2\text{O}} + \text{H}_2\text{O} \tag{46}$$

---

*1) 側鎖とは，鎖式化合物では，枝分かれしている炭素鎖をいい，環式化合物では，環についている炭素鎖をいう。
*2) 無水フタル酸は，酸無水物(→ p.217)の一種である。

無水フタル酸は，工業的にはナフタレンやo-キシレンを，触媒を用いて空気中の酸素で酸化してつくられる。フタル酸や無水フタル酸は，染料や合成樹脂製造(→ p.255)の原料として使われる。

C | サリチル酸

ナトリウムフェノキシドと二酸化炭素を，125℃，4～7 atm で反応させるとサリチル酸ナトリウムができる。これに希硫酸を作用させて，**サリチル酸**がつくられる。

$$C_6H_5ONa \xrightarrow[\text{高温・高圧}]{CO_2} C_6H_4(OH)COONa \xrightarrow{H_2SO_4} C_6H_4(OH)COOH \quad (47)$$

ナトリウムフェノキシド　　サリチル酸ナトリウム　　サリチル酸

サリチル酸は無色針状の結晶(融点159℃)で，フェノールとカルボン酸の両方の性質を示す。たとえば，サリチル酸とメタノールとを濃硫酸の作用で反応させると，メチルエステルである**サリチル酸メチル**が生成する(カルボン酸としての性質)。サリチル酸メチルは，芳香をもった液体(融点－8℃)で，外用塗布薬として用いられる。また，サリチル酸に塩化鉄(III)水溶液を加えると赤紫色になり，無水酢酸を作用させると，ヒドロキシ基のHがアセチル基(→ p.231)で置換した**アセチルサリチル酸**(融点135℃)が生じる(これらはフェノールとしての性質)。アセチルサリチル酸は解熱鎮痛剤として用いられる。

$$C_6H_4(OH)COOH + CH_3\text{-}OH \rightleftharpoons C_6H_4(OH)COOCH_3 + H_2O \quad (48)$$

サリチル酸　　メタノール　　サリチル酸メチル

$$C_6H_4(OH)COOH + (CH_3CO)_2O \longrightarrow C_6H_4(OCOCH_3)COOH + CH_3\text{-}COOH \quad (49)$$

サリチル酸　　無水酢酸　　アセチルサリチル酸　　酢酸

問19. サリチル酸の二ナトリウム塩 $C_6H_4(ONa)COONa$ の水溶液に CO_2 を通じたときの反応の化学反応式を書け。

◤ IV章のまとめ ◢

1 芳香族炭化水素(ベンゼン環をもつ炭化水素)
①**性質** 付加反応より置換反応を起こしやすい(スルホン化, ニトロ化, 塩素化)。

2 フェノール類(ベンゼン環の炭素原子に OH 基が結合した構造の化合物)
①**性質** 弱酸性。ナトリウムフェノキシドの水溶液に CO_2 を通じると析出。$FeCl_3$ 水溶液により呈色(青紫〜赤紫色)。
②**製法** プロペンとベンゼンからクメン法。ベンゼンスルホン酸のアルカリ融解。

3 芳香族アミン(アミン…アンモニア分子の水素原子を炭化水素基で置換した構造の化合物で, 弱塩基)
①**アニリン** ニトロベンゼンを還元して合成される。さらし粉水溶液により呈色(赤紫)。
②**アミド** アミド結合 −NH−CO− をもつ化合物(例:アセトアニリド $C_6H_5NHCOCH_3$)。
③**アゾ化合物** アゾ基 −N=N− をもつ化合物。芳香族アゾ化合物には染料になるものが多い。

4 芳香族カルボン酸(ベンゼン環の炭素原子に −COOH が結合した構造の化合物)
①**性質** カルボン酸の一般的性質をもつ。
②**サリチル酸** o-ヒドロキシ安息香酸で, ナトリウムフェノキシドと CO_2 とから合成。フェノールとカルボン酸の両方の性質をもつ。

◤ IV章の問題 ◢

1. トルエン分子のベンゼン環の水素原子を塩素原子で置換したクロロトルエン $CH_3-C_6H_4Cl$ およびジクロロトルエン $CH_3-C_6H_3Cl_2$ について, それぞれ考えられるすべての構造式を書いてみよ。

2. フェノール類のヒドロキシ基の性質と, アルコール類のヒドロキシ基の性質とを比較して, 共通している点, 異なる点を例をあげて説明せよ。

3. フェノール, アニリンおよび安息香酸を含むジエチルエーテル溶液から, これら3種類の物質を分離する方法を考えよ。ただし, 希塩酸, 水酸化ナトリウム水溶液, 二酸化炭素およびジエチルエーテルを用いる。

第V章 糖類

グルコース・スクロース(ショ糖)やデンプン・セルロースなどは，一般に糖類とよばれる化合物である。これらにはたがいに共通した性質も見られるが，構造のわずかな違いから，性質が大きく違っている点もある。この章では，これら糖類の構造・性質および相互の関係や，セルロースの利用について学ぶ。

精製される前の砂糖

1 単糖類と二糖類

A 糖類の分類

グルコース(ブドウ糖)・スクロース(ショ糖)・デンプン・セルロースなどは糖類とよばれ，一般式 $C_mH_{2n}O_n$ で表される[*1]。糖は，加水分解によって，その1分子から簡単な糖を2分子以上生じるような糖(二糖類や多糖類)と，それ以上加水分解を受けない簡単な糖(単糖類)[*2]に分類される。

B 単糖類

(1) グルコース $C_6H_{12}O_6$ はブドウ糖ともいわれ，広く動植物の体内に存在している。デンプンを希硫酸と加熱すると，加水分解されてグルコースが生じる。

---

*1) 一般式 $C_m(H_2O)_n$ とも書くことができるので，炭水化物ということがある。
*2) 単糖類も $C_mH_{2n}O_n$ で表され，$m=6$ の単糖類はヘキソースとよばれる。

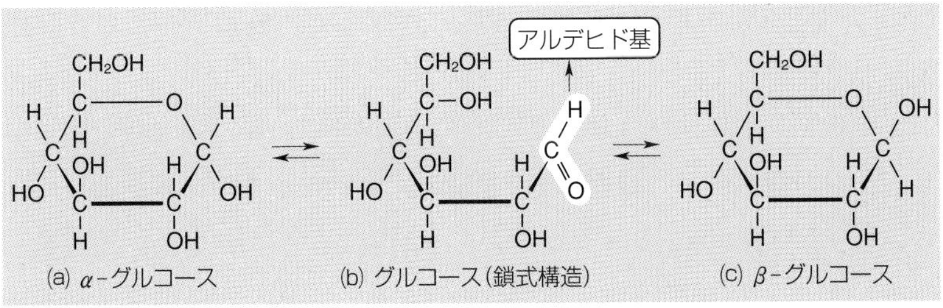

(a) α-グルコース　(b) グルコース(鎖式構造)　(c) β-グルコース

環式構造を平面の六角形で示した。α-グルコースとβ-グルコースは，右端のOHのつき方が違う。

図 5-10　グルコースの平衡（水溶液中）

$$(C_6H_{10}O_5)_n + nH_2O \longrightarrow nC_6H_{12}O_6 \tag{50}$$

デンプン　　　　　　　　グルコース

　グルコースは白色粉末状の結晶（融点 146～150℃）で，その分子には5個のヒドロキシ基と1個のアルデヒド基がある（図 5-10 (b)）が，ふつうの結晶は，1つのヒドロキシ基の酸素原子がアルデヒド基の炭素原子と結合して，6個の原子からなる環の構造をつくっているα-グルコース（同図(a)）である。グルコースの水溶液では，α-グルコースと，環の構造が開いた鎖式構造（同図(b)）と，β-グルコース（同図(c)）が一定の割合で混じった平衡状態になっている。

　グルコースの水溶液は，フェーリング液を還元する[*1)]。これは，鎖式構造のグルコースに，アルデヒド基があるからである。

　(2)　**フルクトース** $C_6H_{12}O_6$ は果糖ともいわれ，白色粉末状の結晶（融

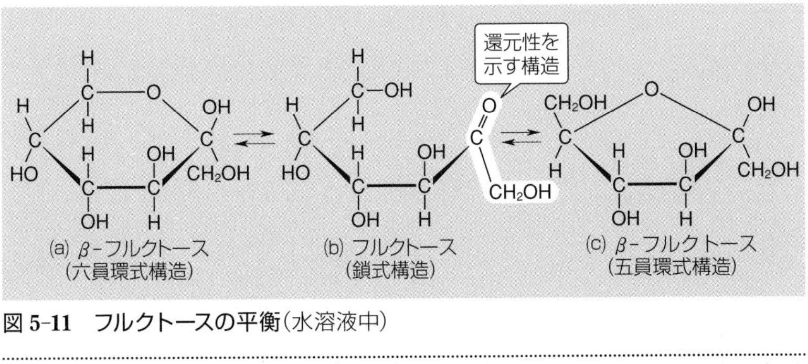

(a) β-フルクトース
（六員環式構造）　(b) フルクトース（鎖式構造）　(c) β-フルクトース（五員環式構造）

図 5-11　フルクトースの平衡（水溶液中）

---

*1) グルコースのように，フェーリング液を還元する糖を還元糖という。フルクトースやマルトース（→ p.239）も還元糖である。

点 103～105℃)である。グルコースの異性体で,蜂蜜やいろいろな果実の中に存在している。

フルクトースも結晶のときは,分子の中のヒドロキシ基の酸素原子がケトン基の炭素原子と結合して,6個の原子からなる環の構造をつくっている(図 5-11(a))。フルクトースの水溶液では,(a)のほか,鎖式構造のフルクトース(同図(b))や,5個の原子からなる環の構造のフルクトース(同図(c))が混じった平衡状態になっている。

フルクトースの水溶液は,フェーリング液を還元する[*1)]。

(3) **ガラクトース** $C_6H_{12}O_6$ は,寒天に含まれる多糖類を加水分解すると得られる単糖類で,アルデヒド基をもち,フェーリング液を還元する。

《**アルコール発酵**》 単糖類は酵素群チマーゼによりアルコール発酵を受けて,エタノールと二酸化炭素を生じる。

$$\underset{\text{単糖類}}{C_6H_{12}O_6} \xrightarrow[\text{発酵}]{\text{チマーゼ}} \underset{\text{エタノール}}{2C_2H_5\text{-OH}} + 2CO_2\uparrow \tag{51}$$

C 二糖類

2分子の単糖類から,1分子の水がとれて縮合(→ 219)した構造の化合物を,**二糖類**という。二糖類を,うすい酸または適当な酵素(→ p.249)を用いて加水分解すると,単糖類になる。

(1) **スクロース** $C_{12}H_{22}O_{11}$ はショ糖ともよばれ,無色の結晶(融点 188℃)で,砂糖きびその他の植物に広く存在している[*2)]。スクロースは,うすい酸やインベルターゼ(→ p.249)という酵素で加水分解されて,グルコースとフルクトースになる。

$$\underset{\text{スクロース}}{C_{12}H_{22}O_{11}} + H_2O \longrightarrow \underset{\text{グルコース}}{C_6H_{12}O_6} + \underset{\text{フルクトース}}{C_6H_{12}O_6} \tag{52}$$

スクロースの分子は,グルコースとフルクトースが,それぞれの還元

[*1)] 分子の中の -CO-CH$_2$OH の構造が酸化されやすいためである。
[*2)] 日常用いられているスクロース(ショ糖)の製品が砂糖で,代表的な甘味料である。

(a) スクロース　　　　　　　　(b) マルトース

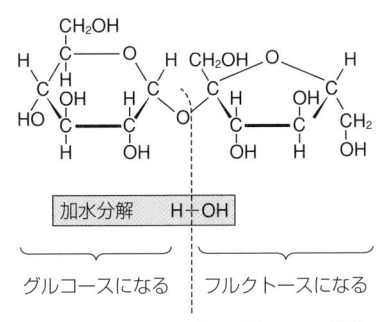

図 5-12　スクロースとマルトースの構造

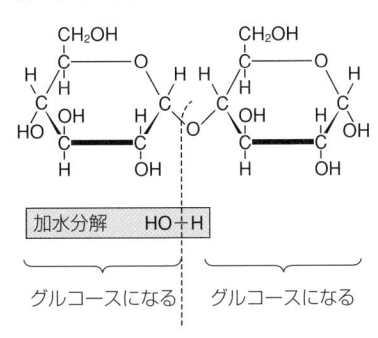

性のある構造のところで縮合した構造をもっているので，スクロースの水溶液はフェーリング液を還元しない（図5-12(a)）。

スクロースの加水分解で生じるグルコースとフルクトースの混合物は，**転化糖**とよばれる。グルコースもフルクトースもフェーリング液を還元するので，転化糖の水溶液はフェーリング液を還元する。

(2) **マルトース** $C_{12}H_{22}O_{11}$ は**麦芽糖**ともよばれ，デンプンをアミラーゼ（→ p.249）という酵素の作用で加水分解すると生じる[*1]。マルトースは，フェーリング液を還元する。

マルトースをうすい酸またはマルターゼ（→ p.249）という酵素を用いて加水分解すると，その1分子からグルコース2分子が生成する[*2]（図5-12(b)）。

(3) **ラクトース** $C_{12}H_{22}O_{11}$ は**乳糖**ともよばれ，哺乳類の乳の中に存在する（人乳6〜7%，牛乳4〜5%）が，植物界には存在しない。ラクトースはフェーリング液を還元し，うすい酸またはラクターゼ（→ p.249）という酵素で加水分解するとグルコースとガラクトースになる。

[*1] アミラーゼはジアスターゼともいわれ，麦芽に含まれているので，麦芽をすりつぶしてデンプン水溶液に加えてつくった水あめには，マルトースが含まれている。

[*2] マルトースは2分子の α-グルコースが縮合した構造をしているが，2分子の β-グルコースが縮合した構造の二糖類はセロビオース（→ p.242 図5-15）である。

2 多糖類

A │ デンプン

デンプンは，植物の種子・根・地下茎などに含まれている多糖類で，植物体内のデンプン粒を構成している。デンプンの分子式は$(C_6H_{10}O_5)_n$（n は $10^2 \sim 10^5$）で表されるが，ふつうはかなり水分を含んでいる。デンプンは冷水に溶けにくいが，熱水にはコロイド溶液になって溶ける[*1]。

デンプンの水溶液は**ヨウ素デンプン反応**（青紫）を示す（→口絵8）。また，フェーリング液を還元しない。

デンプンを希硫酸と加熱していると，次第に加水分解されて，最後にはグルコースになる（図5-13）。

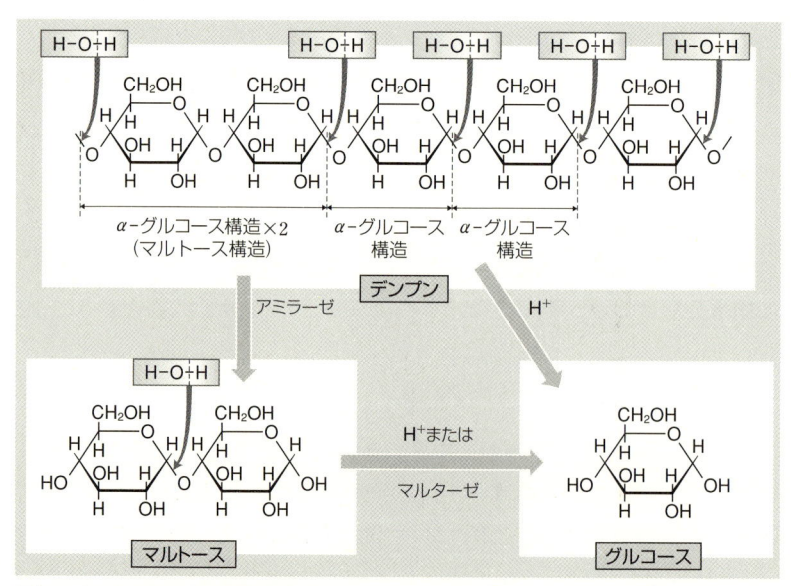

環をつくっているC原子は省略してある。
デンプンを構成している単糖類は，α-グルコースである。1つのグルコース構造の中には-OHが3個あるから，デンプンを$[C_6H_7O_2(OH)_3]_n$のように表すことがある。

図5-13 デンプンの構造と加水分解

[*1] 分子の中にヒドロキシ基を多くもっているので，親水コロイドになる。

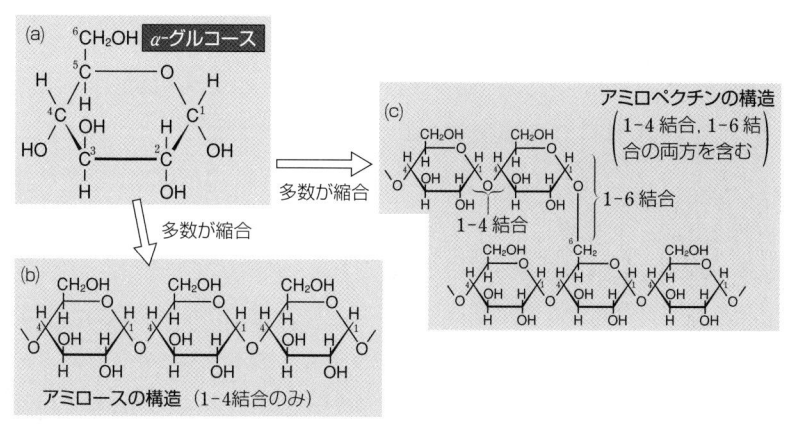

図 5-14 アミロースとアミロペクチンの構造

アミロースは，α-グルコース(a)の 1-4 の炭素原子のところで縮合したもの((b))であるが，アミロペクチンでは 1-4 の結合のほかに，1-6 の結合も含まれる。このため，アミロペクチンは枝分かれ構造をもっている((c))。

デンプンには，アミロースとアミロペクチンの 2 種類がある。アミロースは，多数の α-グルコースが直鎖状に次々に縮合した構造をもち(図 5-14)，ふつうのデンプンの中に 20～25% 含まれている。ヨウ素デンプン反応は濃青色である。アミロペクチンは多数の α-グルコースが枝分かれをもった鎖の形に次々に縮合した構造をもち，ふつうのデンプンの中に 75～80% 含まれている。モチ米にはアミロペクチンがとくに多い。ヨウ素デンプン反応は赤紫色である。

問 20. 1.3×10^3 個のグルコースが縮合したアミロースの分子量は，およそいくらか。

デンプンを少し加水分解した物質を，**デキストリン**といい，一般式 $(C_6H_{10}O_5)_n$ で表される[*1]。加水分解の程度によって，ヨウ素デンプン反応は青・紫・褐色などを呈し，分子量がある程度小さくなると呈色しなくなる。デンプンより水に溶けやすい。

[*1] 同じ一般式 $(C_6H_{10}O_5)_n$ で表される多糖類の 1 つに，グリコーゲンがある。グリコーゲンは動物デンプンともいわれ，生体内でグルコースから合成される。

B セルロース

植物の細胞壁の主成分で，植物体のおよそ 30～50％ を占めている。綿・パルプ・沪紙などは比較的純粋に近いセルロースである。

セルロースの分子式は，デンプンと同じように $(C_6H_{10}O_5)_n$ で表されるが，デンプンと違い，β-グルコース（→ p.237）が $6 \times 10^3 \sim 6 \times 10^5$ 個次々に縮合した構造をもっている（図 5-15）。

セルロースは水その他の溶媒に溶けにくく，還元性をもたない。しかし，希硫酸または希塩酸と長時間煮沸すると，加水分解されてグルコースになる。セルロースは繊維として，衣料や製紙に多量に使われている。

セルロース（綿・パルプなど）に濃硝酸と濃硫酸の混合溶液を作用させると，セルロース分子中のヒドロキシ基の一部または全部が硝酸エステルになった**ニトロセルロース**（硝酸セルロース）ができる[*1]。

トリニトロセルロース $[C_6H_7O_2(ONO_2)_3]_n$ を主成分とするものは強綿薬といい，火薬の原料となる。

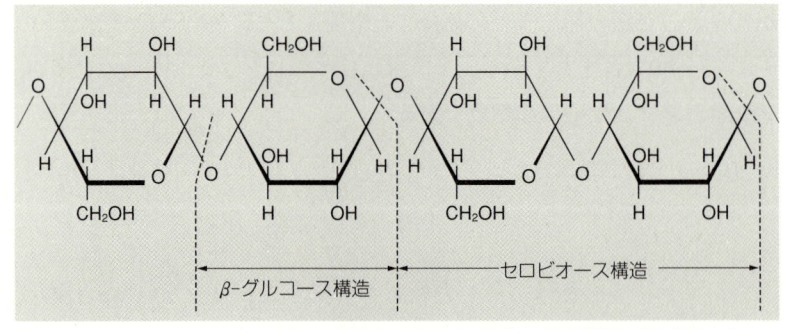

セルロースは β-グルコースが次々に縮合した構造をもち，1 つのグルコース構造の中には -OH が 3 個あるので，セルロースを $[C_6H_7O_2(OH)_3]_n$ で表すことがある。

図 5-15 セルロースの構造

[*1] ニトロセルロースはセルロースの硝酸エステルで，ニトロ化合物ではない。ジニトロセルロース $[C_6H_7O_2(OH)(ONO_2)_2]_n$ を主成分とするものを，ジエチルエーテルとエタノールの混合溶媒に溶かしたものがコロジオンで，コロジオンから溶媒を蒸発させて膜状にしたものは，透析用半透膜（→ p.72）に使われる。

C | アセテート

セルロースに，酢酸と無水酢酸および少量の濃硫酸を作用させると，セルロース分子中のヒドロキシ基がエステル化されて，トリアセチルセルロースができる。

$$[C_6H_7O_2(OH)_3]_n + 3n(CH_3\text{-}CO)_2O$$
　　　セルロース　　　　　　　無水酢酸

$$\longrightarrow [C_6H_7O_2(OCO\text{-}CH_3)_3]_n + 3nCH_3\text{-}COOH \quad (53)$$
　　　　トリアセチルセルロース　　　　　酢酸

トリアセチルセルロースは溶媒に溶けにくいが，これをおだやかな条件で加水分解してジアセチルセルロース $[C_6H_7O_2(OH)(OCO\text{-}CH_3)_2]_n$ にすると，アセトンに溶けるようになる。ジアセチルセルロースのアセトン溶液を，細孔から温かい空気中へ押し出し，アセトンを蒸発させると，**アセテート**ができる。

アセテートはセルロースから合成されるが，次に学ぶレーヨンと違ってセルロースそのものではない。また，Ⅶ章で学ぶ合成繊維のように，セルロースとは無関係な簡単な分子から合成されたものではないので，**半合成繊維**とよばれる。アセテートの外観は絹に似ているが，比較的燃えにくい。ジアセチルセルロースのアセトン溶液は，写真のフィルムや塗料などをつくるのにも使われる。

D | レーヨン

セルロースを化学的に処理してコロイド溶液にした後，セルロースの繊維に再生したものを，**レーヨン**という。

(1) **銅アンモニアレーヨン(キュプラ)**　水酸化銅(Ⅱ)を濃アンモニア水に溶かした溶液[*1)]に，セルロースを溶かし，これを細孔から希硫酸中に押し出して繊維をつくる。これを銅アンモニアレーヨンまたはキュプラという。

(2) **ビスコースレーヨン**　セルロースを水酸化ナトリウム水溶液で処

[*1)] シュバイツァー試薬といい，セルロースはこの溶液に溶けてコロイド溶液になる。

理してアルカリセルロースとし、次に二硫化炭素 CS_2 と反応させ、これを希水酸化ナトリウム水溶液に溶かすと、ビスコースとよばれる粘性の大きい溶液が得られる。ビスコースを細孔から希硫酸中に押し出すと、セルロースの繊維が得られる。これをビスコースレーヨンという。

ビスコースレーヨンは代表的なレーヨンで、単にレーヨンともよばれる。銅アンモニアレーヨンやビスコースレーヨンのように、セルロースを再生させてつくった繊維を、**再生繊維**という。ビスコースから、膜状にセルロースを再生させたものが、**セロハン**である。

◤V章のまとめ◢

分類	名称	構成単糖類	還元性	水溶性
単糖類 $C_6H_{12}O_6$	グルコース(ブドウ糖)	―	あり	よく溶ける
	フルクトース(果糖)	―	あり	よく溶ける
	ガラクトース	―	あり	よく溶ける
二糖類 $C_{12}H_{22}O_{11}$	スクロース(ショ糖)	α-グルコース, フルクトース	なし	よく溶ける
	マルトース(麦芽糖)	α-グルコース	あり	よく溶ける
	ラクトース(乳糖)	α-グルコース, ガラクトース	あり	よく溶ける
多糖類 $(C_6H_{10}O_5)_n$	デンプン	α-グルコース	なし	熱水に溶ける
	セルロース	β-グルコース	なし	溶けない

◤V章の問題

1. 171 g のスクロースを加水分解した後、酵素を作用させて完全にエタノールに変化させたとすると、25%のエタノール水溶液は何 g 得られるか。

2. 単糖類 1 mol は、フェーリング液を還元して、Cu_2O 1 mol を生成する。スクロース 0.20 mol を完全に加水分解した後の水溶液でフェーリング液を還元すると、何 mol の Cu_2O を生成するか。

3. デンプンとセルロースの構造・性質を比較せよ。

第VI章
アミノ酸とタンパク質

タンパク質は，生体をつくっている重要な物質である。タンパク質は，いろいろな種類の多数のアミノ酸が次々に縮合したポリペプチドの構造が基本になっている。一方，アミノ酸は，酸性と塩基性の両方の性質をもつ両性有機化合物である。この章では，アミノ酸とタンパク質の構造や性質について学ぶ。

タンパク質の変性

1 アミノ酸

A アミノ酸の構造

1つの分子の中に，アミノ基 $-NH_2$ とカルボキシ基 $-COOH$ がある化合物を**アミノ酸**という。

1つの炭素原子にアミノ基とカルボキシ基が結合しているアミノ酸を，$α$-アミノ酸といい(図5-16)，タンパク質の加水分解によって約20種類の $α$-アミノ酸(天然アミノ酸)が得られている。

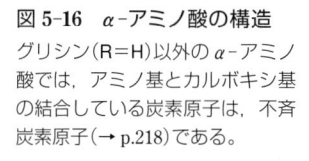

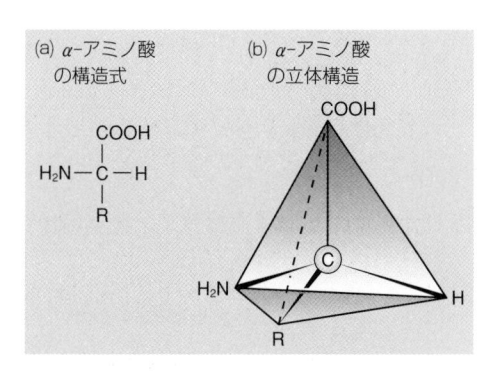

図 5-16 $α$-アミノ酸の構造
グリシン($R=H$)以外の $α$-アミノ酸では，アミノ基とカルボキシ基の結合している炭素原子は，不斉炭素原子(→ p.218)である。

(a) $α$-アミノ酸の構造式

(b) $α$-アミノ酸の立体構造

表5-10 タンパク質を構成している α-アミノ酸の例

名 称	示 性 式	融点* (℃)	所在・特徴など
グリシン	H_2N-CH_2-COOH	290	にかわ・絹のタンパク質中にある。最も簡単なアミノ酸。
アラニン	$CH_3-CH(NH_2)-COOH$	297	タンパク質の構成アミノ酸として広く分布。
リ シ ン	$H_2N-(CH_2)_4-CH(NH_2)-COOH$	224~225	すべてのタンパク質の構成アミノ酸。$-NH_2$ が2個ある。
メチオニン	$CH_3-S-(CH_2)_2-CH(NH_2)-COOH$	281	乳に含まれるタンパク質（カゼイン）中にある。硫黄を含む。
グルタミン酸	$HOOC-(CH_2)_2-CH(NH_2)-COOH$	247~249	小麦のタンパク質中にある。$-COOH$ が2個ある。
チロシン	$HO-C_6H_4-CH_2-CH(NH_2)-COOH$	342~344	カゼイン・絹のタンパク質中にある。ベンゼン環を含む。

*これらのアミノ酸は，いずれも融点で分解する。

　アミノ酸は，分子の中にアミノ基があるので塩基の性質をもち，また，カルボキシ基があるので酸の性質も示す。結晶中では，アミノ酸の分子は(54)式に示すような分子内塩（双性イオン）の状態になっているが，酸の水溶液中では，H^+ が結合して陽イオンとなり，アルカリの水溶液中では，H^+ がとれて陰イオンになっている。

$$R-CH(NH_3^+)-COO^- \;\; \xrightarrow[\text{OH}^-(\text{アルカリ水溶液})]{\text{H}^+(\text{酸水溶液})} \;\; \begin{array}{l} R-CH(NH_3^+)-COOH \quad \text{陽イオン} \\ R-CH(NH_2)-COO^- \quad \text{陰イオン} \end{array} \tag{54}$$

双性イオン

　アミノ酸をエタノールその他のアルコールでエステル化すると，酸の性質がなくなる。また，アミノ酸に無水酢酸を作用させると，アミノ基のHがアセチル基で置換して，塩基の性質がなくなる。

$$R-CH(NH_3^+)-COO^- + C_2H_5OH \longrightarrow R-CH(NH_2)-COOC_2H_5 + H_2O \tag{55}$$

　　　　　　　　　　エタノール　　アミノ酸エチルエステル

$$\underset{NH_3^+}{R-CH-COO^-} + (CH_3-CO)_2O \longrightarrow \underset{NH-CO-CH_3}{R-CH-COOH} + CH_3-COOH \quad (56)$$

無水酢酸　　　　　　　N-アセチルアミノ酸

アミノ酸は水に溶けるものが多く，また，ニンヒドリンの水溶液を加えて温めると，青紫～赤紫色を呈する(→口絵8)。

問21. 希塩酸にアミノ酸を溶かし，この溶液に水酸化ナトリウム水溶液を徐々に加えると，アミノ酸分子の構造はどのように変化していくか。

21 タンパク質と酵素

A タンパク質

1つのアミノ酸分子のアミノ基と，別のアミノ酸分子のカルボキシ基との間で，水1分子がとれて縮合したものを**ジペプチド**といい，同じようにしてさらに多数のアミノ酸が縮合したものを**ポリペプチド**という。ペプチドの中のアミド結合 -CO-NH- (→ p.231)を**ペプチド結合**という。

$$\underset{アミノ酸(I)}{\overset{H\ R^1}{\underset{H\ H}{N-C-COOH}}} + \underset{アミノ酸(II)}{\overset{H\ R^2}{\underset{H\ H}{N-C-COOH}}} \longrightarrow \underset{ジペプチド}{\overset{H\ R^1\ O\ \ \ \ R^2}{\underset{H\ H\ \ \ H\ H}{N-C-C-N-C-COOH}}} + H_2O \quad (57)$$

$$\underset{ポリペプチド}{\cdots-\overset{R^1}{\underset{H}{N-C}}-\overset{O}{\underset{}{C}}-\overset{R^2}{\underset{H}{N-C}}-\overset{O}{\underset{}{C}}-\overset{R^3}{\underset{H}{N-C}}-\overset{O}{\underset{}{C}}-\overset{R^4}{\underset{H}{N-C}}-\overset{O}{\underset{}{C}}-\cdots}$$

タンパク質はポリペプチドの構造が基本になっており，動植物の細胞原形質の主成分となっている。タンパク質の分子量は，タンパク質の種類によって1万ぐらいのものから数百万におよぶものまで，いろいろあり，水溶液にすると親水コロイド溶液になる(→ p.77)。

タンパク質に希塩酸を加えて煮沸すると，加水分解されていろいろなアミノ酸が生成する。アミノ酸だけでできているタンパク質を，**単純タンパク質**という。また，糖・リン酸・核酸・色素などが結合しているタンパク質を，**複合タンパク質**[*1]という。

　　ケラチン(毛髪・羊毛・つめなどにある)，アルブミン(動植物の組織や卵白にある)，グロブリン(血液・牛乳・筋肉などにある)，フィブロイン(絹にある)，グルテリン(小麦にある)などは単純タンパク質である。

表5-11　単純タンパク質の元素組成

成分元素	元素組成(質量%)
C	50〜55
H	6〜7
N	12〜19
O	25〜30
S	0〜2.5

タンパク質の加水分解によって生じるアミノ酸の種類とそれらの割合は，タンパク質の種類によって異なるが，単純タンパク質を構成する成分元素の質量百分率は，どのタンパク質でもだいたい同じである(表5-11)。

タンパク質は，いろいろな呈色反応によって検出することができる。

《**ビウレット反応**》　タンパク質水溶液に水酸化ナトリウム水溶液と硫酸銅(Ⅱ)水溶液を加えると赤紫色を示す。これは**ビウレット反応**とよばれ，アミノ酸3分子以上が結合したポリペプチドが，銅(Ⅱ)錯塩を生成することにより呈色する反応である(→口絵8)。

《**キサントプロテイン反応**》　チロシン(→ p.246)のようにベンゼン環をもったアミノ酸の構造が含まれるタンパク質は，濃硝酸を加えて加熱すると黄色になり，これを冷却してからアンモニア水を加えると，橙黄色になる。この反応はベンゼン環のニトロ化によるもので，**キサントプロテイン反応**とよばれる(→口絵8)。

《**変性**》　タンパク質の水溶液は，熱・酸・重金属イオン(Cu^{2+}，Hg^{2+}，Pb^{2+}など)・有機溶媒などの作用で凝固や沈殿を生じたり，特有の性質を失うことがある。この現象は，タンパク質分子の立体的な形が変化す

[*1] これらの複合タンパク質は，それぞれ糖タンパク質・リンタンパク質・核タンパク質・色素タンパク質などとよばれている。

るために起こるものと考えられ，**タンパク質の変性**という[*1)]。

問22. タンパク質は，成分元素として窒素を質量百分率で約16％含んでいる。タンパク質を60％含むある食品1.0gを，水酸化ナトリウムとともに熱して完全に分解させると，何gのアンモニアを生じるか。アンモニアの窒素はタンパク質から生じたものとする。

B 酵素

生体内の化学変化に，特殊な触媒としてはたらいているタンパク質を**酵素**という。酵素は，細胞から取り出して純粋にしても，一般にそのはたらきを失わない。

表 5-12　おもな酵素とそのはたらき

酵素	所在	作用
アミラーゼ	だ液，すい液，麦芽	デンプン→マルトース
マルターゼ	腸液，だ液，すい液，酵母，麦芽	マルトース→グルコース
インベルターゼ	腸液	スクロース→グルコース＋フルクトース
ラクターゼ	腸液，酵母	ラクトース→グルコース＋ガラクトース
リパーゼ	すい液，胃液	油脂→脂肪酸＋グリセリン
ペプシン	胃液	タンパク質→プロテオース[*2)]，ペプトン[*2)]
トリプシン	すい液	
ペプチダーゼ	腸液	プロテオース，ペプトン→アミノ酸
カタラーゼ	血液，肝臓	過酸化水素→酸素＋水

[*1)] たとえば，卵白のタンパク質であるアルブミンは，加熱により凝固し，赤血球のタンパク質であるヘモグロビンは，約65℃で酸素を吸う能力がなくなる。
[*2)] タンパク質を部分的に加水分解したもので，タンパク質よりも分子量の小さいポリペプチドである。

酵素の触媒作用は，無機物質の触媒[*1]と違い，きわめて選択的であり，それぞれの酵素は，ある特定の化学反応にしか触媒のはたらきを示さない。たとえば，インベルターゼはスクロースを加水分解する反応には触媒としてはたらくが，デンプンやマルトースの加水分解には，触媒作用を示さない。また，酵素には，最もよくはたらく温度(最適温度)や最もよくはたらく水素イオン濃度(最適pH)がある。

◼ Ⅵ章のまとめ ◼

1 アミノ酸
①構造　$R-\overset{*}{C}H(NH_2)-COOH$（グリシン以外では，$\overset{*}{C}$ は不斉炭素原子で，1対の光学異性体がある）。
②性質　$-COOH$ と $-NH_2$ の両方の性質を示す。ニンヒドリンで呈色(青紫～赤紫色)。

$$\underset{\text{陽イオン}}{\underset{NH_3^+}{R-CH-COOH}} \xleftarrow[\text{(酸水溶液)}]{H^+} \underset{\text{結晶(双性イオン)}}{\underset{NH_3^+}{R-CH-COO^-}} \xrightarrow[\text{(アルカリ水溶液)}]{OH^-} \underset{\text{陰イオン}}{\underset{NH_2}{R-CH-COO^-}}$$

2 タンパク質
①多数のアミノ酸が縮合したポリペプチドの構造が基本。
②呈色反応　ビウレット反応，キサントプロテイン反応。
③酵素は触媒作用を示すタンパク質。

◼ Ⅵ章の問題

1. アミノ酸には $-NH_2$（アミノ基）と $-COOH$（カルボキシ基）の両方があることを示す実験例をあげよ。

2. 加水分解すると，グリシンとアラニンとを生じるジペプチドの構造式を2種類書け。

3. タンパク質の検出に使われるおもな反応を説明せよ。

[*1] たとえば，白金は $2HI \longrightarrow H_2 + I_2$(→p.90)，$4NH_3 + 5O_2 \longrightarrow 4NO + 6H_2O$(→p.168)，$C_2H_4 + H_2 \longrightarrow C_2H_6$(→p.204) など，いろいろな反応の触媒となる。

第VII章
合成高分子化合物

イオン交換樹脂を利用して純水をつくる装置

多糖類やタンパク質などは天然高分子化合物で，生物体内で合成されるが，比較的簡単な構造の分子からも，人工的に高分子化合物，すなわち種々の合成繊維・合成樹脂・合成ゴムなどがつくられ，われわれの生活のいろいろな面で利用されている。この章では，これらの合成高分子化合物について学ぶ。

1 | 合成繊維

A | 重合体と単量体

　合成繊維や合成樹脂（→ p.254）は，比較的簡単な低級化合物（→ p.210）を多数次々に縮合（**縮合重合**という）させたり，付加重合（→ p.205）させたりしてつくられる。このようにして得られた高分子化合物を**重合体**（ポリマー）といい，重合体の構成単位になっている原料化合物を**単量体**（モノマー）という。

B | 縮合重合による合成繊維

　(1) ポリアミド系繊維　鎖状のジカルボン酸であるアジピン酸 $HOOC-(CH_2)_4-COOH$ と，鎖状のジアミン（1分子中にアミノ基を2個もつ化合物）であるヘキサメチレンジアミン $H_2N-(CH_2)_6-NH_2$ とを縮合重合させると，分子中に多くのアミド結合をもった長い鎖状の重合体ができる。

$$n\text{HOOC-(CH}_2)_4\text{-COOH} + n\text{H}_2\text{N-(CH}_2)_6\text{-NH}_2$$
（アジピン酸）　　　　（ヘキサメチレンジアミン）

$$\longrightarrow \text{HO}[-\text{CO-(CH}_2)_4\text{-CO-NH-(CH}_2)_6\text{-NH-}]_n\text{H} + (2n-1)\text{H}_2\text{O} \quad (58)$$

この重合体はナイロン66(6,6-ナイロン)[*1)]とよばれ，ポリアミド系繊維として広く使用されている。

カプロラクタムは，下に示すように環の構造をもっているが，これに少量の水を加えて加熱すると，アミド結合が開いて重合し(開環重合[*2)]という)，ナイロン6(6-ナイロン)とよばれるポリアミド系繊維が得られる。

$$n\begin{array}{c}\text{H O}\\\text{CH}_2\text{-N-C-CH}_2\\\text{CH}_2\text{-CH}_2\text{-CH}_2\end{array} + \text{H}_2\text{O} \longrightarrow \text{H}\left[\begin{array}{c}\text{-N-(CH}_2)_5\text{-C-}\\\text{H}\quad\quad\quad\text{O}\end{array}\right]_n\text{OH} \quad (59)$$
　　　　（カプロラクタム）　　　　　　　　　　　（6-ナイロン）

(2) ポリエステル系繊維　エチレングリコール $C_2H_4(OH)_2$ とテレフタル酸 $C_6H_4(COOH)_2$ との縮合重合によって，分子中にエステル結合を多数もった重合体ポリエチレンテレフタラートができる。

$$n\text{HO-CH}_2\text{-CH}_2\text{-OH} + n\text{HO-C}\underset{\text{O}}{\overset{}{-}}\text{C}_6\text{H}_4\text{-C}\underset{\text{O}}{\overset{}{-}}\text{OH}$$
　　　　（エチレングリコール）　　　　　　（テレフタル酸）

$$\longrightarrow \text{H}\left[-\text{O-(CH}_2)_2\text{-O-C-C}_6\text{H}_4\text{-C-}\right]_n\text{OH} + (2n-1)\text{H}_2\text{O} \quad (60)$$
　　　　　　　　　（ポリエチレンテレフタラート）

これは，ポリエステル系繊維として，衣料その他に広く使用されている。

問23. 分子量 1.0×10^4 のポリエチレンテレフタラートには，およそ何個のエステル結合が含まれているか。

---

*1) 原料のジカルボン酸もジアミンも，炭素原子6個の化合物なので，ナイロン66とよばれる。同じようにして，ナイロン6やナイロン610などの名まえの中の数字は，それぞれ原料単量体分子の中に含まれる炭素原子の数を示している。

*2) この反応は縮合重合ではないが，生成物はポリアミド系繊維の一種なので，便宜上ここで扱った。

C 付加重合による合成繊維

ビニル基 $CH_2=CH-$ をもつ単量体の付加重合によって,いろいろな合成繊維や合成樹脂(→ p.254)がつくられる。アクリロニトリル系繊維やポリビニルアルコール系繊維は,その代表的な例である。

$$\cdots + \underset{H\ X}{\overset{H\ H}{C=C}} + \underset{H\ X}{\overset{H\ H}{C=C}} + \underset{H\ X}{\overset{H\ H}{C=C}} + \cdots \longrightarrow \cdots -\underset{H\ X}{\overset{H\ H}{C-C}}-\underset{H\ X}{\overset{H\ H}{C-C}}-\underset{H\ X}{\overset{H\ H}{C-C}}- \cdots \quad (61)$$

ビニル基をもつ単量体* 　　　　　　　　　　　　　　重合体

(*-Xが-CNのときアクリロニトリル,-O-CO-CH₃のとき酢酸ビニルである。)

(1) **アクリロニトリル系繊維**　アクリロニトリル $CH_2=CH-CN$ を付加重合して得られるポリアクリロニトリルや,アクリロニトリルに酢酸ビニル・塩化ビニルなどを混ぜて付加重合[*1]させた合成繊維(アクリル系繊維またはアクリル繊維という)で,肌ざわりが羊毛に似ている。

$$\left[\begin{array}{c} -CH_2-CH- \\ | \\ CN \end{array} \right]_n \qquad \left[\begin{array}{c} -CH_2-CH-CH_2-CH- \\ | \quad\quad\quad\quad | \\ CN \quad\quad\quad\quad Cl \end{array} \right]_n$$

　　ポリアクリロニトリル　　　　　　　　　　アクリル系繊維

(2) **ポリビニルアルコール系繊維(ビニロン)**　酢酸ビニルの付加重合によって得られるポリ酢酸ビニル(→ p.208)をけん化してポリビニルアルコールにし,この水溶液(親水コロイド溶液)を細孔から硫酸ナトリウム水溶液中に押し出して,繊維状に凝固させる。これをホルムアルデヒド水溶液で処理して,水に溶けないようにしたものが**ビニロン**である。

ホルムアルデヒド水溶液による処理で,ポリビニルアルコール分子中のヒドロキシ基の約 30~40% が $-O-CH_2-O-$ のような構造に変化する。したがって,ビニロンは分子の中に親水性のヒドロキシ基がまだ残っていて,適当な吸湿性をもっている。

[*1] 2種類以上の単量体を混ぜて重合を行うことを,共重合という。

$$n\text{CH}_2=\text{CH} \xrightarrow{\text{付加重合}} \cdots-\text{CH}_2-\text{CH}-\text{CH}_2-\text{CH}-\text{CH}_2-\text{CH}-\cdots \xrightarrow{\text{けん化}}$$
$$\quad\quad\quad | \quad\quad\quad\quad\quad\quad\quad\quad\quad | \quad\quad\quad | \quad\quad\quad | $$
$$\quad\text{O-COCH}_3 \quad\quad\quad\quad\quad\quad \text{O-COCH}_3 \; \text{O-COCH}_3 \; \text{O-COCH}_3$$
酢酸ビニル　　　　　　　　　　　　ポリ酢酸ビニル

$$\cdots-\text{CH}_2-\text{CH}-\text{CH}_2-\text{CH}-\text{CH}_2-\text{CH}-\cdots \xrightarrow{\text{H-CHO}} \cdots-\text{CH}_2-\text{CH}-\text{CH}_2-\text{CH}-\text{CH}_2-\text{CH}-\cdots$$
$$\quad\quad\quad | \quad\quad\quad | \quad\quad\quad | \quad\quad\quad\quad\quad\quad\quad\quad | \quad\quad\quad | \quad\quad\quad |$$
$$\quad\quad\text{OH} \quad\quad \text{OH} \quad\quad \text{OH} \quad\quad\quad\quad\quad\quad\quad\quad \text{OH} \quad \text{O-CH}_2-\text{O}$$
ポリビニルアルコール　　　　　　　　ビニロン

(62)

ビニロンは，木綿(もめん)に似た繊維で，衣類その他に広く用いられている。

問24. ポリビニルアルコールの分子には，ヒドロキシ基が質量にしておよそ何%含まれているか。

2 | 合成樹脂

A | 熱可塑性樹脂と熱硬化性樹脂

合成樹脂は，ふつう**プラスチック**ともよばれる。合成繊維と同じように長い鎖状の高分子化合物からできている合成樹脂は，熱を加えると軟らかくなり，冷えるとふたたび硬くなる。このような樹脂を**熱可塑性樹脂**という。また，熱を加えたとき，分子の構造が立体的網目状に変化して硬くなり，もとにもどらない合成樹脂もある。このような樹脂を，**熱硬化性樹脂**という。

B | 縮合重合による合成樹脂

縮合重合によってつくられる合成樹脂は，一般に熱硬化性のものが多い(表5-13)。

(1) **フェノール樹脂**　塩酸を触媒として，フェノールとホルムアルデヒドとを反応させると，ノボラックとよばれる縮合生成物ができる。これに硬化剤や着色剤などを加え，圧力をかけて加熱成形する。このとき，縮合反応がさらに進んで，網目構造をもった**フェノール樹脂**が得られる((63)式)。

表 5-13 縮合重合によってつくられる合成樹脂の例

名　称	原料(単量体)	分　類	用途その他
フェノール樹脂	フェノール　C_6H_5OH ホルムアルデヒド　$HCHO$	熱硬化性	電気絶縁物, 電気器具
アミノ樹脂　尿素樹脂(ユリア樹脂)	尿素　$CO(NH_2)_2$ ホルムアルデヒド　$HCHO$	熱硬化性	食器, 雑貨類, 瓶の栓, 接着剤
アミノ樹脂　メラミン樹脂	メラミン　$C_3N_3(NH_2)_3$ ホルムアルデヒド　$HCHO$	熱硬化性	食器, 家具．電気器具, 塗料, 接着剤
アルキド樹脂	無水フタル酸 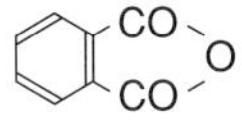 グリセリン　$C_3H_5(OH)_3$	熱硬化性	エステル結合をもつ。塗料(自動車など), 接着剤

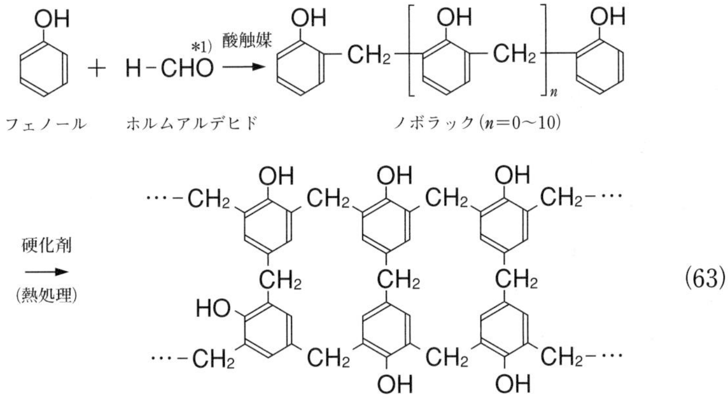

$$\text{フェノール} + H\text{-}CHO \xrightarrow{\text{*1) 酸触媒}} \text{ノボラック}(n=0\sim10)$$

$$\xrightarrow[\text{(熱処理)}]{\text{硬化剤}} \text{フェノール樹脂} \quad (63)$$

(2) **アミノ樹脂**　尿素やメラミンのようなアミノ基をもつ化合物とホルムアルデヒドとを縮合重合させると，**アミノ樹脂**が得られる。

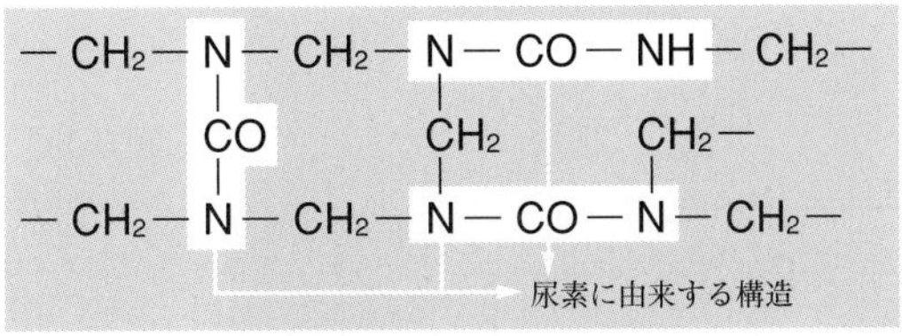

図 5-17　尿素樹脂
$-CH_2-$ はホルムアルデヒド $HCHO$ に由来する構造。

---

*1) 便宜上，原料物質や生成物の構造だけを示し，物質量の関係は省略してある。

C 付加重合による合成樹脂

付加重合によってつくられる合成樹脂は、一般に熱可塑性のものが多い。これらの合成樹脂の例を表 5-14 にまとめて示した。

表 5-14 付加重合によってつくられる合成樹脂の例

名　称	原　料(単量体)	分　類	用途その他
ポリ塩化ビニル	塩化ビニル　$CH_2=CHCl$	熱可塑性	シート，板，管，容器，電線の被覆
ポリエチレン	エチレン　$CH_2=CH_2$	熱可塑性	フィルム，容器，袋，電気絶縁物
ポリプロピレン	プロペン　$CH_3-CH=CH_2$	熱可塑性	
ポリ酢酸ビニル	酢酸ビニル $CH_2=CH-OCOCH_3$	熱可塑性	塗料，接着剤，ビニロン原料，軟化点が低い(38〜40℃)
ポリスチレン	スチレン $C_6H_5-CH=CH_2$	熱可塑性	透明容器，日用品，包装材料，断熱材(発泡ポリスチレン)
メタクリル樹脂	メタクリル酸メチル $CH_2=C\begin{smallmatrix}CH_3\\COOCH_3\end{smallmatrix}$ (→ p.216)	熱可塑性	有機ガラスともいわれる。風防ガラス(航空機など)，透明板，ボタンなどの日用品

D イオン交換樹脂

(1) **陽イオン交換樹脂**　分子内にカルボキシ基やスルホ基などの酸性の基を多くもつ合成樹脂は、これらの基の H 原子が H^+ となって水溶液中の他の陽イオンと交換する。このような樹脂を、陽イオン交換樹脂または酸性樹脂という。

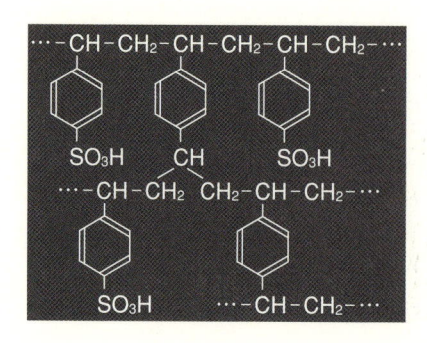

図 5-18 陽イオン交換樹脂の一種
（構造の一部）

スチレン $C_6H_5-CH=CH_2$ と p-ジビニルベンゼン $CH_2=CH-C_6H_4-CH=CH_2$ との共重合体をスルホン化して得られた陽イオン交換樹脂の構造の一部を示す。

$$\left[\begin{array}{c}-A-\\|\\SO_3H\end{array}\right]_n + n\,Na^+ \rightleftharpoons \left[\begin{array}{c}-A-\\|\\SO_3^-Na^+\end{array}\right]_n + n\,H^+ \qquad (64)$$

陽イオン交換樹脂(Aは樹脂を構成する炭化水素の構造を示す)

(2) **陰イオン交換樹脂** 分子内にアンモニウム塩の構造を多くもつ合成樹脂を，一度アルカリ水溶液中で水酸化物の構造に変えると，それらの水酸化物イオンは，水溶液中の他の陰イオンと交換することができる。このような樹脂を陰イオン交換樹脂または塩基性樹脂という。

$$\left[\begin{array}{c}-A-\quad R\\|\quad\;\;|\\CH_2-N^+-R\;\;OH^-\\|\\R\end{array}\right]_n + n\,Cl^- \rightleftharpoons \left[\begin{array}{c}-A-\quad R\\|\quad\;\;|\\CH_2-N^+-R\;\;Cl^-\\|\\R\end{array}\right]_n + n\,OH^- \qquad (65)$$

陰イオン交換樹脂(Aは樹脂を構成する炭化水素の構造を，Rはアルキル基を示す)

海水のようにいろいろなイオンを含む水溶液を，陽イオン交換樹脂および陰イオン交換樹脂の層に通すと，水溶液中の陽・陰両イオンは，それぞれイオン交換樹脂によって捕らえられ，また交換によって生じたH^+とOH^-は，ただちに中和して水となるから，海水を淡水(真水)にすることができる[*1)]。

問 25. (64)式の陽イオン交換樹脂と，Ca^{2+}との反応式を書いてみよ。

問 26. 0.10 mol/L の塩化カリウム水溶液 20 mL を陽イオン交換樹脂に通し，樹脂を完全に水洗した後，水洗液もあわせて流出液全部を中和するのに，0.20 mol/L 水酸化ナトリウム水溶液は何 mL 必要か。

3 天然ゴムと合成ゴム

A 天然ゴム

ゴムノキの樹皮に傷をつけると，ラテックスとよばれる乳白色の粘性をもつ乳液(コロイド溶液)が得られる。これに有機酸を加えてコロイド

[*1)] イオン交換樹脂で，陽イオンや陰イオンを除いた水を脱イオン水といい，各種の実験室・研究所・工場などで多量に用いられている。

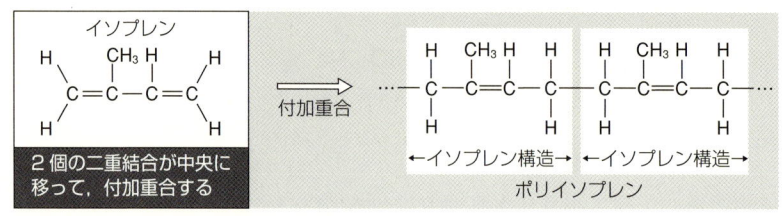

図5-19 イソプレンとポリイソプレン

　粒子を凝固させ，乾燥させたものを**生ゴム**という。生ゴムは$(C_5H_8)_n$ [*1)]の分子式で表される高分子の炭化水素で，乾留するとイソプレンC_5H_8を生じる。生ゴムはイソプレンが付加重合したポリイソプレンの構造をもっている。

　生ゴムの分子の中には，1個のイソプレン構造につき1個の二重結合がある。したがって，生ゴムはいろいろな付加反応をする。とくに，空気中の酸素がこの二重結合の炭素原子と結合すると，ゴムに特有の弾性(ゴム弾性)が失われ，ゴムは老化する。

　生ゴムに数％の硫黄を加えて熱すると，ゴム弾性が大きくなる。この処理を**加硫**という。生ゴムに対して30〜40％の硫黄を加えて加硫すると，エボナイトとよばれる硬いゴム製品が得られる。加硫では，生ゴムの分子の中の二重結合の炭素原子に硫黄原子が結合し，ポリイソプレンの鎖どうしを結びつけて，立体的網目構造ができる。

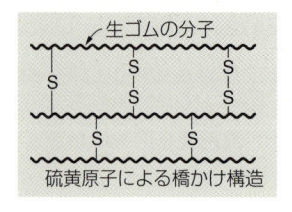

B 合成ゴム

　イソプレンやイソプレンに似た構造をもつ単量体の付加重合によって，天然ゴムに似た高分子化合物がいろいろ合成され，合成ゴムとして広く利用されている。

---

*1) nの値は，種々のものが混じっているが，平均して$6×10^3$以上といわれる。

ブタジエン C_4H_6 を付加重合させると，ブタジエンゴムとよばれるポリブタジエンが得られる。

$$n \underset{\text{ブタジエン}}{H_2C=CH-CH=CH_2} \longrightarrow \underset{\text{ポリブタジエン}}{\left[-CH_2-CH=CH-CH_2-\right]_n} \quad (66)$$

ブタジエンは，石油（ナフサ）の分解ガスの中に多量に含まれるブタンや1-ブテンを，触媒を使って分解（脱水素）してつくられる。

$$\underset{\text{ブタン}}{CH_3-CH_2-CH_2-CH_3} \longrightarrow CH_2=CH-CH=CH_2 + 2H_2 \quad (67)$$

$$\underset{\text{1-ブテン}}{CH_3-CH_2-CH=CH_2} \longrightarrow CH_2=CH-CH=CH_2 + H_2 \quad (68)$$

また，クロロプレンの付加重合によってクロロプレンゴムが，スチレンとブタジエンの共重合でスチレン・ブタジエンゴム（SBR）が，ブタジエンとアクリロニトリルの共重合でアクリロニトリル・ブタジエンゴム（NBR）がそれぞれつくられている。これら合成ゴムは，天然ゴムの性質を，目的に応じてさらに改良したもので，すぐれた耐老化性，耐油性，耐熱性，耐摩耗性をもつものもある。

$$\underset{\text{クロロプレン}}{H_2C=C(Cl)-CH=CH_2}$$

問27. クロロプレンを付加重合してポリクロロプレンをつくるときの，化学反応式を，(66)式を参考に書け。

4 石油化学と合成高分子化合物

石油や天然ガスは，合成高分子化合物以外にもいろいろ有用な物質の原料として重要であり，これらを原料とする化学工業は，石油化学とよばれている。

図5-20に石油（ナフサ）・天然ガスを原料とした合成高分子化合物の製造経路をまとめて示した。

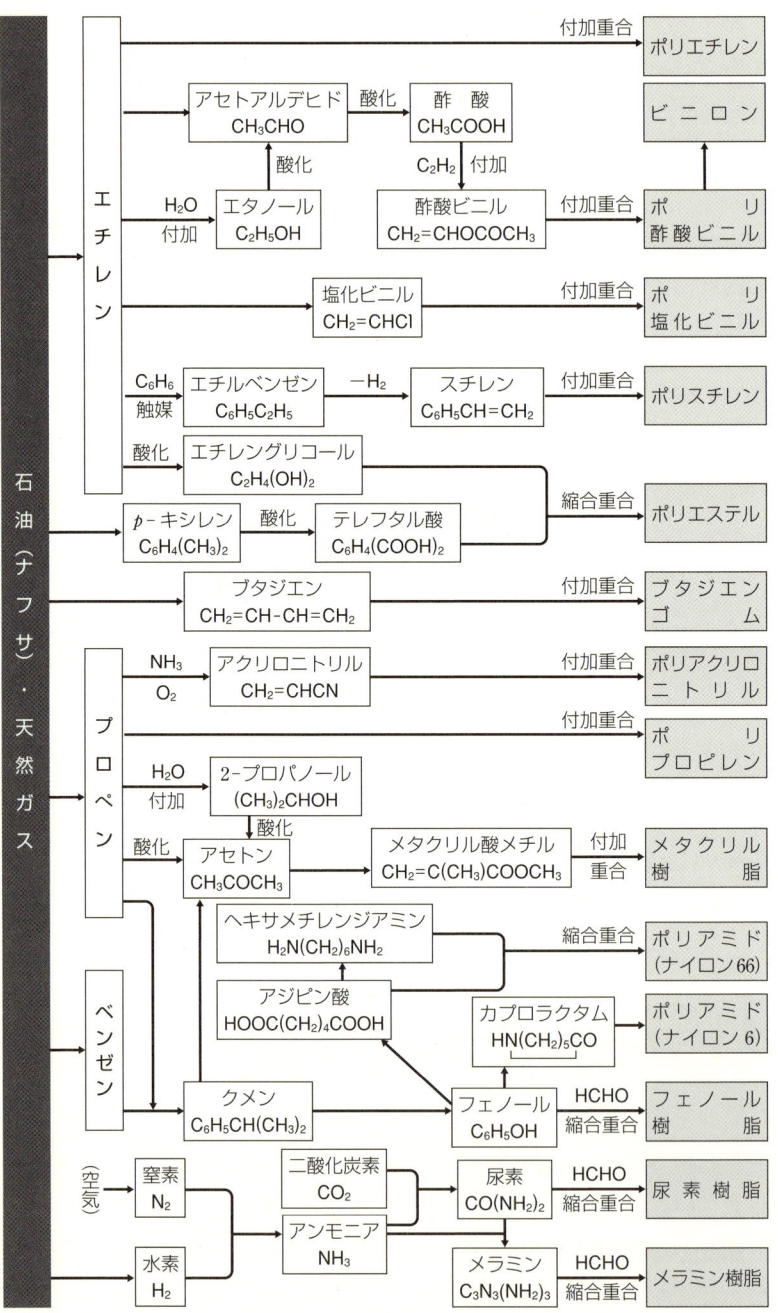

図 5-20　石油(ナフサ)・天然ガスを原料とした合成高分子化合物

■ Ⅶ章のまとめ ■

1 合成繊維(単量体を縮合重合または付加重合させることにより重合体が生成)
①縮合重合による合成繊維　ポリアミド系(ナイロン66)，ポリエステル系(ポリエチレンテレフタラート)
②付加重合による合成繊維　ビニル基 $CH_2=CH-$ をもつ単量体の付加重合。アクリロニトリル系，ポリビニルアルコール系(ビニロン)

2 合成樹脂(熱可塑性樹脂と熱硬化性樹脂がある)
①縮合重合による合成樹脂　熱硬化性のものが多い。フェノール樹脂(フェノールとホルムアルデヒド)，アミノ樹脂(尿素やメラミンとホルムアルデヒド)
②付加重合による合成樹脂　熱可塑性のものが多い。ポリ塩化ビニル，ポリエチレン．ポリプロピレン，ポリ酢酸ビニル，ポリスチレン，メタクリル樹脂
③**イオン交換樹脂**　陽イオン交換樹脂(分子内にカルボキシ基やスルホ基)，陰イオン交換樹脂(分子内にアンモニウム塩の構造)

3 天然ゴム($(C_5H_8)_n$ の分子式で表される炭化水素。ポリイソプレン(イソプレンの付加重合))**と合成ゴム**(ブタジエンゴム(ブタジエンの付加重合)，クロロプレンゴム(クロロプレンの付加重合)など)
①**加硫**　硫黄を加える処理。ゴム弾性が大きくなる。

■ Ⅶ章の問題

1. 縮合重合によってつくられる合成繊維の原料と，付加重合によってつくられる合成繊維の原料とについて，それぞれの化学構造上の特徴を説明せよ。

2. アジピン酸 1.00 mol とヘキサメチレンジアミン 1.00 mol とから得られるナイロン 66 は約何 g か。

3. 熱可塑性樹脂と熱硬化性樹脂の構造上の違いについて述べよ。

4. 熱可塑性樹脂と天然ゴム・合成ゴムは，ともに長い鎖状の高分子化合物であるが，構造上最も違っている点をあげよ。またその点が，ゴムのどんな性質と関係しているかを説明せよ。

本文の資料

1. 原子・分子の存在はどのようにして考えられたか

　ドルトン(イギリス，1766～1844)は，物質が化合や分解をしても，物質全体の質量の和は変わらないこと(1774年にラボアジエが実験によって証明したもので，**質量保存の法則**とよばれる)や，**定比例の法則**(→ p.9)などを説明するために，「単体も化合物もすべて粒子(原子)からできていて，それぞれの元素の粒子は固有の質量と大きさをもっており，分割することができない」と考えた(1803)。この考えは，**ドルトンの原子説**とよばれている。

　ドルトンはまた，「A，B 2元素からなる化合物が2種類以上あるとき，一定量のAと化合しているBの質量は，これらの化合物の間では簡単な整数比になる」という**倍数比例の法則**を発見した(1803)。倍数比例の法則は，ドルトンの原子説の実験的証明であると考えられた。

　ゲーリュサック(フランス，1778～1850)は，「気体物質どうしが反応したり，反応によって気体物質が生成したりするとき，それら気体の体積の間には簡単な整数比が成り立つ」ことを見いだした(1808)。これは，**気体反応の法則**とよばれている。

　たとえば，窒素と酸素とが化合して一酸化窒素ができるとき，窒素と酸素と一酸化窒素の体積比は1:1:2になる。また，窒素と酸素とから二酸化窒素ができるときの体積比は1:2:2になる。

　一方，一酸化窒素の元素の質量組成は，窒素46.68%，酸素53.32%で，

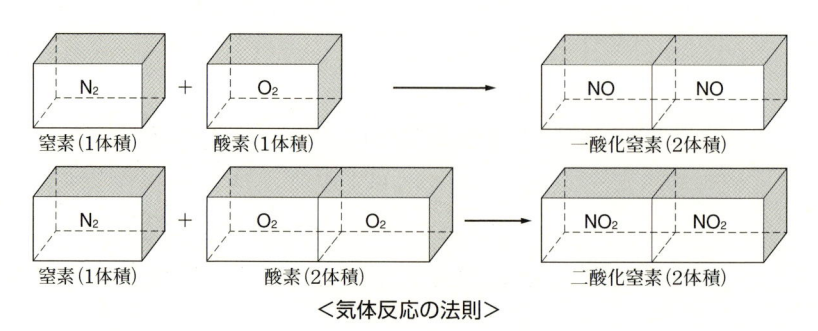

N_2 窒素(1体積) + O_2 酸素(1体積) → NO NO 一酸化窒素(2体積)

N_2 窒素(1体積) + O_2 O_2 酸素(2体積) → NO_2 NO_2 二酸化窒素(2体積)

<気体反応の法則>

その比は1.000:1.142であり,二酸化窒素では窒素30.45%,酸素69.55%で,その比は1.000:2.284である。

すなわち,一定量の窒素と化合する酸素の質量は,一酸化窒素と二酸化窒素では1.142:2.284=1:2となる(倍数比例の法則)。このように,酸素の体積が2倍になれば,その質量も2倍になるので,ゲーリュサックはドルトンの原子説を取り入れて,「すべての気体は,同じ温度,同じ圧力であれば,同じ体積の中に同じ数の原子が含まれている」という仮説を発表した。

しかし,このゲーリュサックの仮説とドルトンの原子説との間には大きな矛盾があった。たとえば,窒素と酸素とから二酸化窒素ができる変化を,ドルトンが考案した原子記号で表すと,下図(a)のようになる。これによると,二酸化窒素ができるとき,分割できないはずの窒素の原子が半分になって酸素原子と結合している。

このような矛盾を解決するために,アボガドロ(イタリア,1776〜1856)は,「気体は,いくつかの原子が結合した**分子**という粒子からできていて,気体が反応するときは,それらの分子は原子に分かれることができる」と考え,「すべての気体は,同じ温度と同じ圧力のときは,同じ体積の中に同じ数の分子が含まれる」という仮説を発表した(1811)(下図(b))。

この仮説は,**アボガドロの分子説**とよばれたが,その後,多くの研究によって正しいことが証明され,現在では**アボガドロの法則**とよばれている。

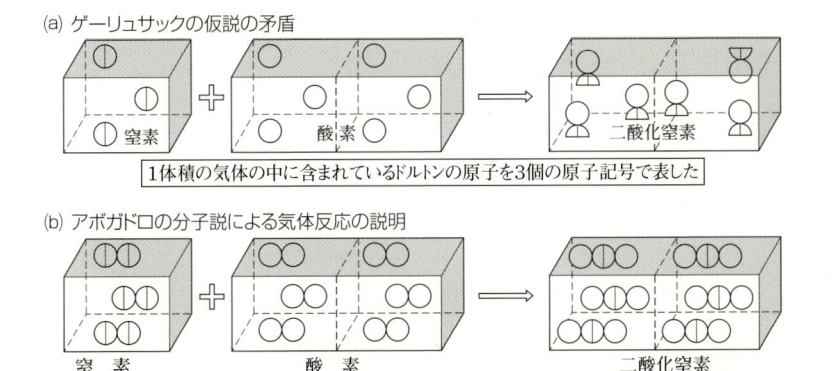

(a) ゲーリュサックの仮説の矛盾

1体積の気体の中に含まれているドルトンの原子を3個の原子記号で表した

(b) アボガドロの分子説による気体反応の説明

◐◐は窒素分子を,◯◯は酸素分子を,◯◐は二酸化窒素分子を表す

<アボガドロの分子説>

2. 脂肪族化合物の相互関係および生成物の例

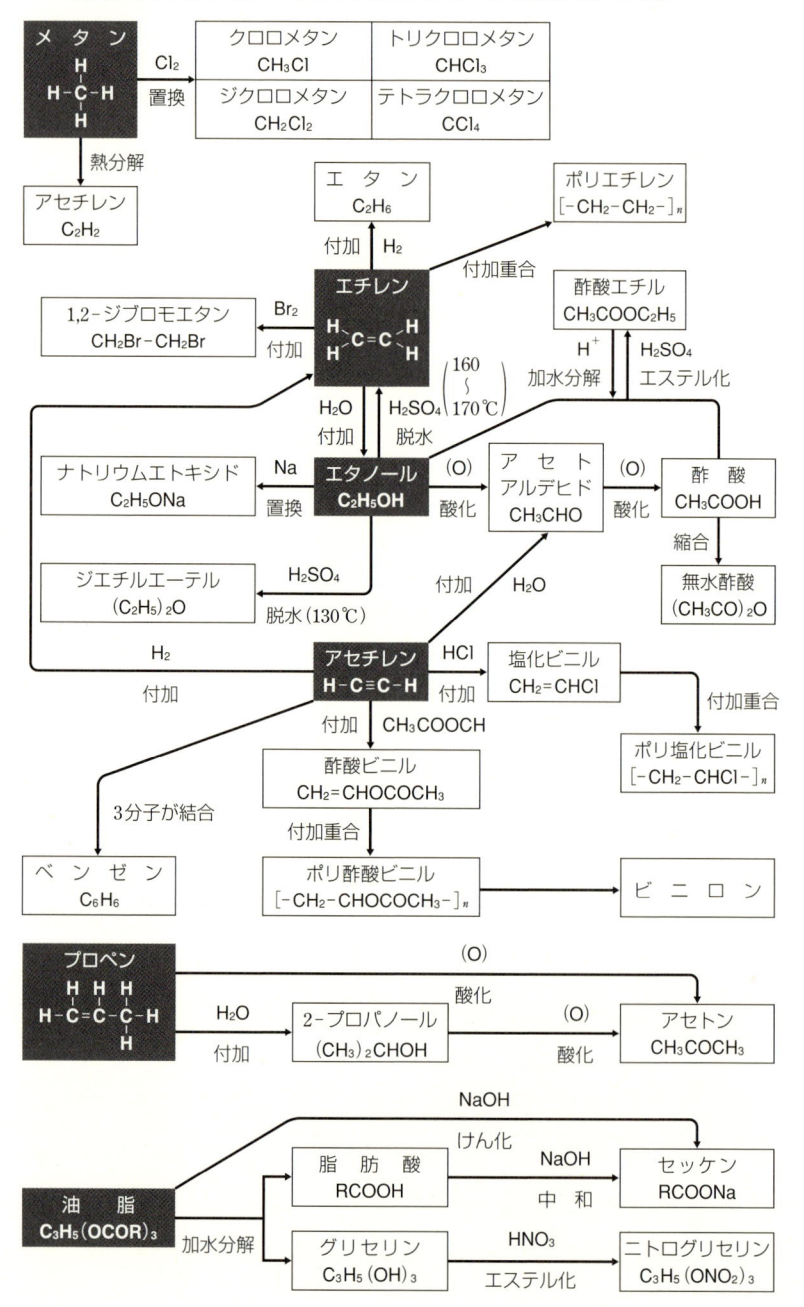

メタン $H-CH_3$ (構造式)
— Cl_2 置換 → クロロメタン CH_3Cl / トリクロロメタン $CHCl_3$ / ジクロロメタン CH_2Cl_2 / テトラクロロメタン CCl_4
— 熱分解 → アセチレン C_2H_2

エチレン $H_2C=CH_2$
— 付加 H_2 → エタン C_2H_6
— 付加重合 → ポリエチレン $[-CH_2-CH_2-]_n$
— 付加 Br_2 → 1,2-ジブロモエタン CH_2Br-CH_2Br
— 付加 H_2O → エタノール
— H_2SO_4 脱水 (160〜170℃) ← エタノール

酢酸エチル $CH_3COOC_2H_5$
— H^+ 加水分解 / H_2SO_4 エステル化

エタノール C_2H_5OH
— Na 置換 → ナトリウムエトキシド C_2H_5ONa
— (O) 酸化 → アセトアルデヒド CH_3CHO — (O) 酸化 → 酢酸 CH_3COOH
— 縮合 → 無水酢酸 $(CH_3CO)_2O$
— H_2SO_4 脱水(130℃) → ジエチルエーテル $(C_2H_5)_2O$

アセチレン $H-C\equiv C-H$
— H_2 付加 → エチレン
— HCl 付加 → 塩化ビニル $CH_2=CHCl$ — 付加重合 → ポリ塩化ビニル $[-CH_2-CHCl-]_n$
— CH_3COOH 付加 → 酢酸ビニル $CH_2=CHOCOCH_3$ — 付加重合 → ポリ酢酸ビニル $[-CH_2-CHOCOCH_3-]_n$ → ビニロン
— H_2O 付加 → アセトアルデヒド
— 3分子が結合 → ベンゼン C_6H_6

プロペン $H_2C=CH-CH_3$
— (O) 酸化 → アセトン CH_3COCH_3
— H_2O 付加 → 2-プロパノール $(CH_3)_2CHOH$ — (O) 酸化 → アセトン

油脂 $C_3H_5(OCOR)_3$
— NaOH けん化 → セッケン $RCOONa$
— 加水分解 → 脂肪酸 $RCOOH$ — NaOH 中和 → セッケン $RCOONa$
— 加水分解 → グリセリン $C_3H_5(OH)_3$ — HNO_3 エステル化 → ニトログリセリン $C_3H_5(ONO_2)_3$

3. 芳香族化合物の相互関係および生成物の例

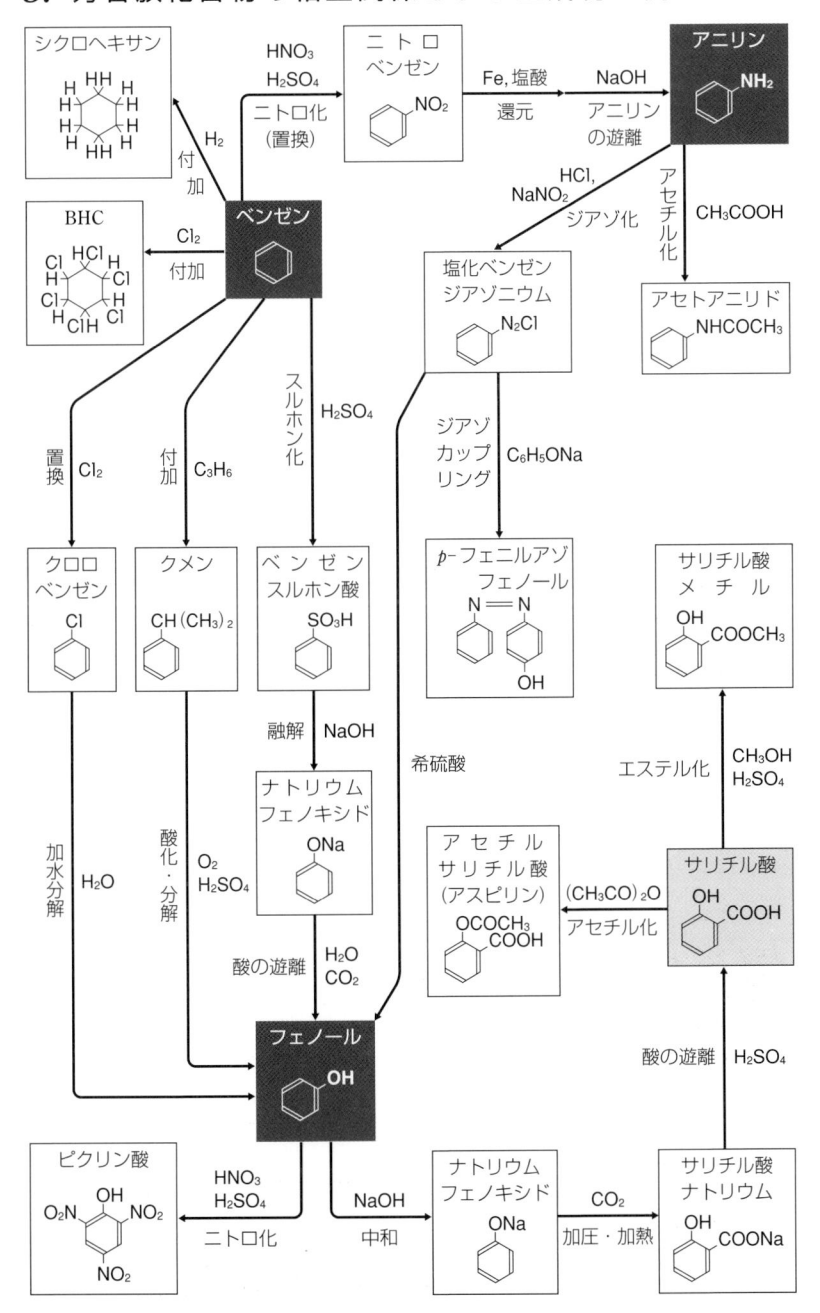

4. 物理量の計算例

物理量は，数値と単位の積である。したがって，同じ1つの物理量でも，単位を変えると数値も変化する。　例　$1\,\mathrm{cal}=4.184\,\mathrm{J}$（→ p.83）

物理量を記号で表すときには，その物理量に含まれている単位を〔　〕に入れて示すことがある。

物理量どうしを計算するときには，数値の計算と同時に，単位の計算も行う。　例　体積が $V\,[\mathrm{L}]=22.4\,\mathrm{L}$，圧力が $p\,[\mathrm{Pa}]=1.013\times10^5\,\mathrm{Pa}$，物質量が $n\,[\mathrm{mol}]=1\,\mathrm{mol}$，温度が $T\,[\mathrm{K}]=273\,\mathrm{K}$ のとき，

$$\frac{pV}{nT}=\frac{1.013\times10^5\,\mathrm{Pa}\times22.4\,\mathrm{L}}{1\,\mathrm{mol}\times273\,\mathrm{K}}=\frac{1.013\times10^5\times22.4}{1\times273}\cdot\frac{\mathrm{Pa}\times\mathrm{L}}{\mathrm{mol}\times\mathrm{K}}$$
$$=8.31\times10^3\,\frac{\mathrm{Pa\cdot L}}{\mathrm{mol\cdot K}}\quad(\to \mathrm{p.54})$$

5. 化合物命名法

《無機化合物》

1. **化学式**　(1) 分子からできている物質には，分子量に相当する分子式を書く。　例　H_2O_2，P_4O_{10}

    しかし，分子量が温度などによって変わる場合には，組成式を用いる。

    例　S，P，HF

    (2) 化学式は，電気的に陽性の部分を先に書く。　例　NaCl，K_2SO_4

    (3) 2種類の非金属元素からなる化合物では，系列　B　Si　C　P　N　H　S　I　Br　Cl　O　F　の初めのほうの元素記号を先に書く。

    例　SiF_4，NH_3，H_2S，SO_2，Cl_2O

    (4) 3種類以上の元素からなる化合物では，HOCN（シアン酸）のように，実際に結合している順序に書く。ただし，HNO_3，H_2SO_4 などは例外。

2. **組織名**　化合物の組織名は，成分とその割合を示すように書く。電気的陽性成分は元素名を変化させないが，電気的陰性成分は語尾を変化させる（→ p.22）。

3. **複雑な塩**　(1) 酸性塩　陰イオン名の次に水素を入れ，必要ならば水素の数を示す。　例　NaH_2PO_4　リン酸二水素ナトリウム

(2) **塩基性塩** 水酸化物塩として命名する（次の(3)を参照）。

例 MgCl(OH) 塩化水酸化マグネシウム

(3) ① 陽イオンが2種類以上ある塩では，陽イオンの元素記号のアルファベット順に書き，化学式中の陰イオンに近いほうからよぶ。

例 $KMgF_3$　　　　　　　　フッ化マグネシウムカリウム
　　$AlK(SO_4)_2 \cdot 12H_2O$　　硫酸カリウムアルミニウム・12水
　　$Fe(NH_4)_2(SO_4)_2 \cdot 6H_2O$　硫酸アンモニウム鉄(Ⅱ)六水和物

＊水和水は——水和物で表すが，10以上の場合は・12水のようにしてもよい。

② 陰イオンが2種類以上ある塩では，陰イオンの元素記号のアルファベット順に書き，化学式中の陽イオンに近いほうからよぶ。

例 $Cu_2CO_3(OH)_2$　炭酸二水酸化二銅(Ⅱ)

4. **錯イオン・錯塩**　(1) [　]に入れた配位式中では，中心原子を最初に，次に陰イオン性および陽イオン性の配位子，最後に中性の配位子を書く。

(2) 陰イオン性配位子の名まえは，語尾 -o(…オ)で終わる。

例 Cl^-　クロロ，　　Br^-　ブロモ，　　　OH^-　ヒドロキソ
　　CN^-　シアノ，シアニド　　$S_2O_3^{2-}$　チオスルファト

H_2O，NH_3 などの中性配位子は，H_2O アクア，NH_3 アンミンとよぶ。

(3) 錯イオンの名まえは，ふつうの陽イオン・陰イオンの命名法に準じてつくられる。中心原子に近いほうから順によぶ。

例 $[Ag(NH_3)_2]^+$　　　　　ジアンミン銀(Ⅰ)イオン
　　$[Al(OH)(H_2O)_5]^{2+}$　ヒドロキソペンタアクアアルミニウム(Ⅲ)イオン
　　$[Fe(CN)_6]^{3-}$　　　　ヘキサシアノ鉄(Ⅲ)酸イオン

(4) 錯陰イオンは，中心元素名に「酸」をつける。錯陽イオンの錯塩の場合には，…塩をつける。

例 $[Cu(NH_3)_4]SO_4$　テトラアンミン銅(Ⅱ)硫酸塩＊
　　$K_4[Fe(CN)_6]$　　ヘキサシアノ鉄(Ⅱ)酸カリウム
　　$K_3[Fe(CN)_6]$　　ヘキサシアノ鉄(Ⅲ)酸カリウム

＊普通のオキソ酸塩のように，硫酸テトラアンミン銅(Ⅱ)としてはいけない。

《有機化合物》

1. **倍数接頭語** 同じ原子や原子団(基)が複数個あるときには，ジ(di=2)，トリ(tri=3)，テトラ(tetra=4)，ペンタ(penta=5)，ヘキサ(hexa=6)，ヘプタ(hepta=7)，オクタ(octa=8)，ノナ(nona=9)，デカ(deca=10)などを，原子や原子団を表す名まえの前につける。

2. **飽和鎖式炭化水素(アルカン)** すべて接尾語ァン*(-ane)をつける。
   *ァン，ィン，ェン，およびォール，ォン(→ p.269)は，五十音図のそれぞれア列，イ列，エ列およびオ列の文字であることを示す。

3. **側鎖のある炭化水素** 枝分かれのある鎖式炭化水素は，分子内で最も長い直鎖部分の炭化水素の名まえの前に，直鎖の端からつけた炭素番号による側鎖の位置と数と基名を書いて示す。直鎖炭素につける番号は，側鎖の位置番号がなるべく小さくなるような方向につける。

   例 ^{1}CH$_3$-^{2}C(CH$_3$)(CH$_3$)-^{3}CH$_2$-^{4}CH(CH$_3$)-^{5}CH$_3$ 2,2,4-トリメチルペンタン
   (2,4,4-トリメチルペンタンとしない)
   (慣用名　イソオクタン)

4. **不飽和鎖式炭化水素(アルケン・アルキン)** 二重結合1個をもつ炭化水素の名まえは，相当する飽和炭化水素名の接尾語ァン(-ane)をェン(-ene)に変え，二重結合2個をもつ炭化水素の名まえは，ァンをァジエン(-adiene)に変える。また，三重結合1個をもつ炭化水素の名まえは，ァンをィン(-yne)に変える。二重結合・三重結合の位置を示す必要がある場合は，炭素の直鎖の一端からつけた結合番号で示す。

   例　CH$_2$=CH-CH$_2$-CH$_3$　1-ブテン，　CH$_3$-C≡C-CH$_3$　2-ブチン
   CH$_2$=CH-CH=CH$_2$　1,3-ブタジエン

5. **シクロアルカン** 同数の炭素原子をもつ直鎖炭化水素名の前にシクロ(cyclo)をつける。　例　シクロペンタン，シクロヘキサン

6. **ハロゲン化合物** 炭化水素のHをハロゲン原子で置換したものとして命名する。この場合，ハロゲン原子はクロロ(Cl)，ブロモ(Br)，ヨード(I)などの接頭語として，炭化水素名の前につける(置換命名法)。

   例　CH$_3$-CH(Cl)-CHCl$_2$　1,1,2-トリクロロプロパン

$$\underset{\underset{Cl}{|}}{CH_3-C}=CHCl \quad 1,2-ジクロロプロペン$$

C_6H_5Cl 　　　　　クロロベンゼン

比較的簡単なモノハロゲン化合物の場合は，炭化水素基とハロゲン原子との化合物として命名する方法もある(基官能命名法)。

例　CH_3-CH_2-Cl 　　塩化エチル(クロロエタン)

$$\underset{\underset{Br}{|}}{CH_3-CH-CH_3} \quad \begin{array}{l}\text{臭化イソプロピル}(2-\text{ブロモプロパン})\\(2-\text{臭化プロパンではない})\end{array}$$

7. **アルコール**　炭化水素名の語尾にォール(-ol)をつける(置換命名法)。

　　例　CH_3OH 　　　　　　メタノール(methanol)

　　　　$HOCH_2-CH_2OH$ 　　1,2-エタンジオール(エチレングリコール)

　　　　$HOCH_2-CH(OH)-CH_2OH$　1,2,3-プロパントリオール(グリセリン)

比較的簡単なアルコールの場合は，炭化水素基の名まえにアルコールをつけて命名する方法もある(基官能命名法)。

　　例　C_2H_5OH 　　　　　エチルアルコール(エタノール)

　　　　$CH_3-CH(OH)-CH_3$　イソプロピルアルコール(2-プロパノール)

8. **アルデヒド・ケトン**　アルデヒドは，炭化水素名の語尾にァール(-al)をつけ，ケトンは炭化水素名の語尾にォン(-one)をつける。比較的簡単なアルデヒド・ケトンは慣用名でよばれるものが多い。

　　例　CH_3-CHO 　　　エタナール(ethanal)(アセトアルデヒド)

　　　　$CH_3-CO-CH_3$　プロパノン(propanone)(アセトン)

9. **カルボン酸・エステル**　(1) 鎖式カルボン酸の名まえは，-COOH を -CH₃ に変えた炭化水素の名まえに酸をつける。脂肪族カルボン酸には慣用名でよばれるものが多い。

　　例　CH_3COOH 　　　　　　　エタン酸(酢酸)

　　　　$HOOC-(CH_2)_4-COOH$　ヘキサン二酸(アジピン酸)

(2) エステルの名まえは，塩の名まえと同じようにしてつくる。すなわち，酸の名まえの次に炭化水素基の名まえをつける。

　　例　$CH_3COO-C_2H_5$ 　　酢酸エチル

6. 化学小史

項　目	人　名，業　績
古代原子説	デモクリトス(ギリシャ，B.C. 460〜370) 「この世に実在するものは，すべて原子(アトモス)と空間とからできている」とする古代原子説を唱えた(B.C. 400ごろ)。 アリストテレス(ギリシャ，B.C. 384〜322) 火，水，土，空気を元素とする「四元素説」を発展させ(B.C. 350)，元素の相互変換ができるものとした。
紙	蔡倫(中国，後漢，1世紀半ば〜2世紀初) 紙を発明し(105)，和帝に献上した。
錬金術	エジプト→ヨーロッパ　錬金術は卑金属を貴金属(金)に変えることを目的とした技術の積み重ねであった。この技術はエジプトに興り，7世紀後半からアラビア，スペインを経てヨーロッパに広がった。
ボイルの法則	ボイル(イギリス，1627〜1691) 気体の圧力と体積に関するボイルの法則を発見した(1662)。また昔からの元素の考えを批判し，「元素は，実験的方法によってそれ以上単純なものに分けられない物質」と定義した。
水素の発見・水の合成	キャベンディッシュ(イギリス，1731〜1810) 水素を発見した(1766)後，水素と酸素とから水が生成すること，その体積比が約2:1であることを確認した(1781)。
酸素・塩素の発見	シェーレ(スウェーデン，1742〜1786) 酸素(1772)・塩素(1774)を発見した。プリーストリー(イギリス，1733〜1804)も独立に酸素を発見(1774)。後にラボアジエが酸素と命名した。
質量保存の法則	ラボアジエ(フランス，1743〜1794) 密閉容器中で空気とともにスズを熱する実験から，有名な質量保存の法則を発見した(1774)。さらに，当時知られていた33種類の単体を分類して元素とし，具体的な元素概念が確立した(1789)。
シャルルの法則	シャルル(フランス，1746〜1823) 気体の熱膨張に関するシャルルの法則を発見した(1787)が，同じ法則をゲーリュサック(フランス)も独自に発見した(1802)。
定比例の法則	プルースト(フランス，1754〜1826) 多くの化合物を分析して定比例の法則を確認した(1799)。
ボルタ電池	ボルタ(イタリア，1745〜1827) 最初の電池を発明した(1799)。ボルタはまた，イオン化列(1792)も確立した。その後の化学への貢献は絶大である。

項　目	人　名，業　績
分圧の法則 倍数比例の 法　　則 原　子　説	ドルトン（イギリス，1766～1844） 　分圧の法則(1801)，倍数比例の法則(1803)および，有名な原子説を発表(1803)した。また，初めて原子を表すのに原子記号を考案し，同時に原子量を公表した(1808～1810)。
ヘンリーの 法　　則	ヘンリー（イギリス，1774～1810） 　液体に対する気体の溶解度と圧力に関する法則を発見(1803)。
Na, K などの単離	デービー（イギリス，1778～1829） 　Na, K, Ca などを，融解塩電解製法により単離した(1807～1808)。
気体反応の 法　　則	ゲーリュサック（フランス，1778～1850） 　精密な実験から，気体反応の法則を発見した(1808)。
分　子　説	アボガドロ（イタリア，1776～1856） 　ドルトンの原子説とゲーリュサックの気体反応の法則との矛盾を解決するため分子説を提唱，アボガドロの法則を発表した(1811)。
精密な 原子量表 元素記号	ベルセーリウス（スウェーデン，1779～1848） 　1817年ごろから約2000種類におよぶ化合物を分析して32種類の元素の精密な原子量表を発表した(1827)。また，現在使われている元素記号も創案した(1813)。Se(1817), Zr(1824), Th(1828)を発見し，ハロゲン・触媒(1836)などの用語をつくった。
ベンゼン 電気分解の 法　　則	ファラデー（イギリス，1791～1867） 　デービーの弟子ファラデーは，塩素(1823)を初め，二酸化炭素・アンモニア・二酸化硫黄などの液化に成功，ベンゼン(1825)・金コロイド(1857)を発見し，さらに電気分解の法則を発見した(1833)。また，1831年電磁誘導の現象など驚異的な大発見を次々とした。
ブラウン 運　　動	ブラウン（イギリス，1773～1858） 　顕微鏡下の花粉の中から生じた微粒子の運動からブラウン運動を発見した(1827)。
尿素の合成	ウェーラー（ドイツ，1800～1882） 　無機化合物のシアン酸アンモニウム NH_4OCN から尿素 $CO(NH_2)_2$ を合成した(1828)。
元素分析法	リービッヒ（ドイツ，1803～1873） 　現在用いられている有機化合物の元素分析法を確立した(1831)。多価酸の研究やエチル基を発見し，肥料の三要素を発見(1840)。
舎密開宗	宇田川榕菴（日本，1798～1846） 　オランダ語から訳した日本最初の化学書舎密開宗（舎密は化学のこと）を刊行した(1837)。

項　目	人　名，業　績
ヘスの法則	ヘス(スイス，ロシアで生活した。1802～1850) 化学反応における総熱量保存の法則(ヘスの法則)を発表(1840)。
絶対温度	ケルビン(イギリス，1824～1907) 1847年ごろ絶対温度の概念に到達し，絶対温度目盛りを提唱した。
ブンゼン バーナー 分光分析	ブンゼン(ドイツ，1811～1899) ブンゼンバーナーを発明し(1855)，バーナーの炎のスペクトルを観察する分光分析を考案して，Cs(1860)，Rb(1861)などを発見した。
合成染料	パーキン(イギリス，1838～1907) 最初の合成染料モーベインを発見(1856)。
発　酵 ワクチン	パスツール(フランス，1822～1895) 細菌学者。アルコールや乳酸の発酵の研究(1857)から，生物の自然発生説を否定した。さらに低温殺菌法も発明した(1875)。コレラの研究に続いて伝染病のワクチンを発見した(1880)。
鉛蓄電池	プランテ(フランス，1834～1889) 物理学者。鉛蓄電池を発明する(1859)。
アボガドロ の仮説の 紹　介	カニツァーロ(イタリア，1826～1910) アボガドロの仮説の意義を正しく理解し，第1回国際化学会議(1860)で紹介して，その重要性を指摘した。
質量作用の 法　則	グルベル(ノルウェー，1836～1902)，ワーゲ(同，1833～1900) 化学平衡の一般的数式，質量作用の法則を発表した(1864)。
コロイド 化　学	グレーアム(イギリス，1805～1869) 気体の拡散に関する法則(グレーアムの法則)(1831)から，コロイドと結晶質を区別し，コロイド化学を創始した(1861)。
ベンゼンの 構　造	ケクレ(ドイツ，1829～1896) 炭素の原子価4価を決め(1858)，ベンゼンのケクレ構造を発表した(1865)。
アンモニア ソーダ法	ソルベー(ベルギー，1838～1922) アンモニアソーダ法を工業化した(1866)。ソルベー法ともいう。
ダイナマイト ノーベル賞	ノーベル(スウェーデン，1833～1896) ダイナマイトを発明(1867)。遺言により，遺産はスウェーデンの科学アカデミーに寄贈され，物理学・化学・生理学および医学・文学・平和に対するノーベル賞の基金となった。
乾電池	ルクランシェ(フランス，1839～1882) 塩化アンモニウムを電解質とする電池を発明した(1868)。これは，現在の乾電池へと発展した。

項　目	人　名，業　績
チンダル現象	チンダル(イギリス，1820〜1893) 　チンダル現象を発見し(1868)，空が青色であることを説明した。
原子容曲線 周期表	マイヤー(ドイツ，1830〜1895)，メンデレーエフ(ロシア，1834〜1907) 　マイヤーによって原子容曲線が(1868)，そして今日用いられている周期表の原形がメンデレーエフにより発表された(1869)。
気体の状態方程式	ファンデルワールス(オランダ，1837〜1923) 　実在気体の状態方程式を発表した(1873)。また，理想気体・分子間力などの概念を確立した。1910年ノーベル賞受賞。
硫酸製法	ウィンクラー(ドイツ，1838〜1904) 　接触式硫酸製造法を発明した(1875)。
ラウールの法則	ラウール(フランス，1830〜1901) 　希薄溶液の凝固点降下・沸点上昇に関する法則を発見(1884)。
ルシャトリエの原理	ルシャトリエ(フランス，1850〜1936) 　物質系の平衡に関し，平衡移動の原理を発表した(1884)。
電離説	アレーニウス(スウェーデン，1859〜1927) 　大学の卒業論文に有名な電離説を発表(1887)。近代溶液化学，酸・塩基などの重要な基礎となった。1903年ノーベル賞受賞。
フッ素	モアッサン(フランス，1852〜1907) 　フッ素の単離に成功(1886)。1906年ノーベル賞受賞。
Alの融解塩電解	ホール(アメリカ，1863〜1914)，エルー(フランス，1863〜1914) 　同じ年に，それぞれ独立にアルミニウムの融解塩電解に成功した(1886)。生誕・死亡の年も二人は同じである。
浸透圧	ファントホッフ(オランダ，1852〜1911) 　浸透圧と気体の圧力の類似性を発見した。浸透圧によって初めて分子量を測定した(1887)。1901年(第1回)ノーベル賞受賞。
オストワルト法	オストワルト(ドイツ，1853〜1932) 　弱電解質水溶液の希釈律を確認(1888)。アンモニアを白金触媒を用いて酸化する硝酸の製造法を発表(1902)。1909年ノーベル賞受賞。
アルゴンなど希ガスの発見	ラムゼー(イギリス，1852〜1916)，レーリー(同，1842〜1919) 　大気中の窒素の密度の研究から，アルゴンを発見(1894)。両者ともに1904年ノーベル賞受賞。
放射能の発見 Ra，Poの発見	キュリー夫妻(フランス，マリー 1867〜1934，ピエール 1859〜1906)，ベクレル(同，1852〜1908) 　ベクレルがウラン塩の放射能を発見(1896)，続いてキュリー夫妻がRa，Poを発見した(1898)。1903年，ベクレルとキュリー夫妻はノーベル賞受賞。1911年，M.キュリーは再度受賞。

項　目	人　名，業　績
電子の存在	J.J. トムソン（イギリス，1856〜1940） 真空放電の研究から**電子の存在**を確認し(1897)，原子模型の考えを発表(1903)。また，陽極線を用いた質量分析器をつくった。
原子模型	長岡半太郎（日本，1865〜1950） **原子模型**の理論を発表する(1903)。
配位説	ウェルナー（ドイツ，1866〜1919） 配位化合物の研究から，錯塩の立体構造を明らかにし(1905)，**配位説**を立証した(1911)。1913年ノーベル賞受賞。
化学調味料	池田菊苗（日本，1864〜1936） グルタミン酸ナトリウムをコンブから抽出，これを主成分とする調味料製造法の特許を得た(1908)。
フェノール樹脂	ベークランド（アメリカ，1863〜1944） **フェノール樹脂**（ベークライト）を合成(1910)。
原子核の発見	ラザフォード（イギリス，1871〜1937） α粒子がヘリウム原子核であることを証明(1909)。金属箔によるα粒子の散乱の実験から**原子核の存在**を発見した(1911)。
放射性同位体	ソディー（イギリス，1877〜1956） **放射性同位体**を発見(1911)。1921年ノーベル賞受賞。
アンモニア合成	ハーバー（ドイツ，1868〜1934），ボッシュ（ドイツ，1874〜1940） **アンモニア合成**の触媒を研究して，工業化に成功(1913)。ハーバーは1918年，ボッシュは1931年にノーベル賞受賞。
原子模型	ボーア（デンマーク，1885〜1962） 水素原子のスペクトルの理論と**原子模型**の理論を樹立し(1913)，近代原子論の基礎を築いた。1922年ノーベル賞受賞。
酸・塩基の定義	ブレンステッド（デンマーク，1879〜1947） 現在用いられている**酸・塩基の新しい定義**を提唱した(1922)。
重水素	ユーリー（アメリカ，1893〜1981） **重水素**を発見した(1931)。1934年ノーベル賞受賞。
中性子	チャドウィック（イギリス，1891〜1974） **中性子**を発見した(1932)。1935年ノーベル賞受賞。
人工放射能	ジョリオ・キュリー夫妻（フランス，イレーヌ，1897〜1956　ジョリオ，1900〜1958） 人工的に放射性同位体が生成されることを発見した(1934)。1935年ノーベル賞受賞。

項　目	人　名，業　績
中間子理論	湯川秀樹(日本，1907〜1981) 原子核の中の結合に関する中間子の存在を予言した(1935)。1937年中間子が発見された。1949年ノーベル賞受賞。
ナイロン66	カロザース(アメリカ，1896〜1937) デュポン社の有機化学研究所長として，クロロプレンゴムを合成し(1931)，天然絹に似た繊維としてナイロンを合成した(1935)。
電気陰性度	ポーリング(アメリカ，1901〜1994) イオン結晶半径の決定(1927)，共有結合半径の決定(1934)，免疫抗体の研究(1942)，タンパク質のらせん構造説(1951)，電気陰性度の値(1932)，その他多くの研究がある。1955年，1959年，1981年のほかにもたびたび来日した。1954年，1962年ノーベル賞を2度受賞。
フロンティア電子理論	福井謙一(日本，1918〜1998) 不飽和有機化合物の反応性について，フロンティア電子理論を提唱(1952)。1981年ノーベル賞受賞。
導電性ポリマー	白川英樹(日本，1936〜) プラスチックは絶縁体と考えられていたが，電気を通す導電性ポリマー(ポリアセチレン)の発見と開発をした。白川らは2000年ノーベル賞受賞。
不斉合成	野依良治(日本，1938〜) 触媒による光学異性体の選択的な合成方法を開拓。野依らは2001年ノーベル賞受賞。
質量分析	田中耕一(日本，1959〜) 質量分析法であるソフトレーザー脱離イオン化法を開発した。田中らは2002年ノーベル賞受賞。
緑色蛍光タンパク質	下村脩(日本，1928〜) 緑色蛍光タンパク質(GFP)の発見と開発をした。2008年ノーベル賞受賞。
クロスカップリング反応	鈴木章(日本，1930〜)，根岸英一(同，1935〜) 有機合成におけるパラジウム触媒によるクロスカップリング反応の発展に貢献した。2010年ノーベル賞受賞。

解答編

■第1編 物質の構成粒子とその結合

◆練習◆ 練習1. 93

問1. (1) 18g (2) 4.5g

問2.
	(ア)₁₀Ne	(イ)₁₁Na	(ウ)₁₈Ar	(エ)₁₉K
陽子の数	10	11	18	19
中性子の数	10	12	22	20
電子の数	10	11	18	19

問3. (ア)₁₂Mg (イ)₁₆S (ウ)₁₈Ar

問4. (エ)₂₀Ca, F⁻, Mg²⁺

問5. (ア)18 (イ)10 (ウ)18 (エ)32 (オ)50

問6. NH_4NO_3 硝酸アンモニウム, $(NH_4)_2SO_4$ 硫酸アンモニウム, $Ca(NO_3)_2$ 硝酸カルシウム, $CaSO_4$ 硫酸カルシウム, $Al(NO_3)_3$ 硝酸アルミニウム, $Al_2(SO_4)_3$ 硫酸アルミニウム

問7. H· + ·Ö· + ·H ⟶ H:Ö:H (不対電子, 共有電子対)

問8. 塩化水素 H−Cl [H:ヘリウム, Cl:アルゴン], 硫化水素 H−S−H [H:ヘリウム, S:アルゴン]

問9. 35.45

問10. 塩化水素…36.5, 硝酸カリウム…101

問11. 22g, $2.4×10^{23}$個

問12. (ア) 1.12L, (イ) 1.68L

■I章の問題 1. 中性子の数…12, 原子番号が10である元素…Ne

2. (解答例) (ア)₁₅P (イ)₈O (ウ)₁₇Cl, ₃₅Br, ₅₃I (エ)₁₁Na, ₁₉K, (₁H) (オ)₂He, ₁₀Ne, ₅₄Xe

■II章の問題 1. (ア)共有結合 (イ)共有結合 (ウ)イオン結合 (エ)金属結合 (オ)共有結合

2. (ア)無極性分子 (イ)極性分子 (ウ)無極性分子 (エ)極性分子 (オ)無極性分子

3. p.31 図 1-16(b) を正面から見ると下図のようになる。球の半径 r は一辺 a の正方形の対角線の $\frac{1}{4}$ の大きさであることがわかる。三平方の定理により、$(4r)^2 = a^2 + a^2$ ゆえに $a = 2\sqrt{2}\,r$

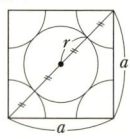

■III章の問題 1. 0.250 mol, $1.20×10^{24}$ 個

2. Na⁺…0.200 mol, SO₄²⁻…$6.02×10^{22}$ 個

3. $\frac{\rho v N_A}{n}$ [g/mol] 4. $\frac{m}{V} × 22.4$ L/mol

■第2編 物質の状態

◆練習◆ 練習1. 74 練習2. 7.5g
練習3. 2.5 K·kg/mol

問1. 90℃

問2. 二原子分子の単体物質どうし、あるいは同じ一般式で表すことのできるアルカンどうしのように構造や性質が似ている分子では、分子量が大きくなるほど沸点は高く、分子間力が大きいと考えられる。

問3. (1) $3.0×10^5$ Pa (2) 32 mL

問4. (1) 137 mL (2) 164℃ 問5. 2.7 L

問6. $5.0×10^5$ Pa 問7. 0.85 mol

問8. 44

問9. 窒素の分圧…$1.2×10^5$ Pa, 水素の分圧…$4.0×10^4$ Pa, 全圧…$1.6×10^5$ Pa

問10. 400 K, $1.0×10^4$ Pa の水素の方が理想気体に近い(図 2-14 より高温・低圧の方が一般に理想気体に近づく)。これは、圧力が低い方が分子の大きさの影響が少なく、温度が高い方が分子間力の影響が少なくなるため。

問11. メタノールやエタノールのように、炭素原子 C の数が少ないアルコールでは、その −OH に水分子が水和し、疎水基である CH₃− や C₂H₅− の影響が小さいため、水によく溶ける。しかし、C の数が多くなると、疎水基の影響が強くなり、水に溶けにくくなる。

問12. 約 33℃

問13. 再結晶の効率は温度変化による溶解度の違いが大きいものほどよい。硝酸カリウムは温度変化による溶解度の違いが比較的大きく、低温での溶解度が小さいので、再結晶によって精製しやすい。しかし、塩化ナトリウムは温度変化による溶解度の差がほとんどなく、低温における溶解度が比較的大きいので、大部分は回収できず、再結晶しにくい。

問14. 質量パーセント濃度…3.5% 質量モル濃度…0.20 mol/kg

問15. 18.3 mol/L

問16. 46.2 mL, $5.78×10^{-2}$ g

問17. (3) > (2) > (1)

問18. (1) $-0.185\,^\circ\text{C}$ (2) $100.026\,^\circ\text{C}$
問19. $8.0\times10^5\,\text{Pa}$
問20. 2.5×10^3
問21. 濁り水が澄んだのは、濁り水の中の粒子が凝析を起こしたためである。また、硫酸アルミニウム $Al_2(SO_4)_3$ のほうが硫酸ナトリウム Na_2SO_4 よりはるかに有効であったことから、濁り水の中の粒子は負の電荷を帯びていると考えられる（正の電荷であれば、どちらの水溶液にも共通な硫酸イオン SO_4^{2-} が作用するので、効果は同じになる）。

■ I 章の問題 1. 状態の変化を伴わない場合、加えられた熱エネルギーは物質を構成する粒子の熱運動を活発にするので、温度が上がる。しかし、状態の変化が起こるときには、加えられた熱エネルギーは結晶格子をくずしたり（固体→液体）、粒子どうしを引き離す（液体→気体）ために使われるので、温度は変わらない。冷却する場合には、うばわれた熱エネルギーのぶんだけ、液体から固体になるので温度は $0\,^\circ\text{C}$ に保たれる（沸騰の逆）。
2. 分子結晶は分子間力によって結集し、共有結合の結晶はすべての原子が共有結合で結合している。融点や沸点は一般に 分子結晶 < 共有結合の結晶 である。よって、結合力は 分子間力 < 共有結合の力 と考えられる。

■ II 章の問題 1. (1) $373\,\text{K}$ (2) $108\,\text{K}$
(3) $200\,^\circ\text{C}$ (4) $(273+t)\,\text{K}$
2. (1) $1.0\times10^3\,\text{L}$ (2) $15\,\text{L}$ (3) $4.4\,\text{L}$
3. (1) $2.0\times10^4\,\text{Pa}$ (2) $73\,\text{mg}$

■ III 章の問題 1. $9.8\,\text{mol/L}$, $17\,\text{mol/kg}$, 56% 2. 4.5×10^4

■第3編 物質の変化

◆練習◆
練習1. (1) $C_3H_8 + 5O_2 \longrightarrow 3CO_2 + 4H_2O$
(2) $2Al + 6H^+ \longrightarrow 2Al^{3+} + 3H_2$
練習2. $111\,\text{kJ/mol}$
練習3. 4.0%
練習4. (1) $4.83\times10^4\,\text{C}$ (2) $15.9\,\text{g}$
問1. (1) 10 個 (2) $0.25\,\text{mol}$ (3) $70\,\text{g}$, $40\,\text{g}$
問2. $C + O_2 = CO_2 + 394\,\text{kJ}$
問3. $H_2O(液) = H_2 + \frac{1}{2}O_2 - 286\,\text{kJ}$
問4. $269\,\text{kJ/mol}$

問5. 32 倍
問6. (1) $E_a + Q$ (2) $-Q$
問7. (1) 3 倍 (2) 2 倍 (3) $K=\dfrac{[NH_3]^2}{[N_2]\times[H_2]^3}$
問8. (1) ヨウ素の濃度の減少する方向、すなわち平衡は右へ移動する。(2) 二酸化炭素の濃度が増加する方向、すなわち平衡は右へ移動する。
問9. (ア)
問10. ①左辺から右辺に進むとき、酸：H_2O、塩基：NH_3（H^+ は H_2O から NH_3 に受け渡される。）②右辺から左辺に進むとき、酸：NH_4^+、塩基：OH^-（H^+ は NH_4^+ から OH^- に受け渡される。）
問11. $N_2O_5 + H_2O \longrightarrow 2HNO_3$
$SO_3 + H_2O \longrightarrow H_2SO_4$
問12. $Na_2O + H^+ \longrightarrow 2Na^+ + OH^-$ ($Na_2O + H_2O \longrightarrow 2Na^+ + 2OH^-$) (39)式は、上のように考えることができる。（酸化ナトリウムの酸素が、水から水素イオンを受け取って、Na^+ と OH^- になる）したがって、H_2O が酸、Na_2O が塩基。
問13. $Ca(OH)_2 + 2HCl \longrightarrow CaCl_2 + 2H_2O$
$Ca(OH)_2$ は、$1\,\text{mol}$ が $2\,\text{mol}$ の H^+ を受け取って塩をつくるので、2 価の塩基である。
問14. 一価の酸 $1\,\text{mol}$ は、H^+ $1\,\text{mol}$ を与えることができる。二価の塩基 $1\,\text{mol}$ は、H^+ $2\,\text{mol}$ を受け取ることができる。
問15. $2\times10^{-3}\,\text{mol/L}$
問16. (1) H^+ の濃度は減少する。電離定数は変化しない。(2) H^+ の濃度は減少する。電離定数は変化しない。
問17. $3.7\,\text{g}$
問18. アンモニア水では $NH_3 + H_2O \rightleftarrows NH_4^+ + OH^-$ の電離平衡が成り立っているが、電離度が小さいのでアンモニア水中の水酸化物イオン OH^- の濃度は小さい。これに塩酸を 1 滴加えると、アンモニア水中の OH^- は塩酸中の H^+ と結合して H_2O になる。その結果、溶液中の OH^- の濃度は減少するから、平衡は右向きに移動する。すなわち、アンモニア分子が新たに電離する。塩酸をさらに加えていくと、同じような変化が繰り返されて、アンモニア水中のアンモニア分子が次から次に NH_4^+ になり、結局すべてのアンモニアが NH_4^+ になるまで反応が進行する。したがって、反応式は $NH_3 + HCl \longrightarrow NH_4^+ + Cl^-$。
問19. $0.120\,\text{mol/L}$
問20. $1.0\times10^{-12}\,\text{mol/L}$

問21. (1) 1.0, 13 (2) 10^{-9} mol/L (3) 10^8 倍
問22. 2.8
問23. 酸性塩…$Ca(H_2PO_4)_2$ リン酸二水素カルシウム, $CaHPO_4$ リン酸一水素カルシウム, 正塩…$Ca_3(PO_4)_2$ リン酸カルシウム(またはリン酸三カルシウム)
問24. 還元されるもの：O_2　酸化されるもの：Al
問25. PbO_2…+Ⅳ, MnO_2…+Ⅳ, $PbSO_4$…+Ⅱ, $KMnO_4$…+Ⅶ, NH_4NO_3…(順に)−Ⅲ, +Ⅴ
問26. (ア) Na(0→+Ⅰ)酸化された, H(+Ⅰ→0)還元された (イ) N(0→−Ⅲ)還元された, H(0→+Ⅰ)酸化された (ウ) I(−Ⅰ→0)酸化された, Cl(0→−Ⅰ)還元された (エ) Zn(0→+Ⅱ)酸化された, H(+Ⅰ→0)還元された
問27. Cu ⟶ Cu^{2+} + 2e⁻
　　　$2Ag^+$ + 2e⁻ ⟶ 2Ag
Cuが酸化され, Ag^+が還元された。
問28. ①ダニエル電池　正極：Cu^{2+}は還元される, 負極：Znは酸化される　②鉛蓄電池　正極：PbO_2は還元される, 負極：Pbは酸化される
問29. 陽極：Cl⁻は電子を失ってCl_2となり, 酸化される。陰極：H^+が電子を受け取ってH_2となり還元される(Na^+は還元されない)。
問30.

	陽極	陰極
(ア)	塩素	水素
(イ)	酸素	水素
(ウ)	酸素	銅
(エ)	酸素	水素
(オ)	酸素	銀

問31. 陽極では陽極のCuが電子を失ってCu^{2+}となり, 陰極では溶液中のCu^{2+}が電子を受け取ってCuが析出する。析出するCuと溶液中に溶けるCu²⁺の物質量が等しいので, 電解液中のイオンの濃度は変化しない。
問32. 9.64×10^4 C/mol

Ⅰ章の問題

1. (1) $Al_2O_3 + 3H_2SO_4 \longrightarrow Al_2(SO_4)_3 + 3H_2O$
(2) $Al_2O_3 + 2OH^- + 3H_2O \longrightarrow 2[Al(OH)_4]^-$
(3) $3Cu + 8HNO_3 \longrightarrow 3Cu(NO_3)_2 + 2NO + 4H_2O$
2. −227 kJ/mol
3. 946 kJ/mol

Ⅱ章の問題

1. 全圧：反応は, 反応物の濃度が濃いほど速い。全圧を大きくすると, 単位体積中の分子の数が増加するので, 濃度を大きくしたことと全く同じであるから, 全圧を大きくすると反応は速くなる。温度：化学反応は, 温度が10℃高くなるごとにおよそ2〜3倍速くなるものが多い。この場合も, 温度を高くすると反応は速くなる。触媒：適当な触媒を用いることによって活性化エネルギーの小さい経路で反応を進めることができるので, 反応を速くすることができる。
2. (1) 発熱反応 (2) (イ)

Ⅲ章の問題

1. (1) H^+を与えてNaClとなっているので, 酸としてはたらいている。(2) H^+を受け取ってH_2Sとなっているので, 塩基としてはたらいている。(3) H^+を与えてNH_3となっているので, 酸としてはたらいている。
2. (1) 6.67×10^{-2} mol/L (2) 酢酸ナトリウム 4.00×10^{-2} mol/L, pHは7より大きい。

Ⅳ章の問題

1. (1) $Cl_2(0 \rightarrow -Ⅰ)$還元された (2) HCl(−Ⅰ→0)酸化された(4原子のうち2原子のみ), MnO_2(+Ⅳ→+Ⅱ)還元された, SO_2(+Ⅳ→+Ⅵ)酸化された, H_2O_2(−Ⅰ→−Ⅱ)還元された
2. (ア) $Cl_2 + 2FeCl_2 \longrightarrow 2FeCl_3$
(イ) $Cl_2 + H_2S \longrightarrow 2HCl + S$

Ⅴ章の問題

1. まず, 単体の亜鉛(亜鉛板など)を3つの水溶液に加える。硫酸銅(Ⅱ)の水溶液では銅, 硝酸銀の水溶液では銀を析出するので Zn＞(Cu, Ag) がわかる。次に, 単体の銅を3つの水溶液に加えると, 硝酸銀の水溶液のみが銀を析出する。したがって, Cu＞Ag である。ゆえに, イオン化傾向は Zn＞Cu＞Ag であることがわかる。
2. ブリキのほうが鉄さびができやすい。トタン板の表面に傷がついて鉄が露出した場合は, 水がついて局部的に電池が形成されても鉄は正極となり変化しにくい。ブリキは, 同様に局部的に電池が形成されると, 鉄は負極となり, Fe^{2+}になりやすくなるため。
3. (ア) $\frac{1}{4}O_2$ (イ) 1 Ag (ウ) $\frac{1}{4}O_2$ (エ) $\frac{1}{2}Cu$ (オ) $\frac{1}{2}Cl_2$ (カ) $\frac{1}{2}H_2$ (キ) $\frac{1}{4}O_2$ (ク) $\frac{1}{2}H_2$
4. 正極：+1.6g　負極：+2.4g　硫酸：−4.9g
5. 陽極：酸素 5.0×10^{-3} mol
陰極：銀 2.0×10^{-2} mol

■第4編　物質の性質(Ⅰ)

問1. ナトリウムやカリウムは空気中では，酸素や水蒸気と反応してしまって，単体のまま保存することはできない。そこで，ナトリウム，カリウムよりも密度が小さく，それらと反応しない物質である石油の中で保存する。

問2. $2KOH + CO_2 \longrightarrow K_2CO_3 + H_2O$

問3. Na_2CO_3 0.50 mol, NH_3 1.0 mol

問4. 考えられる反応は
$CaCl_2 + CO_2 + H_2O \longrightarrow CaCO_3 + 2HCl$。
ところで，$CaCO_3$ に塩酸を加えると，弱酸の塩に強酸を加えることになり気体 CO_2 を発生する反応が起こり，その逆反応である上式の反応が自発的に進行することはあり得ない。仮に $CaCO_3$ と HCl が生成しても，再びこの両者が反応して，CO_2 を発生して溶解する。したがって，この反応は実際には起こらず，沈殿も生じない。

問5. $Zn + 2HCl \longrightarrow ZnCl_2 + H_2 \uparrow$（無色透明水溶液）
⇨ $ZnCl_2 + 2NaOH \longrightarrow Zn(OH)_2 + 2NaCl$
（白色ゲル状の水酸化亜鉛の沈殿を生じる）
⇨ $Zn(OH)_2 + 2NaOH \longrightarrow Na_2[Zn(OH)_4]$
（沈殿が溶解して無色透明な水溶液となる）

問6. K(2) L(8) M(3)

問7. (ア) $Ba^{2+} + SO_4^{2-} \longrightarrow BaSO_4 \downarrow$
$BaSO_4$ の白色沈殿を生じる。
(イ) $Al^{3+} + 3OH^- \longrightarrow Al(OH)_3 \downarrow$
$Al(OH)_3 + NaOH \longrightarrow Na^+ + [Al(OH)_4]^-$
はじめ $Al(OH)_3$ のゲル状の白色沈殿を生じるが，過剰の NaOH 水溶液により溶解して無色透明な水溶液となる。
(ウ) $Al^{3+} + 3OH^- \longrightarrow Al(OH)_3 \downarrow$
$Al(OH)_3$ のゲル状の白色沈殿を生じる。過剰のアンモニア水には，この沈殿は溶けない。

問8. $SiO_2 + 2NaOH \longrightarrow Na_2SiO_3 + H_2O$

問9. 9.0 kg

問10. 14 kg

問11. 希硫酸が強酸であるのに対し，濃硫酸はほとんど酸としてのはたらきを示さない。また，熱濃硫酸は強い酸化力をもつが，希硫酸は酸化作用を示さない。他にも，下表のような違いがある。

	濃硫酸(18 mol/L)	希硫酸(1 mol/L)
密度・沸点	密度：大(1.8 g/cm³) 沸点：高(300℃以上)	密度：小(約 1.0 g/cm³) 沸点：低(約 100℃)
水との反応	吸湿性・脱水作用あり。著しく発熱。	あまり顕著な作用はない。発熱少ない。

問12. (64)式のように Cl_2 が水に溶解すると HClO を生じるが，HClO は分解しやすく，(65)式のように Cl^- になる。このとき，Cl の酸化数は $+I \rightarrow -I$ となり，酸化作用を示す(自身は還元される)ので，塩素水は酸化作用があることになる。

問13. 水酸化ナトリウム水溶液やアンモニア水を硫酸銅(Ⅱ)水溶液に加えると，水に不溶の水酸化銅(Ⅱ)$Cu(OH)_2$ の青白色沈殿を生じる。さらに水酸化ナトリウムを加えても大きな変化はないが，アンモニア水を過剰に加えると錯イオン $[Cu(NH_3)_4]^{2+}$ を生じて沈殿は溶解し，深青色溶液となる。

問14. 銅(Ⅱ)イオンは，青白色の水酸化銅(Ⅱ)の沈殿を生じる。
$Cu^{2+} + 2OH^- \longrightarrow Cu(OH)_2 \downarrow$
テトラアンミン銅(Ⅱ)イオンは変化しない。

問15. 混合液に希塩酸をじゅうぶんに加え，塩化銀をすべて沈殿させてから沪別する。
・沈殿(AgCl)：アンモニア水を加えて溶解する，沈殿に光を当てて灰〜黒色がかる。…Ag^+ が存在。・沪液(Al^{3+})：水酸化ナトリウム溶液を加えるとゲル状の白色沈殿を生じ，過剰に加えると溶解する。…Al^{3+} が存在。

Ⅰ章の問題

1.

アルカリ金属元素の炭酸塩	アルカリ土類金属元素の炭酸塩
・水によく溶けて水溶液はアルカリ性を示す	・水に溶けにくい
・加熱により融解し，分解しにくい	・加熱により分解し，酸化物になる

2.

	Mg	Ca, Sr, Ba
水との反応	高温で反応して H_2 を発生	常温で反応して H_2 を発生
酸化物	水に溶けにくい	水と反応して水酸化物を生じる
水酸化物	水に溶けにくい	水に少し溶ける
硫酸塩	水に溶ける	水に溶けにくい
炎色反応	炎色反応を示さない	炎色反応を示す

3. (ア) $NaOH + HCl \longrightarrow NaCl + H_2O$ 中和反応で，発熱する。(イ) $2NaOH + 2Al + 6H_2O \longrightarrow 2Na[Al(OH)_4] + 3H_2 \uparrow$ Al 粉末は溶けて発熱し，H_2 を発生して，無色透明なアルミン酸ナトリウムの水溶液となる。
(ウ) $2NaOH + Cl_2 \longrightarrow NaCl + NaClO + H_2O$ 黄緑色の塩素が，無色の溶液になる。
(エ) $NaOH + NH_4Cl \longrightarrow NaCl + H_2O + NH_3 \uparrow$ 加熱すればアンモニアを発生する。

4. 炭素：ダイヤモンドと黒鉛，酸素：酸素とオゾン，リン：黄リンと赤リン，硫黄：斜方硫黄と単斜硫黄とゴム状硫黄

5. (ア) ともに無色のイオンで，少量のOH⁻を加えると白色ゲル状の$Zn(OH)_2$，$Al(OH)_3$を沈殿し，これらの沈殿は酸や強塩基の水溶液には溶ける。$Zn(OH)_2$は過剰のアンモニア水に溶けるが，$Al(OH)_3$は溶けない。(イ) 第4編問11参照 (ウ) フッ化水素の水溶液(フッ化水素酸)は弱酸であるが，塩化水素の水溶液(塩酸)は強酸である。フッ化水素は二酸化ケイ素と反応するが，塩化水素は反応しない。(エ) 酸素O_2，オゾンO_3は，互いに同素体である。O_2は無色無臭の気体。O_3(微青色)は特有な悪臭の気体で，O_2より酸化力が強く，分解してO_2になりやすい。(オ) ともに強酸であるが，希硝酸は酸化力が強く，水素よりイオン化傾向の小さい銅・水銀・銀と反応して溶かすが，希塩酸はそれらの金属とは反応しない。

■ II章の問題 1. (ア) $AgCl$ (イ) $Al(OH)_3$ (ウ) $CaCO_3$ (エ) $[Ag(NH_3)_2]^+$

2. アンモニア水を過剰に加えると，Cu^{2+}は$[Cu(NH_3)_4]^{2+}$となり深青色溶液となる。Fe^{3+}，Al^{3+}はそれぞれ$Fe(OH)_3$，$Al(OH)_3$の沈殿となるから，沪過して分離する。沪液の色でCu^{2+}の確認をする。沈殿に水酸化ナトリウム水溶液を加えて，$Al(OH)_3$を$Na[Al(OH)_4]$として溶かす。溶液にHClを加えて中和し，$Al(OH)_3$の白色ゲル状の沈殿を生じることでAl^{3+}を確認する。$Fe(OH)_3$の赤褐色ゲル状沈殿にHNO_3を加えて溶かした溶液に，ヘキサシアノ鉄(II)酸カリウム水溶液を加えて濃青色の沈殿を生じればFe^{3+}が確認される。

■ 第5編 物質の性質 (II)

◆練習◆ 練習1. CH_2Br 練習2. 1010g, 672

問1. $CH_3-CH_2-CH_2-CH_2-CH_3$

$CH_3-CH_2-CH-CH_3$
$\qquad\qquad\quad |$
$\qquad\qquad CH_3$

$\qquad\quad CH_3$
$\qquad\quad |$
CH_3-C-CH_3
$\qquad\quad |$
$\qquad\quad CH_3$

問2. 炭素Cが他の4原子と結合する場合は，正四面体の中心にCが位置し，各頂点に他の4原子が位置する。各頂点は，Cに対して立体的に全く等しい位置にある。この頂点のうち2つにH原子をつけた場合，残りの2つにCl原子をつけても全く立体的に等しいものとなり異性体は生じない。したがって，これを平面的に書き表した場合，H原子とCl原子の位置にかかわらず，同一の物質を表しているので，どちらを書いてもよい。

問3. 2.5倍

問4. $CH_3Cl + Cl_2 \longrightarrow CH_2Cl_2 + HCl$

問5. $2CH_3OH + 2Na \longrightarrow 2CH_3ONa + H_2\uparrow$
$2CH_3OH + 3O_2 \longrightarrow 2CO_2 + 4H_2O$

問6. $CH_3-CH_2-CH_2-O-CH_3$
$CH_3-CH_2-O-CH_2-CH_3$

$CH_3-CH-CH_3$
$\qquad\quad |$
$\qquad\quad O-CH_3$

問7. $2CH_3COOH + Na_2CO_3 \longrightarrow$
$\qquad\qquad 2CH_3COONa + CO_2\uparrow + H_2O$

問8. $(CH_3CO)_2O + H_2O \longrightarrow 2CH_3COOH$

問9. ギ酸メチル$HCOOCH_3$と酢酸CH_3COOH，酢酸メチルCH_3COOCH_3とプロピオン酸CH_3CH_2COOH，酢酸エチル$CH_3COOC_2H_5$と酪酸$CH_3CH_2CH_2COOH$など

問10. $C_3H_5(OCOC_{17}H_{35})_3 + 3KOH$
$\longrightarrow C_3H_5(OH)_3 + 3C_{17}H_{35}COOK$

問11. セッケンも合成洗剤も疎水性(親油性)の炭化水素基と親水性のイオンの部分とからできていて，繊維のすき間にある油(よごれ)を疎水性の部分がとりまいて乳化し，水溶液中に分散する(洗浄する)ことができる。両者は液性が異なり，セッケンは弱酸と強塩基の塩であるから，その水溶液は，アルカリ性を示し，合成洗剤は，強酸のNa塩なので水溶液は中性である。高級脂肪酸のCa塩やMg塩は不溶性であるが，合成洗剤のCa塩やMg塩は水溶性である。したがってCa^{2+}やMg^{2+}を多く含む水(硬水や海水)では，セッケンはその効果が現れにくい。一方，合成洗剤ではCa^{2+}やMg^{2+}が含まれていても効果に影響がない。さらに，セッケンは天然物が原料で，微生物の作用により比較的分解されやすいが，合成洗剤には分解されにくいものがある。

問12.

ベンゼン環-CH_3 + $3HONO_2$ ($3HNO_3$) $\longrightarrow$ ベンゼン環-CH_3 (2,4,6位にNO_2) + $3H_2O$

問13 $\bigcirc$ + Br_2 ⟶ $\bigcirc$-Br + HBr

問14.
C_6H_5-CH=CH$_2$ + Br-Br ⟶ C_6H_5-CHBr-CH$_2$Br
(ベンゼン環は触媒なしでは臭素化されない)

問15. 1-ニトロナフタレン, 2-ニトロナフタレン

問16. C_6H_5-SO$_3$Na + 2NaOH ⟶ C_6H_5-ONa + H$_2$O + Na$_2$SO$_3$

問17. 塩酸を入れると，アニリンはアニリン塩酸塩として塩酸に溶けるが，フェノールは反応せず，水にわずかしか溶けないので，アニリン塩酸塩と分離する。水酸化ナトリウムを加えると，フェノールはナトリウムフェノキシドとなり，水酸化ナトリウム溶液に溶けるが，アニリンは反応せず，水に溶けないために分離する(乳濁液になる場合もある)。

問18. C_6H_5-N$_2$Cl + H$_2$O ⟶ C_6H_5-OH + HCl + N$_2$

問19. o-ONa-C$_6$H$_4$-COONa + H$_2$O + CO$_2$ ⟶ o-OH-C$_6$H$_4$-COONa + NaHCO$_3$

問20. 2.1×10^5

問21. R-CH(NH$_3$Cl)-COOH $\xrightarrow{NaOH}$ R-CH(NH$_3$Cl)-COONa $\xrightarrow{NaOH}$ R-CH(NH$_2$)-COONa

問22. 0.12 g 問23. 1.0×10^2 問24. 39 %

問25. [-A-...-A-...; SO$_3$H, SO$_3$H]$_n$ + nCa^{2+} ⇌ [-A-...-A-...; SO$_3^-$ Ca^{2+} SO$_3^-$]$_n$ + $2n$H$^+$

問26. 10 mL

問27. nCH$_2$=C(Cl)-CH=CH$_2$ ⟶ [-CH$_2$-C(Cl)=CH-CH$_2$-]$_n$

I章の問題
1. CH$_4$
2. C$_6$H$_{12}$O$_6$

II章の問題
1. (ア) アルキン (イ) シクロアルカン, アルケン (ウ) アルカン (エ) シクロアルケン, アルキン

2. CH$_3$-CH$_2$-CH=CH$_2$, (CH$_3$)$_2$C=CH$_2$ (シス/トランス), CH$_3$-CH=CH-CH$_3$ (シス), (CH$_3$)$_2$C=CH$_2$, シクロブタン, メチルシクロプロパン

3. 0.050 mol, 8.0 g

4. (ア) CH≡CH + H$_2$O ⟶ CH$_3$CHO
   (イ) 3CH≡CH ⟶ C$_6$H$_6$
   (ウ) CH≡CH + CH$_3$COOH ⟶ CH$_2$=CHOCOCH$_3$
   (エ) CH≡CH + H$_2$ ⟶ CH$_2$=CH$_2$

III章の問題
1. 第一級アルコールを酸化するとアルデヒドができる。さらに酸化するとカルボン酸ができる。
CH$_3$CH$_2$OH + (O) ⟶ CH$_3$CHO + H$_2$O
  エタノール   アセトアルデヒド
CH$_3$CHO + (O) ⟶ CH$_3$COOH
                  酢酸
それに対し，第二級アルコールを酸化するとケトンができる。
CH$_3$CH(OH)CH$_3$ + (O) ⟶ CH$_3$COCH$_3$ + H$_2$O
  2-プロパノール   アセトン

2. (1) 銀鏡反応やフェーリング液との反応(陽性…アセトアルデヒド，陰性…エタノール)
(2) ナトリウムとの反応(水素を発生…エタノール，変化なし…ジエチルエーテル)

3. ヨウ素価…油脂を構成している脂肪酸中の炭素ー炭素原子間の不飽和結合の多少，けん化価…油脂を構成している脂肪酸の平均分子量の大小。

IV章の問題
1. クロロトルエン: o-, m-, p- 異性体
ジクロロトルエン: 各異性体

2. 共通している点：①カルボン酸または酸無水物と反応してエステルをつくる。
$C_2H_5OH + CH_3COOH \longrightarrow CH_3COOC_2H_5 + H_2O$,
$C_6H_5OH + (CH_3CO)_2O \longrightarrow CH_3COOC_6H_5 + CH_3COOH$
②ナトリウムと反応して水素を発生する。
$2C_2H_5OH + 2Na \longrightarrow 2C_2H_5ONa + H_2 \uparrow$,
$2C_6H_5OH + 2Na \longrightarrow 2C_6H_5ONa + H_2 \uparrow$
異なる点：①アルコールのヒドロキシ基は中性，フェノールのヒドロキシ基は酸性。
②低級アルコールは水によく溶ける。フェノール類は一般に水に溶けにくい。
③低級アルコールは水酸化ナトリウム水溶液に溶けるが反応せず，フェノール類は水酸化ナトリウム水溶液と中和してナトリウム塩をつくる。
④フェノール類は一般に塩化鉄(Ⅲ)水溶液によって青紫～赤紫色に呈色するが，アルコールは呈色しない。
⑤アルコールに濃硫酸を加えて加熱すると，エチレンやエーテルを生じるが，フェノールではベンゼン環にスルホン化が起こる。
3. ①水酸化ナトリウム水溶液を加え，フェノールと安息香酸をナトリウム塩にして水層に移して分離する。上層からジエチルエーテルを蒸発させてアニリンを得る。
②水層に，二酸化炭素を十分に通じてナトリウムフェノキシドをフェノールに変える。ジエチルエーテルを加えてよく混合し，フェノールをジエチルエーテルに移して分離し，溶媒を蒸発させてフェノールを得る。
③水層に，希塩酸を加えて安息香酸ナトリウムを安息香酸にして沈殿させ，沪過して安息香酸を得る。

▶Ⅴ章の問題 1. 368 g
2. 0.40 mol
3.

	デンプン	セルロース
構成単位	α-グルコース	β-グルコース
結合している炭素	1-4 結合と 1-6 結合がある	1-4 結合のみ
水溶性	温水に溶ける	溶けない
ヨウ素デンプン反応	呈色する	呈色しない
加水分解酵素	アミラーゼ	セルラーゼ
希酸による加水分解	加熱すれば容易に分解する	長時間煮沸すれば可能

▶Ⅵ章の問題 1. -COOH：エタノールでエステル化すると，酸の性質がなくなる。

$R-CH(NH_2)-COOH + C_2H_5OH$
$\longrightarrow R-CH(NH_2)-COOC_2H_5 + H_2O$
-NH_2：無水酢酸を作用させると，-NH_2 の H がアセチル基で置換されて塩基の性質がなくなる。
$R-CH(COOH)-NH_2 + (CH_3CO)_2O \longrightarrow$
$R-CH(COOH)-NHCOCH_3 + CH_3COOH$

2.
$$H_2N-CH_2-\underset{\underset{O}{\|}}{C}-\underset{\underset{CH_3}{|}}{N}H-CH-COOH$$

$$H_2N-\underset{\underset{CH_3}{|}}{C}H-\underset{\underset{O}{\|}}{C}-\underset{H}{N}-CH_2-COOH$$

3. ①ビウレット反応：水酸化ナトリウム水溶液と硫酸銅(Ⅱ)水溶液を加えると，赤紫色を示す(ポリペプチドが反応)。②キサントプロテイン反応：濃硝酸を作用させると黄色になり，さらにアンモニア水を加えると，橙黄色になる(ベンゼン環のニトロ化)。

▶Ⅶ章の問題
1. 縮合重合：ヒドロキシ基，アルデヒド基，アミノ基，カルボキシ基などの官能基を1分子内に2つもっている化合物が多い。
付加重合：二重結合や三重結合をもっている。
2. 226 g
3. 熱可塑性樹脂は長い鎖状の高分子化合物の分子の集合体であり，**熱硬化性樹脂は加熱加圧成形することによって，立体的な網目状の構造を完結させてつくられる高分子**である。
4. 熱可塑性樹脂は長い鎖状の結合がすべて単結合であるのに対して，天然ゴム，合成ゴムはところどころに二重結合をもっている。加硫により，この二重結合が -S- 結合によって他の鎖状分子と連結することになる。この硫黄の架橋構造によって生ゴムの塑性が減って弾性ゴムができる。

索引

あ

亜鉛	157
亜鉛華	157
アジピン酸	216,251
アセチル基	231
アセチルサリチル酸	234
アセチルセルロース	243
アセチレン	207
アセチレン系炭化水素	207
アセテート(繊維)	243
アセトアニリド	231
アセトアルデヒド	207,214
アセトン	214
アゾ化合物	232
圧力	41
アニリン	231
アボガドロ定数	35
アボガドロの法則	263
アマルガム	158
アミド(結合)	231
アミノ基	194,231
アミノ酸	245
アミノ樹脂	255
アミラーゼ	239,249
アミロース	241
アミロペクチン	241
アミン	231
アラニン	246
アリザリン	228
アルカリ	103
アルカリ金属(元素)	146,148
アルカリ性	103
アルカリ土類金属(元素)	146,152
アルカリ融解	230
アルカン	198
アルキド樹脂	255
アルキル基	199
アルキン	207
アルケン	204
アルコール	210
アルコール発酵	238
アルデヒド(基)	194,213
アルマイト	159
アルミナ	141
アルミニウム	142,159
安息香酸	233
アントラセン	228
アンモニア	97,100,168
アンモニアソーダ法	151

い

硫黄	170
イオン	15
イオン化エネルギー	16
イオン化傾向	131
イオン化列	131
イオン結合	20
イオン結晶	21
イオン交換樹脂	256
イオン交換膜法	139
イオン式	15
イオン積	114
イオン反応式	80
異性体	199,205,218
イソプレン	258
イソプロピル基	199
一酸化炭素	162
一酸化窒素	168
陰イオン	15
陰イオン交換樹脂	257
陰極	138

陰性元素	15
インベルターゼ	249

え

エカケイ素	148
液化石油ガス	203
aq	84
エステル(化)	219
エタノール	212
エタン	198
エチル基	199
エチレン	204
エチレングリコール	252
エチレン系炭化水素	204
エーテル	213
M殻	13
LNG	203
L殻	13
LPG	203
塩	21,117
塩化亜鉛乾電池	135
塩化水銀(I),(II)	158
塩化ビニル	207,256
塩化ベンゼンジアゾニウム	232
塩化メチル	201
塩化メチレン	201
塩基	103
塩基性	103
塩基性塩	117
塩基性酸化物	106
塩基の価数	106
塩酸(塩化水素)	176
炎色反応	149,152
塩析	77
塩素	174
塩素化	227
塩素水	174
塩の加水分解	119

お

黄銅	181
黄リン	167
オキソニウムイオン	26,103
オストワルト法	168
オゾン	170
オルト(o-)	225
オレイン酸	216

か

開環重合	252
化学反応式	80,82
化学平衡	94
化学平衡の状態	94
可逆反応	94
拡散	40
隔膜法	139
化合物	9
過酸化水素	126
加水分解	119,219
価数	106
カセイソーダ	150
カタラーゼ	249
活性化エネルギー	92
活性化状態	92
価電子	14
果糖	237
カーバイド	153,207
価標	25
カプロラクタム	252
過マンガン酸カリウム	126
ガラクトース	238
ガラス	165
カリウム	149
加硫	258
過リン酸石灰	169
カルシウム	152
カルボキシ基	215
カルボニル基	194

283

カルボン酸	215	極性分子	27	元素記号	9	酸・塩基の価数	106
カルボン酸無水物		巨大分子	29	元素の周期表		酸化	122
	217	金	181		18,146	酸化亜鉛	157
カロリー(cal)	83	銀	181	元素の周期律	17	酸化カルシウム	153
還元	123	銀イオン	186	元素分析	195	酸化剤	125,128
還元剤	125,128	銀鏡反応	214	原油	202	酸化数	124
還元糖	237	金属	30			酸化マグネシウム	
甘コウ	158	金属結合	30	**こ**			156
環式化合物	193	金属のイオン化列		鋼	180	酸化リン(V)	167
環式炭化水素	193	(傾向)	131	光学異性体	218	三重結合	24
緩衝液	120	銀電池	137	硬化油	220	酸性	103
乾性油	221			高級アルコール	210	酸性塩	117
乾電池	135	**く**		合成ゴム	258	酸性酸化物	105
官能基	193	クメン(法)	230	合成樹脂	254	酸素	169
乾留	214	グリコーゲン	241	合成繊維	251	三態	42
顔料	155	グリシン	246	合成洗剤	223	酸無水物	217
		グルコース	236	酵素	249		
き		グルタミン酸	246	構造異性体	199	**し**	
幾何異性体	205	クレゾール	229	構造式	24	次亜塩素酸	174
希ガス(元素)	15,146	クロム	180	黒鉛	29	ジアゾ化	232
ギ酸	215	クロム酸塩	182	五酸化二リン(五酸化		ジアゾカップリング	
キサントプロテイン		クロロベンゼン	227	リン)	167		232
反応	248	クロロホルム	201	固体の溶解度	65	ジアンミン銀(I)イオン	
キシレン	225	クーロン	142	孤立電子対	23		186
気体定数	54			コロイド溶液	74	ジエチルエーテル	213
気体の状態方程式		**け**		コロイド粒子	74	四塩化炭素	201
	55	K殻	13	コロジオン	242	式量	34
気体の溶解度	67	ケイ酸(塩)	164	混合物	10	シクロアルカン	202
気体反応の法則	262	ケイ素	162			シクロアルケン	206
吸着	164	結合エネルギー	86	**さ**		シクロパラフィン	202
吸熱反応	83	結晶	20	最外電子殻	14	シクロヘキサン	202
強塩基	108	結晶格子	20	再結晶	66	シクロペンタン	202
凝固	47	結晶水	65	再生繊維	244	ジクロロメタン	201
凝固点	47	ケトン(基)	194,214	錯イオン	185	指示薬	116
凝固点降下度	71	ゲル	77	錯塩	185	シス($cis-$)	205
凝固熱	47	ケルビン(K)	52	酢酸	215	シス-トランス異性体	
強酸	108	けん化	219	酢酸エチル	219		206
共重合	253	限外顕微鏡	75	酢酸ビニル	207	示性式	194
凝縮	44	けん化価	221	鎖式化合物	193	実験式	196
凝縮熱	44	原子	11	鎖式炭化水素	193	実在気体	58
凝析	76	原子価	25	砂糖	238	質量作用の法則	95
鏡像異性体	218	原子核	11	さらし粉	176	質量数	12
共有結合	22	原子説	262	サリチル酸	234	質量パーセント濃度	
共有結合の結晶	29	原子番号	11	サリチル酸メチル			67
共有電子対	22	原子量	33,35		234	質量保存の法則	262
極性	27	元素	9	酸	102	質量モル濃度	67

脂肪	220	水銀電池	137	**そ**		中和滴定	113,116
脂肪酸	215	水酸化亜鉛	158	双性イオン	246	中和熱	84
脂肪族アミン	231	水酸化カルシウム		総熱量保存の法則		中和の指示薬	116
脂肪族化合物	193		153		85	中和反応の滴定曲線	
脂肪油	220	水酸化ナトリウム		族	18		116
弱塩基	108,119		150	側鎖	233	潮解	149
弱酸	108,110,119	水酸化マグネシウム		速度定数	91	チロシン	246
シャルルの法則	52		156	疎水基	62	チンダル現象	74
周期	18	水酸基	62,194	疎水コロイド	77	**て**	
周期表	18,146	水素イオンの濃度		組成式	21	低級アルコール	210
周期律	17		115	ソーダガラス	165	定比例の法則	9
重合体	251	水素結合	49	ソーダ石灰	153	デキストリン	241
シュウ酸	216	水和	61	ゾル	74	滴定曲線	116
臭素	175	水和イオン	61	ソルベー法	151	鉄	180
充電	136	水和水	65	**た**		鉄イオン	184,187
自由電子	30	スクロース	238	第1イオン化		テトラアンミン銅(Ⅱ)	
縮合	219,251	スズ	165	エネルギー	16	イオン	183
縮合重合	251	ステアリン酸	216	体心立方格子	31	テトラクロロメタン	
十酸化四リン	167	スルホ基	194,227	ダイヤモンド	29		201
酒石酸	216	スルホン化	226	多原子イオン	17	テルミット	123
シュバイツァー試薬		**せ**		多糖類	236,240	テレフタル酸	252
	243	正塩	117	ダニエル電池	134	電解	138
ジュラルミン	159	正極	134	単位格子	31	電解質	63
ジュール(J)	83	精製	10	炭化カルシウム		電解精錬	141
純物質	10	生成熱	84		153,207	転化糖	239
昇華	47	生成物	80	炭化水素	193,198	電気陰性度	28
蒸気圧	45	生石灰	153	炭化水素基	199	電気泳動	76
蒸気圧曲線	45	精留	202	単結合	24	電気銅	141
蒸気圧降下	69	石油	202	単原子イオン	15	電気分解	138
昇コウ	158	赤リン	167	炭酸カリウム	150	電極	134
硝酸	168	石灰水	153	炭酸ソーダ	151	典型元素	146
消石灰	153	石灰乳	153	炭酸ナトリウム	150	電子	11
蒸発	43	セッケン	222	単純タンパク質	248	電子殻	13
蒸発熱	44,84	セッコウ	155	炭素	161	電子式	23
蒸留	10	接触式	172	単糖類	236	電子配置	13
触媒	92	絶対温度	52	タンパク質	247	電池	133
ショ糖	238	セメント	165	単量体	251	電池の分極	134
シリカゲル	164	セルロース	242	**ち**		天然ガス	203
親水基	62	セロハン	76,244	置換体	201	天然ゴム	257
親水コロイド	77	セロビオース	242	置換反応	201	デンプン	240
浸透	72	全圧	57	窒素	167	電離	63
浸透圧	73	遷移元素	146,178	中性子	11	電離定数	109
す		銑鉄	180	中和	111	電離度	107,110
水銀	157					電離平衡	96,108,114

と

銅	181
銅アンモニアレーヨン	243
同位体	12
透析	76
同族元素	146
同族体	199
同素体	10
銅(Ⅱ)イオン	182
糖類	236
トタン	157
トランス($trans-$)	205
トリクロロメタン	201
トリニトロトルエン	227
トリニトロフェノール	229
トリプシン	249
ドルトンの分圧の法則	57

な

ナイロン	252
ナトリウム	148
ナトリウムエトキシド（ナトリウムエチラート）	212
ナトリウムフェノキシド（ナトリウムフェノラート）	229
ナフタレン	228
ナフトール	229
生ゴム	258
鉛	166
鉛蓄電池	136

に

にがり	156
二クロム酸イオン	182
二酸化硫黄	128,171
二酸化ケイ素	30,263
二酸化炭素	162
二酸化窒素	168
二酸化マンガン－亜鉛乾電池	135
二重結合	24
ニッケル	181
ニッケル・カドミウム蓄電池	137
二糖類	236,238
ニトロ化	227
ニトロ化合物	227
ニトロ基	194
ニトログリセリン	219
ニトロセルロース	242
乳化作用	222
乳酸	216,218
乳濁液	222
乳糖	239
尿素	168
尿素樹脂	255
ニンヒドリン	247

ね

熱運動	41
熱化学方程式	83
熱可塑性樹脂	254
熱硬化性樹脂	254
燃焼熱	84
燃料電池	137

の

濃度	67
ノボラック	254

は

配位結合	26
配位子(数)	185
倍数比例の法則	262
鋼	180
麦芽糖	239
発熱反応	83
ハーバー・ボッシュ法	100
パラ($p-$)	225
パラフィン	198
$p-$フェニルアゾフェノール	232
パルミチン酸	216

ハロゲン(元素)

ハロゲン(元素)	146,173
ハロゲン化銀	186
半乾性油	221
半合成繊維	243
半透膜	72
反応式	80,82
反応熱	83
反応の速さ	89
反応物	80

ひ

ビウレット反応	248
pH	115
pH 指示薬	116
非共有電子対	23
ピクリン酸	229
ビスコースレーヨン	243
非電解質	64
ヒドロキシ酸	216
ヒドロキシ基	62,194
ビニルアルコール	207
ビニル基	199,253
ビニロン	253
氷酢酸	215
標準状態	36

ふ

ファラデー定数	142
ファラデーの法則	142
ファンデルワールス半径	42
ファンデルワールス力	42
ファントホッフの法則	74
風解	151
フェノキシド（フェノラート）	229
フェノール(類)	229
フェノール樹脂	254
フェノールフタレイン	116
フェーリング液	214

付加重合

付加重合	205,253,256
付加反応	205,228
不乾性油	221
負極	134
複塩	161
複合タンパク質	248
不斉炭素原子	218
ブタジエン(ゴム)	259
フタル酸	233
不対電子	23
物質量	35
フッ素	173
沸点	46,48
沸点上昇度	70
沸騰	46
物理量	266
不動態	159
ブドウ糖	236
不飽和炭化水素	193
フマル酸	216
ブラウン運動	75
プラスチック	254
フルクトース	237
ブレンステッドの酸・塩基	104
プロテオース	249
プロパン	198
プロピル基	199
プロペン	204
ブロモチモールブルー	117
分圧	57
分圧の法則	57
分極	134
分子	22
分子間力	25,42,47
分子結晶	25
分子コロイド	75
分子式	25
分子説	263
分子内塩	246
分子量	34
分留	202

へ

閉殻	13
平衡移動の原理	97
平衡状態	94
平衡定数	95
平衡の移動	97
ヘキサシアノ鉄(Ⅱ)酸イオン	184
ヘキサシアノ鉄(Ⅲ)酸イオン	184
ヘキサフルオロケイ酸	176
ヘキサメチレンジアミン	251
ヘキソース	236
ヘスの法則	85
pH	115
pH指示薬	116
ペプシン	249
ペプチダーゼ	249
ペプチド結合	247
ペプトン	249
偏光	218
変性	249
ベンゼン	208,225
ベンゼン環(核)	225
ヘンリーの法則	68

ほ

ボイル・シャルルの法則	54
ボイルの法則	52
芳香族アミン	231
芳香族化合物	193,225
芳香族カルボン酸	233
芳香族炭化水素	225
放電	134
飽和蒸気圧	45
飽和炭化水素	193,198
飽和溶液	64
ボーキサイト	159
保護コロイド	77
ポリアミド系繊維	251
ポリイソプレン	258
ポリエステル系繊維	252
ポリエチレン	256
ポリエチレンテレフタラート	252
ポリ塩化ビニル	256
ポリ酢酸ビニル	256
ポリスチレン	256
ポリビニルアルコール系繊維	253
ポリプロピレン	256
ポリペプチド	247
ポリマー	251
ボルタ電池	133
ポルトランドセメント	165
ホルマリン	214
ホルムアルデヒド	214

ま

マグネシウム	156
マルターゼ	249
マルトース	239
マレイン酸	216
マンガン	180
マンガン乾電池	135

み

水ガラス	163
水のイオン積	114
ミセル	222
ミョウバン	161

む

無極性分子	27
無水酢酸	217
無水フタル酸	233
無水マレイン酸	217

め

メタ(m-)	225
メタクリル酸	216
メタクリル樹脂	256
メタノール	212
メタン	198
メタン系炭化水素	198
メチオニン	246
メチルオレンジ	116,232
メチル基	199
メチルレッド	117
メチレン基	199
メラミン樹脂	255
面心立方格子	31
メンデレーエフ	18,148

も

モノマー	251
モル(mol)	35
モル凝固点降下	71
モル質量	35
モル濃度	67
モル沸点上昇	70

や

焼きセッコウ	155

ゆ

融解	46
融解塩電解	141
融解熱	46,84
有機化合物	192
有機溶媒	201
融点	46,48
油脂	220
ユリア樹脂	255

よ

陽イオン	15
陽イオン交換樹脂	256
溶液	61
溶解	61
溶解度	64,67
溶解度曲線	65
溶解熱	84
溶解平衡	64
陽極	138
陽極泥	141
洋銀	181
陽子	11
溶質	61
陽性元素	15
ヨウ素	175
ヨウ素価	221
ヨウ素デンプン反応	175,240
溶媒	61
ヨードホルム反応	215

ら

ラクターゼ	249
ラクトース	239

り

リシン	246
理想気体	58
リチウムイオン電池	137
リチウム電池	137
リノール酸	216
リノレン酸	216
リパーゼ	249
硫化水素	171
硫酸	172
硫酸カルシウム	155
硫酸バリウム	155
両性元素	157
両性酸化物	158
両性水酸化物	158
リン	167
リン酸	169

る

ルシャトリエ	97

れ

レーヨン	243

ろ

六方最密充填	31

■編著者　小林　正光

　　　　野村　祐次郎

　　　　数研出版編集部

■編集協力者　庄司　憲仁

カバーデザイン　デザイン・プラス・プロフ株式会社

第1刷　平成23年10月25日発行

もういちど読む　数研の高校化学

編著者　小林正光・野村祐次郎・数研出版編集部
発行者　星野泰也
発行所　数研出版株式会社
　　　　本社　〒102-0073　東京都千代田区九段北1丁目12-11
　　　　　　　〔振替〕　00140-4-118431
　　　　　　　〒604-0867　京都市中京区烏丸丸太町西入ル
　　　　　　　〔電話〕　コールセンター　(077)552-7500
　　　　支店・営業所　札幌・仙台・横浜・名古屋・広島・福岡
　　　　ホームページ　http://www.chart.co.jp/
印刷所　創栄図書印刷株式会社

Ⓒ小林正光・野村祐次郎・数研出版　2011
本書の一部または全部の複写・複製を，許可なく行うことを禁じます。
乱丁，落丁はお取り替えします。

ISBN978-4-410-13953-6

〔写真提供〕
宇部アンモニア工業
　有限会社
オルガノ株式会社
久保政喜
サントリー
　ホールディングス
　株式会社
JX日鉱日石エネルギー
　株式会社
JX日鉱日石開発
　株式会社
JFEスチール株式会社
品木ダム水質管理所
神野愛子
精糖工業会
株式会社日本化薬東京
日本燐酸株式会社
パンパシフィック・
　カッパー株式会社
ユニフォトプレス
（敬称略・五十音順）

111001

原子の電子配置

周期	原子	K	L	M	N	O
1	₁H	1				
	₂He	2				
2	₃Li	2	1			
	₄Be	2	2			
	₅B	2	3			
	₆C	2	4			
	₇N	2	5			
	₈O	2	6			
	₉F	2	7			
	₁₀Ne	2	8			
3	₁₁Na	2	8	1		
	₁₂Mg	2	8	2		
	₁₃Al	2	8	3		
	₁₄Si	2	8	4		
	₁₅P	2	8	5		
	₁₆S	2	8	6		
	₁₇Cl	2	8	7		
	₁₈Ar	2	8	8		
4	₁₉K	2	8	8	1	
	₂₀Ca	2	8	8	2	
	₂₁Sc	2	8	9	2	
	₂₂Ti	2	8	10	2	
	₂₃V	2	8	11	2	
	₂₄Cr	2	8	13	1	
	₂₅Mn	2	8	13	2	
	₂₆Fe	2	8	14	2	
	₂₇Co	2	8	15	2	
	₂₈Ni	2	8	16	2	
	₂₉Cu	2	8	18	1	
	₃₀Zn	2	8	18	2	
	₃₁Ga	2	8	18	3	
	₃₂Ge	2	8	18	4	
	₃₃As	2	8	18	5	
	₃₄Se	2	8	18	6	
	₃₅Br	2	8	18	7	
	₃₆Kr	2	8	18	8	
5	₃₇Rb	2	8	18	8	1
	₃₈Sr	2	8	18	8	2
	₃₉Y	2	8	18	9	2
	₄₀Zr	2	8	18	10	2
	₄₁Nb	2	8	18	12	1
	₄₂Mo	2	8	18	13	1
	₄₃Tc	2	8	18	13	2
	₄₄Ru	2	8	18	15	1
	₄₅Rh	2	8	18	16	1
	₄₆Pd	2	8	18	18	
	₄₇Ag	2	8	18	18	1
	₄₈Cd	2	8	18	18	2
	₄₉In	2	8	18	18	3
	₅₀Sn	2	8	18	18	4
	₅₁Sb	2	8	18	18	5
	₅₂Te	2	8	18	18	6
	₅₃I	2	8	18	18	7
	₅₄Xe	2	8	18	18	8

周期	原子	K	L	M	N	O	P	Q
	₅₅Cs	2	8	18	18	8	1	
	₅₆Ba	2	8	18	18	8	2	
	₅₇La	2	8	18	18	9	2	
	₅₈Ce	2	8	18	19	9	2	
	₅₉Pr	2	8	18	21	8	2	
	₆₀Nd	2	8	18	22	8	2	
	₆₁Pm	2	8	18	23	8	2	
	₆₂Sm	2	8	18	24	8	2	
	₆₃Eu	2	8	18	25	8	2	
	₆₄Gd	2	8	18	25	9	2	
	₆₅Tb	2	8	18	27	8	2	
	₆₆Dy	2	8	18	28	8	2	
	₆₇Ho	2	8	18	29	8	2	
	₆₈Er	2	8	18	30	8	2	
	₆₉Tm	2	8	18	31	8	2	
6	₇₀Yb	2	8	18	32	8	2	
	₇₁Lu	2	8	18	32	9	2	
	₇₂Hf	2	8	18	32	10	2	
	₇₃Ta	2	8	18	32	11	2	
	₇₄W	2	8	18	32	12	2	
	₇₅Re	2	8	18	32	13	2	
	₇₆Os	2	8	18	32	14	2	
	₇₇Ir	2	8	18	32	15	2	
	₇₈Pt	2	8	18	32	17	1	
	₇₉Au	2	8	18	32	18	1	
	₈₀Hg	2	8	18	32	18	2	
	₈₁Tl	2	8	18	32	18	3	
	₈₂Pb	2	8	18	32	18	4	
	₈₃Bi	2	8	18	32	18	5	
	₈₄Po	2	8	18	32	18	6	
	₈₅At	2	8	18	32	18	7	
	₈₆Rn	2	8	18	32	18	8	
	₈₇Fr	2	8	18	32	18	8	1
	₈₈Ra	2	8	18	32	18	8	2
	₈₉Ac	2	8	18	32	18	9	2
	₉₀Th	2	8	18	32	18	10	2
	₉₁Pa	2	8	18	32	20	9	2
	₉₂U	2	8	18	32	21	9	2
	₉₃Np	2	8	18	32	22	9	2
	₉₄Pu	2	8	18	32	24	8	2
	₉₅Am	2	8	18	32	25	8	2
7	₉₆Cm	2	8	18	32	25	9	2
	₉₇Bk	2	8	18	32	27	8	2
	₉₈Cf	2	8	18	32	28	8	2
	₉₉Es	2	8	18	32	29	8	2
	₁₀₀Fm	2	8	18	32	30	8	2
	₁₀₁Md	2	8	18	32	31	8	2
	₁₀₂No	2	8	18	32	32	8	2
	₁₀₃Lr	2	8	18	32	32	9	2
	₁₀₄Rf	2	8	18	32	32	10	2
	₁₀₅Db	2	8	18	32	32	11	2
	₁₀₆Sg	2	8	18	32	32	12	2

（☐は遷移元素，その他は典型元素）

元素の周期表

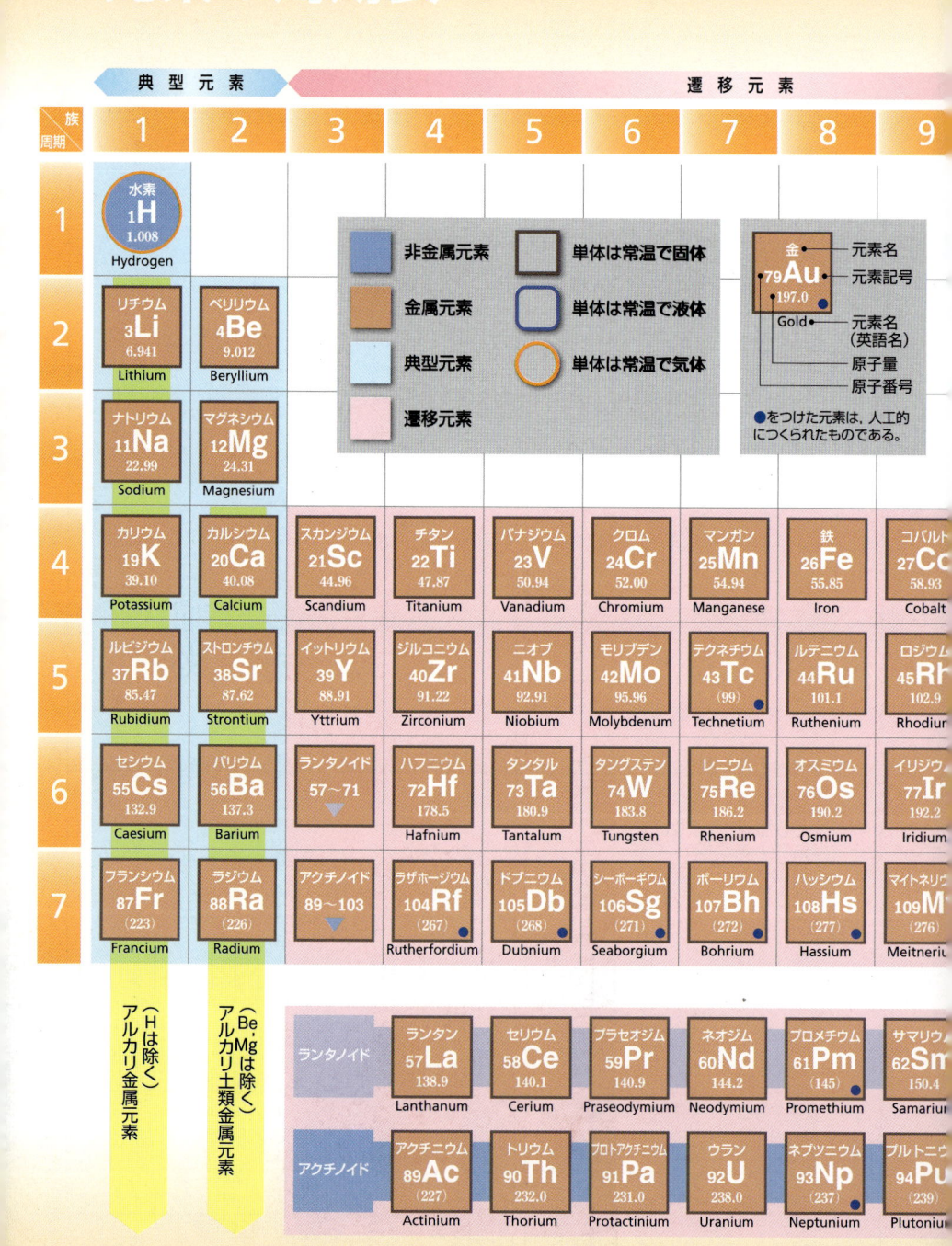

族周期	1	2	3	4	5	6	7	8	9
	典型元素 →		← 遷移元素						
1	水素 1H 1.008 Hydrogen								
2	リチウム 3Li 6.941 Lithium	ベリリウム 4Be 9.012 Beryllium							
3	ナトリウム 11Na 22.99 Sodium	マグネシウム 12Mg 24.31 Magnesium							
4	カリウム 19K 39.10 Potassium	カルシウム 20Ca 40.08 Calcium	スカンジウム 21Sc 44.96 Scandium	チタン 22Ti 47.87 Titanium	バナジウム 23V 50.94 Vanadium	クロム 24Cr 52.00 Chromium	マンガン 25Mn 54.94 Manganese	鉄 26Fe 55.85 Iron	コバルト 27Co 58.93 Cobalt
5	ルビジウム 37Rb 85.47 Rubidium	ストロンチウム 38Sr 87.62 Strontium	イットリウム 39Y 88.91 Yttrium	ジルコニウム 40Zr 91.22 Zirconium	ニオブ 41Nb 92.91 Niobium	モリブデン 42Mo 95.96 Molybdenum	テクネチウム 43Tc (99) Technetium	ルテニウム 44Ru 101.1 Ruthenium	ロジウム 45Rh 102.9 Rhodium
6	セシウム 55Cs 132.9 Caesium	バリウム 56Ba 137.3 Barium	ランタノイド 57〜71	ハフニウム 72Hf 178.5 Hafnium	タンタル 73Ta 180.9 Tantalum	タングステン 74W 183.8 Tungsten	レニウム 75Re 186.2 Rhenium	オスミウム 76Os 190.2 Osmium	イリジウム 77Ir 192.2 Iridium
7	フランシウム 87Fr (223) Francium	ラジウム 88Ra (226) Radium	アクチノイド 89〜103	ラザホージウム 104Rf (267) Rutherfordium	ドブニウム 105Db (268) Dubnium	シーボーギウム 106Sg (271) Seaborgium	ボーリウム 107Bh (272) Bohrium	ハッシウム 108Hs (277) Hassium	マイトネリウム 109Mt (276) Meitnerium

- 非金属元素
- 金属元素
- 典型元素
- 遷移元素
- 単体は常温で固体
- 単体は常温で液体
- 単体は常温で気体

金 79Au 197.0 Gold
- 元素名
- 元素記号
- 元素名（英語名）
- 原子量
- 原子番号

●をつけた元素は、人工的につくられたものである。

（Hは除く）アルカリ金属元素

（Be, Mgは除く）アルカリ土類金属元素

ランタノイド	ランタン 57La 138.9 Lanthanum	セリウム 58Ce 140.1 Cerium	プラセオジム 59Pr 140.9 Praseodymium	ネオジム 60Nd 144.2 Neodymium	プロメチウム 61Pm (145) Promethium	サマリウム 62Sm 150.4 Samarium
アクチノイド	アクチニウム 89Ac (227) Actinium	トリウム 90Th 232.0 Thorium	プロトアクチニウム 91Pa 231.0 Protactinium	ウラン 92U 238.0 Uranium	ネプツニウム 93Np (237) Neptunium	プルトニウム 94Pu (239) Plutonium